职业院校电子电器应用与维修专业项目教程系列教材

液晶彩色电视机故障分析与维修项目教程

孙立群　贺学金　主　编

电子工业出版社

Publishing House of Electronics Industry

北京·BEIJING

内 容 简 介

本书按照"模块教学、任务驱动"的形式，循序渐进、由浅入深地介绍了液晶彩电的工作原理、典型故障的检修方法、检修流程和维修技巧。

本教材最大的特点的是：实物图+电路图+操作图+示意图的方式进行图解，紧扣要点，易读实用；在介绍原理和电路时从整体和宏观的角度着眼，对重点电路、特色电路进行重点分析，使学生能够举一反三，快速掌握；在液晶彩电维修方面则从细微和精确入手，使学生可以快速入门，逐渐精通，成为液晶彩电维修的行家高手。

本书可作为职业院校电子电器应用与维修、电子技术应用等专业的技能教材，也可作为家电维修培训班的培训辅导教材。

为方便教师教学，本书还配有教学参考资料包，详见前言。

图书在版编目（CIP）数据

液晶彩色电视机故障分析与维修项目教程/孙立群，贺学金主编. —北京：电子工业出版社，2014.10
职业院校电子电器应用与维修专业项目教程系列教材
ISBN 978-7-121-24425-4

Ⅰ．①液…　Ⅱ．①孙…　②贺…　Ⅲ．①液晶电视机－彩色电视机－故障诊断－中等专业学校－教材②液晶电视机－彩色电视机－维修－中等专业学校－教材　Ⅳ．①TN949.192

中国版本图书馆 CIP 数据核字（2014）第 224381 号

策划编辑：张　帆
责任编辑：张　帆
印　　刷：北京虎彩文化传播有限公司
装　　订：北京虎彩文化传播有限公司
出版发行：电子工业出版社
　　　　　北京市海淀区万寿路 173 信箱　邮编　100036
开　　本：787×1 092　1/16　印张：17　字数：435.2 千字
版　　次：2014 年 10 月第 1 版
印　　次：2025 年 1 月第 16 次印刷
定　　价：32.00 元

凡所购买电子工业出版社图书有缺损问题，请向购买书店调换。若书店售缺，请与本社发行部联系，联系及邮购电话：（010）88254888，88258888。

质量投诉请发邮件至 zlts@phei.com.cn，盗版侵权举报请发邮件至 dbqq@phei.com.cn。

本书咨询联系方式：（010）88254592，bain@phei.com.cn。

<<<<< PREFACE

本书作为面向 21 世纪的职业教育规划教材，为了更好地贯彻职业教育"以就业为导向、以能力为本位、以学生为主体"的教学理念，按照教育部最新颁布的职业院校电子电器应用与维修、电子技术应用专业的要求编写，其中参考了有关行业的技能鉴定规范及中级技术工人等级考核标准，突出了本教材的特点。

1. 着重突出"以能力为本位"的职教特色

因为本教材的教学目标主要是培养中、高级彩色电视机维修工，而不是从事产品设计与管理，所以本书介绍的原理都是维修用得上的理论，而不介绍那些生僻的理论术语和复杂的量值计算，将教材的重点放在培养学生学习真本领上。在每一个项目的教学中，注意把知识的传授和能力培养结合起来，既做到理论指导实践，又突出学以致用的原则。

2. 突出"易学"的特点

本书根据职业院校学生的文化水平、接受能力，在理论知识讲解和故障分析时，不仅做到深入浅出、图文并茂，而且采用实物图+电路图+操作图+示意图的方式对电路原理和故障维修技能进行图解，便于学生掌握。对于液晶彩电的安装技能、电路板拆卸，以及液晶屏拆屏和背光灯更换技能，通过现场采集的照片进行讲解，使这些技能的学习变得好学实用。

3. 突出"实用"的特点

掌握液晶彩电故障分析与维修技能是我们的教学目的。根据液晶彩电构成特点，它的故障维修方法主要有板级、元件级维修两种。因此，本教程除了通过现场采集的照片，图文并茂地介绍了液晶彩电故障的板级维修技能（即故障电路板的判断方法与更换技能），还介绍了液晶彩电故障的元件级维修技能，并且突出介绍了故障率高的电源板、背光灯供电板、主板的维修技能，使学生快速成为液晶彩电故障分析与维修的排头兵。

4. 突出知识"新颖"的特点

由于液晶彩电技术是发展最快的电子技术之一，许多新工艺、新技术、新器件迅速应用到彩电的生产中，为了避免学生学到的是陈旧、淘汰的知识，我们介绍液晶彩电的故障检修技能时采用的全部是新型液晶彩电，以便学生可以成为一名合格的液晶彩电维修技师。

本书由孙立群、贺学金主编。参加本书编写的还有张国富、李杰、赵宗军、陈鸿、刘众、傅靖博、李佳琦、杨玉波、张燕、王忠富、毕大伟、邹存宝、孙昊等同志，在此表示衷心的感谢。

为方便教师教学，本书还配有电子教学参考资料包。请有此需要的读者登录华信教育资源网（http://www.hxedu.com.cn）免费注册后进行下载，有问题时请在网站留言或与电子工业出版社联系（E-mail:hxedu@phei.com.cn）。

编　者

2014.9.1

目录

<<<<< CONTENTS

液晶彩色电视机的基础知识

液晶彩色电视机是通过液晶显示屏 LCD（Liquid Crystal Display）显示图像的彩色电视机，所以简称为液晶彩电、液晶电视、LCD 电视等。

任务1 熟悉LCD彩电的性能参数和优缺点

知识1 LCD彩电的性能参数

液晶彩电的主要性能参数有分辨力、亮度、对比度、响应速度与可视角度。

1. 分辨力

分辨力是液晶彩电最重要的参数。它是指屏幕上像素点的数量。分辨力越高，显示的图像越清晰。一般 26in 以下的液晶屏的分辨力多为 640×480、720×576、1024×768，只能显示 SDTV 级别的图像，即在水平和垂直清晰度可达到 450 线；32in 以上液晶屏的分辨力多为 l366×768、1920×1080，若输入 1920×1080 的信号，能显示 HDTV 级别的图像，即水平和垂直清晰度都达到或超过 720 线。

2. 亮度

亮度是指屏幕显示图像质量正常的条件下，重显大面积明亮图像的能力。单位是 cd/m^2（坎德拉/平方米）或称 nit（尼特）。屏幕太暗会影响图像的清晰度；屏幕太亮且长时间观看，会让眼睛疲劳、头晕，尤其会导致儿童、青少年的视力下降，甚至影响身体发育等。

> **提示**
>
> 一般液晶彩电的亮度范围是 350～600nit，部分液晶彩电可达到 800～1000nit。另外，屏幕的亮度均匀性也是一个重要指标。亮度均匀性取决于背光源与反光板的数量与配置方式。低档液晶彩电的亮度均匀性差一些，若将画面切换到黑屏状态下，更容易发现亮区。而高档液晶彩电的画面亮度均匀，无明显的亮区。

3. 对比度

对比度是液晶彩电的一个重要参数，它是显示图像彩色层次丰富程度的性能，也就是常说的灰阶。因此，如果图像亮部的亮度越高，而暗部的亮度越低，对比度值就越大，所能显示的图像和色彩的层次就越丰富。液晶彩电的对比度范围一般为 150～500∶1。

4. 响应速度

响应速度又称响应时间。液晶彩电的响应时间是指液晶屏幕的像素由暗转亮，再由亮转暗所需的时间，它反映了液晶屏各像素点对输入信号的反应速度，对用户观看图像而言，它正好反映观察到图像切换过程的快慢，当然此值越小越好。响应时间越短，则用户在看快速移动的画面时，才不会出现明显的类似残影的拖曳现象。

> **提 示**
>
> 液晶彩电液晶屏的响应时间多为 30ms、25ms、16ms 等多种。响应时间为 30ms，表示每秒钟液晶屏可显示 33 帧画面（1/0.03=33），已满足 DVD 播放的需要；响应时间为 25ms，表示每秒钟液晶屏能够显示 40 帧画面，完全满足 DVD 播放以及绝大部分电影或游戏的需要。而适宜观看快速运动图像的响应时间一般要低于 16ms。

5. 可视角度

可视角度实际上是指用户从不同方向清晰地观察屏幕上显示内容的角度。对于液晶彩电，在不同的位置、不同的角度所看到图像的亮度、对比度、彩色、清晰度都有所变化，图像失真较大，甚至看不到图像。因此，液晶彩电有一个观看图像的最佳角度，把这个最佳角度称为液晶彩电的可视角，该角度越大越好。

新型液晶屏都应用了广视角技术，根除了液晶彩电固有的视角缺陷，可视角度可以达到 176°或 178°。

知识 2　LCD彩电的优、缺点

1. LCD 彩电的优点

液晶彩电与传统显像管（CRT）彩电相比有如下优点：

（1）整机的厚度薄、体积小、重量轻

由于液晶彩电使用液晶屏显示图像，减小了整机的厚度，一般的机身厚度不足 10cm，便于选择安装方式。也正是因为使用液晶屏显示图像，所以整机的体积较小，重量较轻。

（2）省电

由于液晶彩电背光源的功率相对较低，所以在同样尺寸下，液晶彩电比 CRT 彩电省电。

（3）无 X 射线辐射

由于液晶彩电不再使用 CRT 显像管，避免了 CRT 彩电的 X 射线辐射，成为绿色环保型彩电。

（4）画面稳定

由于液晶彩电无须场、行扫描电路配合，液晶屏就可以显示图像，所以液晶彩电避免了因扫描带来的画面闪烁和不稳定，不易造成视觉疲劳。

（5）图像逼真

由于液晶彩电采用数字点阵显示模式，将画面的几何失真率降为零。采用高亮度、高对比度、防反光的液晶屏，大大增加了电视画面的亮度和对比度，减少光线的反射和散射，显示出更细腻、更清晰的画面。

（6）清晰度高

目前液晶彩电的分辨力已达到 HDTV（高清电视）级别。大多数液晶彩电都达到了1366×768，部分达到 1920×1080，所以液晶彩电有较高清晰度的静止图像。在相同尺寸下，液晶彩电比普通的 CRT 彩电和等离子彩电更能体现图像的清晰度。

（7）显示尺寸大

液晶显示屏的可视面积跟它的屏对角线尺寸相同，而普通显像管屏幕四周有 1in 左右的边框不能用于显示。因此，对于相同尺寸的显示屏幕来说，液晶显示屏的可视面积会更大一些。

（8）寿命长

一般液晶彩电的屏幕使用寿命会超过 5 万小时。也就是说，如果平均每天使用 5h，大部分的液晶彩电可以使用 27 年。

2. LCD 彩电的缺点

（1）显示视角小

液晶显示屏是利用液晶分子对外界光的异向性形成图像的。对不同方向的入射光，其反射角不一样，所以视角较小，并且对比度会随着视角变大而变差。

（2）响应速度慢

液晶显示画面的变化是在外电场作用下，依靠液晶分子的排列变化来完成的。受材料黏滞度的影响，响应速度较慢。因此，大部分液晶显示屏在显示快速移动的画面时质量差一些，可能会出现类似残影或者是拖曳的现象。

（3）显示品质略差

液晶屏幕采用透光式显示图像的，而 CRT 显像管是通过电子束轰击荧光粉而显示图像的，所以液晶彩电的图像没有 CRT 彩电明亮。LCD 理论上只能显示 18 位色（约 262144 色），而 CRT 显像管的色深几乎是无穷大。

（4）LCD 显示屏比较脆弱，容易损伤

LCD 不仅容易被划伤，而且易破碎，增大了液晶彩电的维护难度和维修成本。

任务2 液晶彩电电路的分类

液晶彩电可以按液晶屏屏幕、背光灯、采用的电路板来分类。

知识1 按液晶屏面板分类

液晶彩电采用的荧光屏有 TN 面板、VA 面板、CPA 面板和 IPS 面板四种。其中，前三种为软屏，后者为硬屏。目前，常见的是 VA、CPA 和 IPS 三种。下面分别对它们进行介绍。

1. VA 面板

VA 是 Vertical Alignment 的缩写，VA 面板是目前应用较广的一种液晶面板，属于广视角面板，它又细分为 MVA 面板和 PVA 面板两种。MVA 是英文 Multi-domain Vertical Alignment 的缩写，PVA 是英文 Patterned Vertica Alignment 的缩写。

MVA 面板是由日本富士通公司开发的，台湾奇美、友达光电面板都是采用该技术生产。PVA 面板是在 MVA 面板的基础上，由韩国三星公司开发的。PVA 面板具备 16.7M 的真色彩和较大的视野角度（可接近视频的 178°），更容易满足液晶彩电的娱乐功能。

2. CPA 面板

CPA 是 Continuous Pinwheel Alignment 的缩写，CPA 面板是日本夏普为主开发的一种液晶面板，该面板性能与 PVA 面板基本一样，不过，它的色彩还原更真实，图像更细腻，价格更高。

3. IPS 面板

IPS 是 In Plane Switching 的缩写，IPS 面板是日本日立公司于 21 世纪初推出的一种液晶面板，属于大视角面板，它利用液晶分子平面转换的方式来改善视角，并且面板上未安装补偿膜，所以它的两个电极都安装在一个平面上，而不像其他液晶面板的电极是在上下两面，立体排列。这样，它的响应速度快、色彩还原更逼真，并且价格相对较低。但也存在黑色纯度比 PVA 面板低的缺点，所以需要通过光学膜对黑色进行补偿。由于 IPS 及其改良型 S-IPS 面板性能优异，所以逐步成为液晶彩电的主流产品。

知识2 按液晶屏背光源分类

液晶彩电采用的背光源主要有荧光灯管和 LED 两种。

1. 荧光灯管式背光源

荧光灯管式背光源又分为冷阴极荧光灯管（英文缩写为 CCFL）和热阴极荧光灯管（英文缩写为 HCFL）两种。由于 HCFL 的技术不成熟，所以应用得较少，而 CCFL 的技术比较成熟，所以不仅早期的液晶彩电广泛采用 CCFL 灯管做背光源，许多新型低价位的液晶彩电仍采用此类背光源。

2. LED 式背光灯

LED 是发光二极管的英文缩写，采用 LED 背光源的优点：一是节能环保，它不仅功耗要低于 CCLF 背光源，而且不需要使用汞（水银）等元素，减少对人体的伤害；二是色域广，CCFL 背光源是通过激发荧光粉发光的，其发光光谱中杂余成分较多，色纯度低，导致其色域小，而 LED 的发光光谱窄，色纯度好，用三基色 LED 混光的背光源具有很大的色域和优秀的色彩还原性，通过选择合适三基色，比 CCFL 背光源的色域扩展了约 50%；三是寿命长，不仅 LED 背光灯的使用寿命是 CCFL 背光灯的两倍左右，而且为其供电的电路寿命也比 CCFL 背光灯的长；四是供电电路（驱动电路）结构简单，CCFL 背光灯供电电路采用了高压逆变器，不仅结构复杂，而且成本较高，而 LED 背光灯的供电电路结构简单，并且成本较低。因此，LED 必将取代 CCFL，成为液晶彩电的主流背光光源。

知识 3 按工作方式分类

液晶屏按工作方式分类有常亮和常黑两种。所谓的常亮（NW）是指液晶屏没有驱动电压输入后，液晶像素开启，背光可以透过液晶像素将屏幕照亮。所谓的常黑（NB）是指液晶屏没有驱动电压输入后，液晶像素关闭，背光不能透过液晶像素，屏幕是黑的。因常黑液晶屏相对更节能，所以液晶彩电多采用常黑液晶屏。

知识 4 按电路板配置分类

液晶彩电根据发展历程、屏幕大小和采用的技术不同，采用的电路板配置方案主要有多板配置、4 板配置、3 板配置、2 板配置、单板配置等。下面介绍一些典型电路板配置方案，供读者了解。

1. 多板结构

典型多板结构的液晶彩电如图 1-1 所示。它主要由电源板、模拟板、数字板、液晶屏时序逻辑控制板（TCON 板）、高压板（背光灯供电板）、操作板构成。

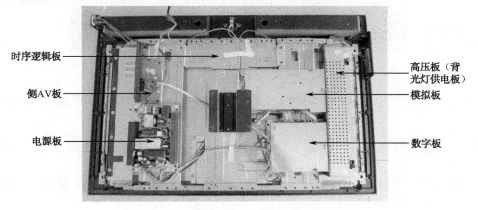

图 1-1 液晶彩电典型的多板结构

电源板也称电源电路板，它的功能就是为整机负载供电。

模拟板（在屏蔽罩下面）也叫模拟信号处理板或 RF 电视信号处理板，它的功能是将高频头输入的高频电视信号处理为全电视信号（视频信号）和伴音信号。

数字板（在屏蔽罩下面）也叫数字信号处理板，它的功能是将模拟板输出的模拟视频信号转换为满足液晶屏需要的数字视频信号。

高压板（在屏蔽罩下面）也叫背光灯供电板，它的功能是将开关电源板输出的直流电压转换为高压交流电，以满足点亮背光灯的需要。

时序逻辑板（在屏蔽罩下面）也叫液晶屏时序信号控制板或定时板，它的功能是将数字板产生的视频信号处理为可以驱动液晶工作的视频信号和定时控制信号。

操作板（图中未标出），它的功能是接受遥控器发出的遥控信号或接受用户的操作信号，为微控制器提供用户所需的控制信号。

> 💡 提 示
>
> 　　一般情况下，介绍电路板结构时，都不列入用作辅助功能的侧 AV 信号输入板、操作板，所以图 1-1 所示的液晶彩电也可以称为 5 板结构。

▶ 2. 4 板结构

典型 4 板结构的液晶彩电如图 1-2 所示。它主要由电源板、主板、TCON 板（时序逻辑板）、高压板（背光灯供电板）、操作板构成。

图 1-2　液晶彩电典型的 4 板结构

图 1-2 所示结构与图 1-1 所示结构相比，就是利用一块主板取代了模拟电路板与数字电路板。

▶ 3. 3 板结构

典型 3 板结构如图 1-3 所示。它主要由电源/背光灯供电板、主板、液晶屏时序逻辑控制板（TCON 板）、操作板构成。

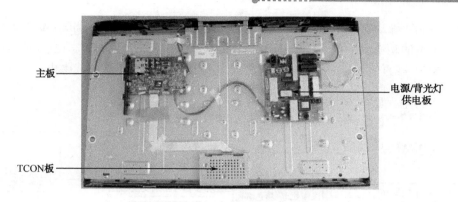

主板

电源/背光灯
供电板

TCON板

图 1-3　液晶彩电典型 3 板结构

图 1-3 所示电路板结构与图 1-2 所示结构相比，就是利用一块电源、背光灯供电一体板（LIPS 板）取代了电源板、背光灯供电板。

4. 2 板结构

2 板方案的液晶彩电与 3 板方案的液晶彩电相比，是将 TCON 板与模拟/数字板再次集成，构成了一块信号处理板，即整机由 LIPS 板和信号处理板构成。

5. 单板结构

单板方案的液晶彩电与 2 板方案的液晶彩电相比，是将 2 板结构的两块电路板又组合在一起，即超级电路板。

任务 3　液晶彩电的电路构成与单元电路作用

知识 1　液晶彩电的电路构成

液晶彩电的电路由电源电路、微控制器电路、液晶屏驱动电路、高中频信号处理电路、伴音电路、机外信号输入接口电路、时序逻辑控制电路、背光灯供电电路（高压逆变器或 LED 驱动电路）、视频解码电路、扫描格式变换电路等构成，如图 1-4 所示。

知识 2　单元电路的作用

为了帮助学生熟悉典型液晶彩电电路的构成及电路间的关系，下面对各个单元电路的功能进行简单介绍。

1. 电源电路

电源电路的作用是将 220V 市电电压变换为直流电压，为负载供电。液晶彩电的电源电路通常由 300V 供电电路、PFC 电路和开关电源构成。其中，300V 供电电路是将 220V 市电电压变换为 300V 脉动直流电压；PFC 电路将 300V 脉动直流电压变换为 400V 左右的直流电压，完成对市电的功率因数校正；开关电源将 400V 直流电压变换为 5V、12V（或 14V）、24V（或 18V、28V）等直流电压，为主板、背光灯供电板、TCON 板等负载供电。

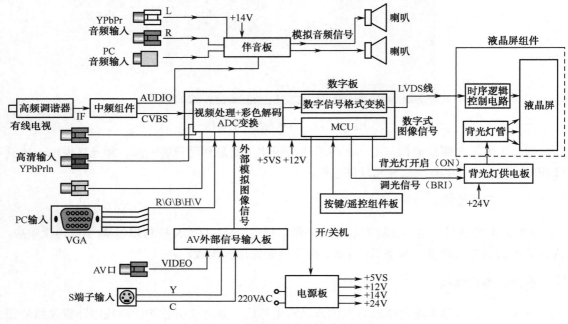

图 1-4 典型液晶彩电构成方框图

2. 背光灯供电电路

背光灯供电电路也叫背光灯驱动电路，背光灯电源根据背光灯的不同采用的结构和工作方式不同。

（1）CCFL 型背光灯供电电路

CCFL 型背光灯供电电路是通过逆变器将开关电源输出的 12～24V 或 400V 电压变换为 1000V 左右的高压交流电，用于点亮液晶屏内的背光灯管。因此，该背光灯供电电路也叫高压逆变器或高压逆变电路。

（2）LED 型背光灯供电电路

LED 型背光灯供电电路是通过升压型开关电源为 LED 灯提供几十伏或一百多伏的直流供电电压。该电路构成比 CCFL 型供电电路结构简单且故障率低。

3. 高频、中频信号处理电路

和 CRT 彩电一样，液晶彩电的高频电路也是将来自闭路电视或卫星接收机传送的 RF 信号转换成中频信号 IF，而中频电路是将 IF 信号变换为视频全电视信号 CVBS 和第二伴音中频信号 SIF，或者直接输出 CVSB 信号和音频信号 AUDIO。早期液晶彩电的高频、中频电路都设置在模拟板，目前都集成在主板上。

4. 伴音电路

和 CRT 彩电一样，液晶彩电的伴音电路也是将来自中频电路第二伴音中频信号进行解调、音效放大，再通过功率放大后，驱动扬声器还原音频信号。不过，伴音电路的质量更高。早期液晶彩电的伴音电路单独设置在伴音板或模拟板上，目前多集成在主板上。

5. 视频解码电路

和 CRT 高清彩电一样，液晶彩电的视频解码电路也是将中频电路输出的全电视信号 CVBS 进行解码后，根据需要得到 3 种信号：第一种是解调出亮度信号 Y 和色度信号 C；第二种是得到亮度信号 C 和色差信号 U、V；第三种是亮度信号 Y 和三基色信号 RGB。早期液晶电视的解码电路多设置在模拟板上，新型液晶彩电都设置在主板上。

6. 数字信号式变换电路

数字信号格式电路包括扫描格式变换电路和图像缩放电路两部分。

和 CRT 高清彩电一样，扫描格式变换电路的功能是将隔行扫描的图像信号变换为逐行扫描的图像信号，送图像缩放电路。

由于液晶显示屏的像素多少及其位置是固定的，但电视信号和外部输入的信号的分辨率却有所不同，所以通过缩放电路将不同分辨率的信号变换为与液晶屏对应的分辨率后，才能保证液晶屏显示正常的图像画面。

> **提 示**
>
> 早期液晶彩电隔行/逐行扫描变换电路、图像缩放电路多采用单独的集成电路，并且设置在数字板上。新型液晶彩电都将它们与视频处理电路集成在一块芯片内，设置在主板上。

7. 时序逻辑控制电路

时序逻辑控制电路的功能是将主板输出的 TTL 或 LVDS 格式的图像信号转换为 RSDS 格式的数字图像信号，以满足液晶屏驱动电路放大的要求。

> **提 示**
>
> 时序逻辑控制电路多采用单独的一块电路板，所以也称为时序逻辑控制板，简称逻辑板或 TCON 板。目前，部分新型液晶彩电将时序逻辑控制电路集成在主板上。

8. 液晶显示屏组件

液晶显示屏组件的作用是能够显示出清晰的画面。它是液晶彩电的核心器件，主要由液晶屏幕（液晶面板）、液晶屏驱动电路、背光灯等构成。

驱动电路的作用是将来自逻辑板的 RSDS 格式数字图像信号进行源极驱动和栅极驱动电路放大后，就可以驱动液晶屏屏幕内的液晶工作在开关状态，最终使液晶屏幕上重现图像。

背光灯就是为液晶面板提供光源。

▶9. 微控制器电路

微控制器电路由微控制器（MCU）、电可擦写存储器（E^{2}PROM）、操作键、遥控接收头以及红外遥控发射器组成，其中 MCU 是该电路的控制中心。微控制器电路可以完成的功能是：调谐选台、频道切换、音量和静音调整，亮度、对比度、色饱和度调整，屏幕字符显示，开/关机及指示灯控制，参数调整等。

> 💡 提 示
>
> 液晶彩电内微控制器也叫微处理器，用 CPU 表示。早期液晶彩电的微控制器采用单独的芯片，目前的液晶彩电都将该电路与视频处理、音频处理等电路集成在一起，成为多功能芯片，也称主控芯片。

▶10. 操作控制电路

和 CRT 彩电一样，按键、遥控接收电路也是由按键（操作键）、遥控接收头构成。按键可以为 MCU 提供用户的手动操作信号，遥控接收头通过对遥控器发出的红外光信号识别处理后，提供给 MCU。MCU 将按键或遥控接收头送来的控制信号处理后，就可以通过 I^{2}C 总线或相应的端口输出控制信号，对被控电路进行控制，实现操作控制功能。

思考与练习

一、填空题

1. 液晶彩电的主要性能参数是：_____、_____、_____、_____、_____。

2. 液晶彩电的优点是：_____、_____、_____、省电、_____、_____、_____、_____和_____。

3. 液晶彩电的缺点是_____、_____、_____、_____。

4. 液晶彩电采用的背光灯主要有_____、_____两种。

5. 液晶彩电的电路板配置主要有_____板、_____板、_____板、_____板、_____板结构。

6. 液晶彩电的电路由_____、_____、_____、_____、伴音电路、机外信号输入接口电路、_____、_____、视频解码电路、_____等构成。

二、判断题

1. 液晶彩电的清晰度一定比 CRT 彩电高。 （ ）

2. 液晶彩电比 CRT 彩电省电。 （ ）

3. 液晶彩电和 CRT 彩电一样，都是由一块主板构成。 （ ）

4. 液晶彩电的操作控制电路和 CRT 彩电操作控制电路功能一样。 （ ）

5. 现在的液晶彩电都是 LED 彩电。 （ ）

三、简答题

1. 简述液晶彩电的优点？
2. 简述液晶彩电的基本构成是什么？简述单元电路的作用。

液晶彩色电视机的安装、擦拭与拆解

任务1 液晶彩色电视机的安装

液晶彩电不像 CRT 彩电从包装箱内拿出来就可以放在电视柜等物品上使用，而液晶彩电为了便于运输，机体与支撑件是分开包装运输的。用户购买后，需要售后人员将其安装后才能使用。因安装不仅会影响收看效果，而且还可能会影响液晶彩电的使用寿命，所以液晶彩电的安装技术也是十分重要的。

> **提 示**
>
> 大部分液晶彩电的支撑件就是底座，部分液晶彩电的支撑件还包括挂架。

技能1 安装方式

液晶彩电的安装方式主要有底座式、壁挂式、落地移动式、吊顶式等多种。

▶1. 底座式

底座式是一种常用的安装方式，多用于家庭、办公室、小型会议室。这种安装方式是最简单的安装方式，只要将底座与机体安装到一起即可。

▶2. 壁挂式

该方式安装方便、简洁、节省空间，是一种最常用的安装方式，不仅用于家庭，而且可用于候车室、医院、小型会议室、展览馆、楼梯间等公共场合。

> **提 示**
>
> 新型的壁挂支架还可以变换电视的倾斜角度，方便灵活，更适合收看。而伸缩旋转折叠式挂架的摇摆直角为 90°，俯角为 0°～5°，臂长为 35～60cm，最大限度地满足了客户需求。

3. 落地移动式

这种安装方式采用便携的移动支架，便于移动和携带，广泛用于小型会议室、演示室、教室、展示厅等场合。

4. 吊顶式

悬挂吊顶架也是一种较常用的安装方式，具有可视性好，且不影响行人走动的优点，广泛用于商场、展示厅、超市、食堂、候车室等场合。

技能2 液晶彩电的安装技能

由于底座式安装比较简单，而壁挂式是目前采用最多的安装方式，其他方式的安装方法可参考该安装方法。

1. 安装位置的选择

一般状况下，液晶电视观看时的高度应该是人眼平视的电视中心附近为佳，试听距离应是液晶屏对角线尺寸的3～5倍。比如，37英寸液晶电视，如果视听距离不足1.4m，就不适合壁挂，避免长时间观看后引起颈椎酸痛、眼睛疲劳等问题。

2. 注意事项

部分液晶电视的重量超过了16kg，为了避免它坠落，所以在安装壁挂架时，一定要安装在强度较高的实心砖、混凝土墙壁上。另外，因每个家庭的装修材料有所不同，所以在打孔时，墙体对螺孔大小与间隔需要是不一样的。尤其是石膏板墙，如果安装不当，不但挂架不牢固，而且还容易损坏墙体。因此，对于石膏板墙面要先定位，然后用壁纸刀挖孔，再用冲击钻在墙面上打孔，并且在安螺钉时，要在挂孔上放一块木板，增加其受力面积。

3. 选择挂架

在选择挂架时，要根据需要选择合适的挂架类型。

4. 安装步骤

（1）确定安装的高度

一只手拿着盒尺量出合适的高度，如图2-1（a）所示；另一只手用笔做好高度的记号，如图2-1（b）所示。

（2）确定安装的水平装置，做打孔记号

一只手拿水平尺，找到合适的水平位置，如图2-2（a）所示；另一只手用笔做好打孔的记号，如图2-2（b）所示。

（a）测量高度　　　（b）做记号

图 2-1　安装位置高度的测量

（a）确定水平位置　　　　　　　　（b）做打孔记号

图 2-2　确定挂架的水平位置

（3）画挂架的打孔记号

一只手将挂架按在墙壁上，如图 2-3（a）所示；另一只手用笔做好打孔的记号，如图 2-3（b）所示。

（a）按住挂架　　　　　　　　　　（b）做打孔记号

图 2-3　画挂架打孔记号

图 2-4　打孔

（4）打孔

一只手将撮子贴在打孔位置下面的墙壁上，另一只手拿电锤打孔，让粉尘落入撮子，如图 2-4 所示。

（5）插入胀塞

将钻孔内插入合适的胀塞，如图 2-5（a）所示；随后用锤子将胀塞打入墙壁，如图 2-5（b）所示。

（6）安装挂架

安装挂架，并插入螺杆，如图 2-6（a）所示；用电锤将螺杆拧紧，如图 2-6（b）所示。

（a）插入胀塞　　　　　　　　　　　　　　　（b）用锤子打入

图 2-5　安装胀塞

（a）安装螺杆　　　　　　　　　　　　　　　（b）拧紧螺杆

图 2-6　安装挂架

（7）校正挂架

用水平尺再次测量挂架，如图 2-7（a）所示；若挂架倾斜，可用锤子轻打挂架倾斜的部位，对其进行校正，如图 2-7（b）所示。

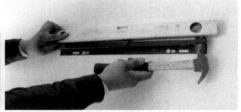

（a）用水平尺检测　　　　　　　　　　　　　（b）校正挂架

图 2-7　校正挂架位置

（8）安装挂杆

将 2 根竖的过渡挂杆安装到电视机背面，如图 2-8（a）所示；用螺丝刀拧紧固定螺钉，如图 2-8（b）所示。

（a）放置过渡挂杆　　　　　　　　　　　　　（b）用螺钉固定

图 2-8　固定挂杆

（9）安装电视

将电视机挂杆挂在挂架上，如图2-9所示。至此，安装完毕。

图2-9　将电视机挂在挂架上

任务 2　液晶屏的清洁与液晶彩电的拆解方法和注意事项

技能 1　液晶屏的清洁

由于液晶屏远比 CRT 彩电的显像管荧光屏娇贵，所以容易因擦拭不当而影响使用或引发故障。下面介绍常见的错误擦拭方法与正确的擦拭方法。

▶1. 错误的清洁方法

一是毛巾沾清水擦拭，用清水擦拭不仅不能擦掉屏幕上的指纹和污垢，而且会容易导致清水流入液晶屏内部，引起保护或引发故障。

二是用普通纸巾擦拭，用普通纸巾擦拭液晶屏幕容易划伤屏幕。

三是用酒精等化学制剂擦拭，采用酒精等化学制剂擦拭屏幕时，容易破坏屏幕上的防护层，而影响图像质量。

▶2. 正确的清洁方法

常见的液晶屏清洁套装如图2-10所示。

图2-10　常见的液晶屏清洁套装

专用的液晶屏幕擦拭布采用的是特殊纤维，具有比高档眼镜布还要好的擦拭效果，而且柔软不会划伤屏幕，同时还具有消散静电的独特功能。测试时，将专用擦拭布喷加适量液晶屏清洗液，使擦拭布轻微的潮湿后，再用它轻轻擦拭屏幕即可。而硬屏液晶屏不会这么麻烦，清洁要容易一些。

技能 2 液晶彩电拆解方法与注意事项

▶ 1. 机壳的拆卸

将液晶电视的屏幕朝下，放置在一个平整的桌面上，用螺丝刀拆卸固定机壳的螺钉，如图 2-11 所示；取下后壳，如图 2-12 所示。

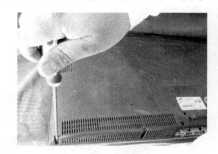

图 2-11　拆卸螺钉　　　　　　　　　　图 2-12　拿掉后盖

▶ 2. 电路板的拆卸

（1）电源板的拆卸

第一步，拆卸固定电源板的螺钉，如图 2-13（a）所示。

第二步，一只手按住排线插座上的卡钩，另一只手拔掉电源板与主板、高压逆变板（背光灯供电板）间的插头，如图 2-13（b）所示，即可取下电源板。

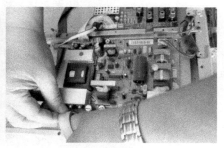

（a）拆卸螺钉　　　　　　　　　　（b）拔掉插头

图 2-13　电源板的拆卸

（2）主板的拆卸

第一步，拆卸固定模拟板的螺钉，如图 2-14（a）所示。

第二步，拔掉主板与逻辑板、电源板间连接器的插头，如图 2-14（b）所示。最后，取下主板，如图 2-14（c）所示。

（a）拆卸螺钉　　　　　　　　　（b）拔掉插头　　　　　　　　　（c）取下电路板

图 2-14　主板的拆卸

（3）高压板的拆卸

第一步，拆卸固定高压板的螺钉，如图 2-15（a）所示。

第二步，取下屏蔽罩，如图 2-15（b）所示。

第三步，拔掉高压板与电源板间连接器的插头，再将它从输出插座内拔出，就可以取下高压板，如图 2-15（c）所示。

（a）拆卸螺钉　　　　　　　　　（b）取下屏蔽罩　　　　　　　　（c）取出高压板

图 2-15　高压板的拆卸

（4）逻辑板的拆卸

第一步，拆卸固定逻辑板的螺钉并取下屏蔽罩，打开与主板间排线插座上的锁扣，如图 2-16（a）所示；取出与主板连接的排线，如图 2-16（b）所示。

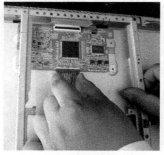 

（a）打开锁扣　　　　　　　　　（b）拔出排线

图 2-16　主板逻辑板间排线的拆卸

> ⚠ **注 意**
>
> 拆卸该排线时，必须要打开锁扣，否则容易导致排线或插座损坏。

第二步，打开与液晶屏间排线插座的锁卡，如图 2-17（a）所示；取出与液晶屏连接的排线，如图 2-17（b）所示。

（a）打开锁扣　　　　　　　　　　　　（b）取出排线

图 2-17　逻辑板与液晶屏排线的拆卸

> ⚠ **注 意**
>
> 拆卸该排线时，必须要打开锁扣，否则容易导致排线或插座损坏。

第三步，更换主板后，将液晶屏的排线插入逻辑板的插座后，再锁紧锁卡，如图 2-18 所示。

图 2-18　逻辑板与液晶屏排线的安装

思考与练习

一、判断题

1. 液晶彩电和 CRT 彩电一样，只能放在电视柜上收看。　　　　　　　　　　（　　）

2. 液晶彩电的屏幕也可以像 CRT 彩电的荧光屏那样清洁。　　　　　　　　　（　　）

3. 拆卸液晶彩电时，不能将它的屏幕向下放在桌子上。　　　　　　　　　　（　　）

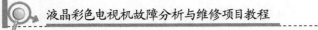
4．拆卸电路板时，可以直接拔掉电路板间连接器的插头。　　　　　（　　）

二、简答题

1．简述液晶彩电的壁挂式安装过程。
2．简述液晶彩电逻辑板的拆卸。

电路板故障元件级维修技能

本项目介绍液晶彩电各个电路板的识别、故障检测与代换方法。掌握本项目内容，就可以掌握液晶彩电的板级维修技能。本项目以电路故障率从高到低的顺序进行讲解。

任务 1　电源板故障检测与代换技能

由于电源板上的元器件布局紧凑，并且开关管等元器件工作在高频、大电流状态，所以是液晶彩电内故障率最高的电路板。

技能 1　典型电源板的识别

液晶彩电的电源板根据有无背光灯供电功能，可分为独立型和电源+背光灯供电一体化型（也叫二合一型）两种，二合一型电源板在任务 3 进行介绍，下面介绍独立电源板的供电方式，以及它与控制系统之间的关系。

1. 典型独立电源板识别

典型独立式（传统型）电源板由抗干扰电路、主电源（或称主开关电源）、副电源（或称副开关电源）、PFC 电路（或称功率因数校正电路）、待机控制电路构成，实物如图 3-1 所示。

2. 主要连接器（插座）引脚功能

AC 220V 插座：该插座的功能是输入市电电压，液晶彩电的电源插头插入市电插座后，220V 市电电压就会通过它为电源板供电。

+5VSB、+12V 插座：+5VSB 是英文+5VStandby 的缩写，有的电源板标为 5VSTB 或 5VS，译为待机 5V 电源或备用 5V 电源。该电压由副电源产生，不受待/开机信号控制，即电源板输入市电电压后，副电源就会工作并输出 5VSB 电压，为微控制器、遥控接收等电路供电。+12V 电压不仅为主板上的伴音功放等电路供电，还经稳压器稳压后，为视频处理等电路供电。部分液晶彩电的+12V 电压还为背光灯供电板供电。

+24V 插座：为背光灯供电板提供工作电压。

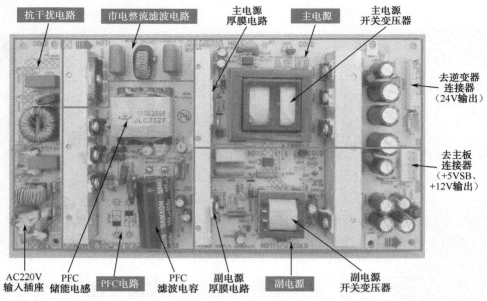

图 3-1　典型独立式电源板实物

> **提 示**
>
> 　　部分液晶彩电的伴音功放电路采用+14V 或+18V 电压，还有少量的电源板输出+33V 电压，为高频调谐器（俗称高频头）的调谐电路供电。

技能 2　电源板的工作条件电路

　　虽然液晶彩电电源板种类繁多，但它们的工作条件电路基本相同，都是由供电、开机/待机控制电路和负载构成，如图 3-2 所示。

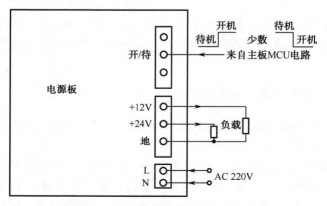

图 3-2　电源板工作条件电路

▶ 1. 供电

　　参见图 3-2，电源板的供电采用 220V 市电电压，大部分电源板在市电电压为 170～240V

的范围内都能正常工作。

2. 开机/待机控制

电源板的开机/待机控制信号端子常标为 POW 或 POWER、OFF/ON、PS_ON、STB、STAND 等符号，它输入的开机/待机控制信号来自主板的 MCU（微控制器）。大部分电源板采用高电平开启方式，开机时应由低电平（0V）跳变为高电平（3~5V），关机时变为 0；少数电源板采用低电平开启方式，开机时应由高电平（3~5V）跳变为低电平（0V），关机时变为高电平。

3. 负载

虽然液晶彩电电源的稳压控制电路都采用了直接误差取样、放大方式，大部分液晶电源板在空载的情况下都可以工作，但也有例外的电源板，如康佳 KPS+L200C3-01 电源板的副电源空载时，会导致 PFC 电路和主电源不工作，无 12V 和 24V 电压输出。而部分电源板需要为 12V 电源接上负载，才会输出 24V 电压。因此，单独检测电源板是否正常时，最好为 5V、12V 电源接上相应的负载。

技能 3　电源板的故障现象

液晶彩电电源板常见故障有三大类：一是主副电源均无输出，其故障现象为三无（无背光、无图像、无声），电源指示灯不亮；二是副电源有+5VSB 电压输出，但主电源无输出，其故障现象为电源指示灯亮，但不能二次开机；三是主电源异常，引起保护电路动作，通常表现为二次开机后随即返回到待机状态，或开机后背光亮一下就灭。

技能 4　电源板的强制启动方法

接假负载判断电源板及其负载是否正常或对新购置的电源板进行单独检测时，都需要对电源板强制启动后，通过检测其输出电压判断它是否正常。对于 STB 控制电压在开机状态为高电平的电源板，强制启动时，可用一段焊锡或导线将电源板的开/待机控制脚与+5VSB 输出端连在一起，如图 3-3 所示。对于 STB 在开机状态为低电平的电源板，强制启动时，则通过焊锡或导线将 STB 端与地相连。

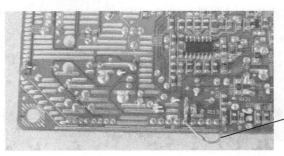

用焊锡将5VSB端子与STB端子短接

图 3-3　独立型电源板强制启动示意图

提 示

　　强制启动时，也可以根据启动方式的不同，用一只 1～2.2kΩ 的电阻将 STB 端子与 5V 供电端子进行连接或将它与地进行连接。

技能 5　电源板故障判断方法与技巧

1. 直观检查法

（1）检查电源板与其他电路板的连接器（插头、插座、排线）是否接触不良、引脚是否脱焊。

（2）检查开关变压器、PFC 储能电感的外观有无变色，磁芯是否破碎，引脚是否脱焊、引脚附近有无打火痕迹。

（3）检查大功率开关管（电源开关管、PFC 开关管）的引脚是否脱焊，插座引脚有无脱焊等。

（4）检查电源板上的电阻有无烧糊，电容、集成电路有无炸裂。

（5）检查电源板上的贴片电阻、贴片电容、集成电路等元器件的引脚是否脱焊。

2. 电压测量法

（1）测量待机 5V 电压

液晶彩电在接通电源后，副电源就会工作，输出待机 5V 电压（通常标为+5VSB），为 MCU（或 CPU）及遥控、按键电路供电。维修时，应先测副电源输出的+5V 电压是否正常，若不正常，在确认其负载无短路的情况下，就可以确定电源板的副电源不工作或工作异常。

 提 示

　　部分电源板的副电源有+5VSB 和 M5V 两种输出电压。M5V 即主 5V，该电压为主板上小信号处理电路供电，该电压一般在二次开机，主电源输出+12V 电压后才会输出。对于这种电源板，只要测量+5VSB 电压是否正常即可。

（2）测量主电源输出电压

若副电源输出的+5VSB 电压正常，二次开机后测量主电源输出的各组电压是否正常。

（3）开/待机控制电压

若主电源无输出，可在二次开机时测量电源的开/待机控制信号输入端有无开机信号输入，若没有，检查主板；若有，在确认主电源各输出电压负载均正常的情况下，就可确认电源板有故障。

3. 电阻测量法

（1）在路检查熔断器（保险管）是否熔断，如熔断器已断，说明发生短路过电流故障。

（2）在路检查电源板的负载对地阻值是否过小，若过小，说明负载发生短路或漏电故障。

4. 假负载法

若二次开机后主电源输出电压低于正常值，应判断故障是因主电源带载能力差所致，还是因负载过流所致。此时，可拔下电源板与主板、背光灯驱动板的连接器，接好假负载，并强制启动电源板。启动后，若灯泡发光且主电源输出的各组电压正常，如图 3-4 所示，说明背光灯驱动板或主板上的负载电路异常；若灯泡不发光或发光较暗，且输出电压仍低，说明电源板带负载能力差；若灯泡发光较强后熄灭，说明主电源的稳压控制电路异常，引起过压保护电路动作。

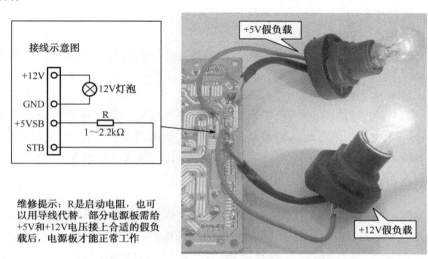

图 3-4 强制启动电源板判断故障部位示意图

📖 **方法与技巧**

主电源 12V 供电的假负载，一般选取摩托车或汽车上用的 12V/30～60W 灯泡；24V 供电的假负载，可选取两只 12V 灯泡串联或者选择 36V 电动车灯泡。为了减小启动电流，也可用 39～47Ω/10W 的水泥电阻作假负载。

技能 6 电源板的代换方法

目前，液晶彩电与电源板的配套有两种情况：一种是同系列、不同型号的液晶彩电因采用相同的液晶屏而采用同一型号的电源板；另一种同一型号的液晶彩电，因采用不同尺寸的液晶屏，可能会采用不同型号的电源板。厂家的售后维修人员在维修工作中，可以更换同型号的电源板，而普通维修人员很难买到同型号的电源板。因此，掌握电源板的代换技能是十分重要的。

1. 直接代换

第一，输出电压和被代换电源板输出电压一致；第二，代换电源板的最大输出功率应相同或略高于原电源板；第三，电源板的尺寸和连接器（插头）是一样的。比如，长虹的 GP01 型电源板可直接代换 GP05 板，并且可与 FSP084-1CD02C 型电源板互换；又比如，长虹 GP02、GP02-1、GP11 型电源板不仅可直接互换，而且可以和 FSP205-4E01（C）、FSP205-4E01、FSP179-4F01 型电源板相互代换；再比如，长虹 GP09 型电源板可与 FSP205-3E01、FSP205-3E01C 型电源板互换。

2. 间接代换

只要保证电源板的输出电压相同，功率相同或略大，并且有足够的安装空间。若满足这些条件，就可以间接代换。

（1）连接器插座引脚排列不同

代换时若连接器（插座）的引脚不相同，应重新焊线或跳线，将它们的引脚功能改为一致即可。

（2）开机控制信号电平不同

目前，大部分液晶彩电电源板都采用高电平的开机信号，若代换的电源板采用的是低电平的开机信号，可将开机信号输入回路断开，加一级倒相器将开机信号变换为低电平即可。加设的电路比较简单，由 1 只 2SC1815 和 1 只 10kΩ电阻构成，如图 3-5 所示。

3. 特殊代换

若被代换的电源板有 12V 电压输出，而代换用的电源板仅有 24V 电压输出时，通过加设一个 12V 稳压器将 24V 稳压为 12V 即可。加设的稳压电路比较简单，由 1 只 5A/100V 的 NPN 型三极管（如 BU406、BU407）、三端稳压器 7812 和一个 1N4004 构成，如图 3-6 所示。

图 3-5　开机信号变换电路　　　　　图 3-6　12V 稳压电路

任务 2　背光灯供电板故障检测与代换技能

技能 1　背光灯供电板的识别

背光灯供电板也叫背光灯驱动板，它按液晶屏背光灯种类不同，又可分为两种：一种用于驱动冷阴极荧光灯管（CCFL）的高压逆变板；另一种是用于驱动 LED 灯条的背光灯供电板。前者应用在普通 LCD 液晶彩电中，后者应用在 LED 背光液晶彩电中。

1. 高压逆变板

普通 LCD 液晶彩电的背光灯采用冷阴极荧光灯管（CCFL），这种背光灯需要 800~1050V（启动时可达到 1100~1300V）的交流电压才能点亮，但电源电路或外置电源适配合器提供都是较低的直流电压，这就需要一个电压变换电路将电源电压转换为满足 CCFL 正常工作所需要的电压，这个电路就是高压逆变电路（Inverter）。因此，CCFL 背光灯驱动电路也叫逆变器。采用独立电源的液晶彩电，逆变器为单独的电路板（一块或多块），这种板常称为高压逆变器板或背光灯升压板，简称高压板或逆变板。

灯管型背光灯使用的高压逆变板根据灯管的连接方式，又分两种：一种是灯管采用独立供电方式的，需要高压逆变板上有许多体积相对小的高压变压器为灯管供电，如图 3-7（a）所示；背光灯采用并联供电方式的，需要高压逆变板上有 1 个或 2 个体积相对大的高压变压器为灯管供电，如图 3-7（b）所示。

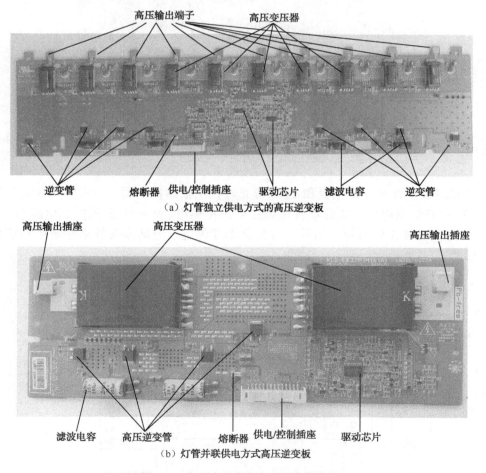

图 3-7 典型液晶彩电高压逆变板实物

2. LED 背光灯供电板

LED 背光灯供电电路的功能是输出点亮 LED 灯条所需的直流电压。因此，LED 背光供电电路不再叫"逆变器"。典型的 LED 背光灯驱动板的实物如图 3-8 所示。

提示

　　LED 供电板输出的直流电压有的为几十伏，有的为一百多伏，也有为二百余伏的。

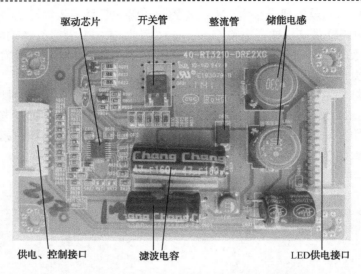

图 3-8　典型液晶彩电 LED 背光灯驱动板实物

技能 2　背光灯供电板的工作条件电路

　　虽然 CCFL 型背光灯供电板和 LED 背光灯供电板结构不同，但它们都有相同的工作条件电路。背光灯供电板的工作条件电路主要是由供电、背光灯开/关控制电路和负载（背光灯）构成，如图 3-9 所示。另外，部分背光灯供电板的基本条件电路还包括背光灯亮度控制信号。

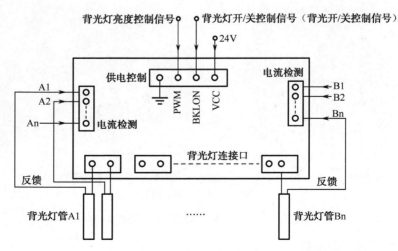

图 3-9　背光灯供电板工作条件电路

1. 供电

参见图 3-9，背光灯供电板的供电端子多标注为 VCC，输入的电压来自电源板，多采用 24V 直流电压供电方式，少部分采用 12V、18V 供电方式。

2. 背光灯开/关控制

背光灯开/关控制信号输入端子常标注为 BL-ON、BL LIGHT ON/OFF、ON/OFF，它们都是英文 Backlight ON/OFF Contro Voltage 的缩写。背光灯开/关控制信号也是由主板上的 MCU 提供。大部分背光灯供电板采用高电平开启方式，开机时应由低电平（0V）跳变为高电平（3～5V），关机时变为 0。

> **提示**
>
> 部分液晶彩电将背光灯开/关控制信号称为背光灯使能信号，用 BKLT EN、ENA、EN、ASK 等符号表示。

3. 负载

由于背光灯供电板都设置了背光灯过流、过压、断路保护电路，所以需要接好负载才能工作。

4. 背光灯发光强度调整

背光灯发光强度调整（屏幕亮度调整）信号输入端子通常标为 PWM、BL-ADJ、DIM、Brightness、Vipwm/Vepwm 等，该信号来自主板的 MCU。该电压通常为 0～3V、0～3.5V 或 0～5V，也就是与 MCU 的供电高低有关。

> **提示**
>
> 另外，部分液晶彩电的背光灯发光强度还受亮度模式的控制，如海信 TLM3277 液晶彩电，背光灯调整电压在标准模式时为 3V，在节能 1 模式时为 2.4V，在节能 2 模式时为 2V。

技能 3　背光灯供电板的故障现象与判断方法

1. 故障现象

液晶彩电背光灯供电板常见故障有三大类：一是无电压输出，产生黑屏或白屏、伴音正常的故障；二是输出电压低，产生屏幕亮度低的故障；三是输出电压异常，会在开机后背光灯亮一下就灭。

2. 故障判断方法

（1）察看法

察看背光灯供电板上的电阻、芯片外观是否正常，若出现变色或炸裂，说明它已损坏。

察看高压变压器（或储能电感）的外观有无变形，磁芯是否破碎，引脚是否脱焊、引脚附近有无打火的痕迹。

察看背光灯供电板上的开关管（或逆变管）、插座引脚有无脱焊等。

察看背光灯供电板上的电阻、电容、集成电路等贴片元器件是否脱落或其引脚是否脱焊。

（2）电压测量法

LED 背光灯供电板输出电压：LED 灯条的供电电压是直流电压，其电压值一般在一百多伏到两百余伏，因此，可以用万用表直流电压 250V 挡测该板输出的电压值就可以确认它是否正常。

CCFL 背光灯供电板输出电压：由于 CCFL 背光灯供电板输出的是高频交流电，电压高达 1000 伏左右，所以以往的报刊、书籍上介绍，不能使用普通万用表去直接测量它的输出电压，可采用拉弧、检测感应电压等方法进行估测。实际是可以采用数字万用表测量的，测量方法如下。

采用 DT9205 型数字万用表的 700V 交流电压挡测量时，电压为 154V，如图 3-10（a）所示；采用 200V 交流电压挡测量时，电压为 119.3V，如图 3-10（b）所示。在测量时，若表笔与高压变压器输出端接触不良时，会出现粉红色的弧光，这也说明有高压输出；若无拉弧且无电压，说明高压变压器无高压输出。

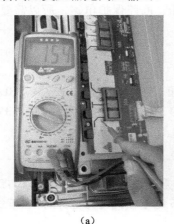

（a）　　　　　　　　　　　　　　　　（b）

图 3-10　三星 LA32S81B 型液晶彩电高压变压器输出电压检测

提 示

　　由于被测彩电的高压变压器输出的是高频脉冲电压，而数字万用表交流电压挡是为测量低频交流电压设置的，所以测量的数值较正常值（1000V 左右）低许多。

背光灯供电板工作电压：背光灯供电电路的工作电压由电源板提供，若背光灯供电板有工作电压输入，而没有高压输出，说明背光灯供电板异常，如图 3-11 所示。

背光灯开/关控制信号：大部分背光灯供电板采用高电平（3～5V）方式启动，低电平关闭。如果背光灯供电板没有该控制信号输入，背光灯供电板不能工作。三星 LA32S81B 型液晶彩电的背光灯开/关控制电压检测如图 3-12 所示。

图3-11 三星 LA32S81B 型液晶彩电高压逆变
器供电电压的检测

图3-12 三星 LA32S81B 型液晶彩电背光
灯开/关控制信号的检测

背光灯亮度控制信号：当检修亮度异常的故障时，背光灯亮度控制信号也是主要的原因。三星 LA32S81B 型液晶彩电的背光灯亮度控制信号检测如图 3-13 所示。该电压是随亮度变化而不同，但无论怎么变化，电压不能为 5V 或 0V。如果该电压值为 5V 或 0V，肯定会引起亮度异常的故障。

（3）假负载法

由于背光灯供电板具有完善的保护电路，当背光灯异常时保护电路会动作，产生背光灯供电板启动后又停止工作的故障。为了判断故障是背光灯异常所致，还是背光灯供电板异常所致，应采用假负载来确定故障原因。

图3-13 三星 LA32S81B 型液晶彩电
背光灯亮度控制信号的检测

CCFL 背光灯供电板的假负载：CCFL 背光灯供电板（逆变板）的假负载最好选用 CCFL 背光灯管，当然也可以使用专用维修工装，比如，长虹快益点电器的 KYD-PWV2.0 就是液晶彩电 CCFL 背光灯供电板的专用假负载工装，它可满足1～8 个高压输出接口的 CCFL 背光灯供电板维修，如图 3-14 所示。

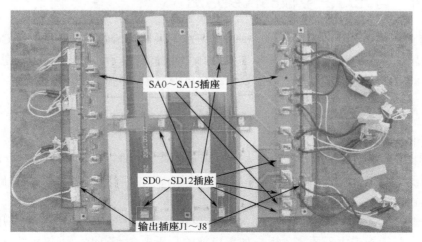

SA0～SA15插座

SD0～SD12插座

输出插座J1～J8

图3-14 液晶彩电 CCFL 背光灯供电板假负载工装的连接示意图

接假负载后，若逆变板可以正常工作，则说明该背光灯供电板正常，故障是背光灯异常所致；若故障依旧，说明背光灯供电板异常。

提示

若没有此类假负载工装，也可以自制多个带指示灯的逆变器假负载，如图 3-15 所示。图中二极管 VD1 用作整流，可选用 RU2 或 RG2，LED1 是发光二极管，用作指示灯。因 LED1 也具有整流功能，所以实际制作时也可不安装 VD1。

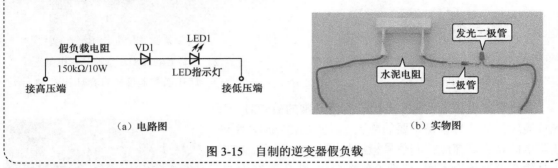

（a）电路图　　　　　　　　　　（b）实物图

图 3-15　自制的逆变器假负载

LED 背光供电板的假负载：LED 背光灯供电板的假负载比较简单，可以选用一只 25W/220V 的白炽灯。将它接在背光灯供电板输出端子的引脚上，若白炽灯发光且其两端电压正常，则说明背光灯供电板正常，故障是背光灯异常所致。若故障依旧，说明背光灯供电板异常。但许多新型 LED 供电电源接假负载后，不能工作或启动后就停止工作，这是它的保护电路过于灵敏所致。因此对于新型 LED 制电应带负载测试以重误判。

3. 替换法

察看背光灯供电板没有元器件脱焊、损坏时，可以用正常的同型号背光灯供电板代换检查，若代换后，液晶彩电恢复正常，则说明被代换的背光灯供电板损坏；若故障依旧，则说明故障在其他部位。

技能 4　背光灯供电板的代换方法

LED 背光灯供电板比较容易检修，所以尽可能不采用换板的维修方法，而 CCFL 背光灯供电板（高压逆变板）故障率高且不易购买，对于这种情况只有通过更换高压逆变板（背光灯供电板）的方法来进行维修，下面简要介绍高压逆变板的更换方法。

1. 高压板选择

高压板的选择方法如下：

（1）供电电压要一致。虽然灯管数量相同的高压板，但供电电压却不一定相同，有 12V、24V 等多种供电电压，更换了不同供电电压的高压板，不仅可能会导致高压板电路工作异常，还可能会导致它们损坏。

（2）供电的灯管根数要相同。例如，8 根灯管的高压板不能用 6 根灯管的高压板来代换。

（3）功率要等于或大于原高压板，如果更换的高压板功率不够，不仅可能导致高压板工作异常，甚至会引起保护电路动作，产生保护性关机的故障。

（4）灯管输出接口形状要一致，即宽口的必须采用宽口的更换，窄口的应采用窄口的更换。

（5）体积要适合。更换的高压板体积不能过大，否则将无法安装。

2. 高压逆变板安装的注意事项

（1）防止高压放电

安装高压板时，应确保高压逆变板和液晶彩电金属材料间的距离大于4mm，或使用耐压超过3kV的绝缘材料进行隔离，以免发生高压放电等异常现象。

（2）避免干扰

安装高压板时，一定要把高压逆变板的安装孔用螺丝安装在液晶彩电的金属壳上，如果不能直接固定，也要用导线就近将安装孔与金属壳进行连接，以免高压板产生的干扰影响电路正常工作。

> **提示**
>
> 由于不同的液晶屏内使用的背光灯不仅数量不同，并且点灯时间和启动特性也不同，所以当背光灯供电板损坏后，多采用可以互换的背光灯供电板代换。对于买不到代换板的，则需要采用元件级维修方法进行修复。

> **注意**
>
> 目前，许多维修人员采用万能背光灯供电板代换的方法进行修复。但大部分的万能背光灯供电板的质量并不可靠，虽然可以点亮背光灯，但故障率较高，甚至还会缩短背光灯的使用寿命。

任务3　电源、背光灯供电一体板故障检测与代换技能

电源、背光灯供电一体板也叫二合一电源板，用LIPS板表示。LIPS板将电源电路、背光灯供电电路组合在一块电路板上，所以是液晶彩电故障率最高的电路板。该板的故障现象与独立电源板、背光灯供电板故障现象一样，并且检测方法也相同，下面介绍典型电源、背光灯供电一体板的强制启动方法和代换技能。

> **提示**
>
> LIPS是英文LCD Integrated Power Supply的缩写，可译为液晶彩电集成电源或一体化电源。LIPS板上的背光灯供电电路的工作电压不再采用主电源输出的12～24V电压，而是采用PFC电路输出的400V左右直流电压。因此，不仅提高了开关电源和背光灯供电电路的工作效率，而且简化了电路结构，降低了成本。

技能 1 典型电源、背光灯供电一体板的识别

液晶彩电电源、背光灯供电一体板根据背光灯的不同，可分为电源+CCFL 供电一体板和电源+LED 供电一体板两种，下面分别介绍它们的检测与代换方法。

1. 电源+CCFL 供电一体板的识别

这类电源板又可分为单电源+CCFL 供电一体板、双电源+CCFL 供电一体板两种。典型的双电源+CCFL 供电一体板实物图如图 3-16 所示。

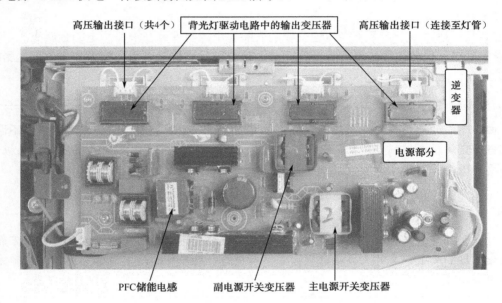

图 3-16　典型的双电源+CCFL 供电一体板实物图

这类电源、背光灯供电板整体电路可分为开关电源和 CCFL 供电电路两大部分。它的开关电源部分与独立电源基本相同。CCFL 背光灯的供电电路就是逆变器，它的作用是将 PFC 电路输出 400V 直流电压转换为 CCFL 所需的 1000V 左右交流电。逆变器的特征元件是输出变压器（高压变压器）与控制芯片。

2. 电源+LED 供电一体板的识别

这类电源、背光灯供电板整体电路可分为开关电源和 LED 供电电路两部分。开关电源除了为主板提供+5VSB、+12V 电压，还为 LED 供电电路提供几十伏的直流工作电压（如 84V 等）。LED 供电电路的功能是输出点亮 LED 灯条所需的直流电压（有的为几十伏，有的为一百多伏，也有的为二百余伏）。

有的电源+LED 供电一体板采用主、副两个电源，有的仅采用了单电源。图 3-17 是单电源+LED 供电一体板的实物图。

LED 供电电路主要由控制芯片、开关管、储能电感、整流二极管等组成。其实质是一个升压型开关电源电路，将几十伏的直流电压提升到一百多伏。

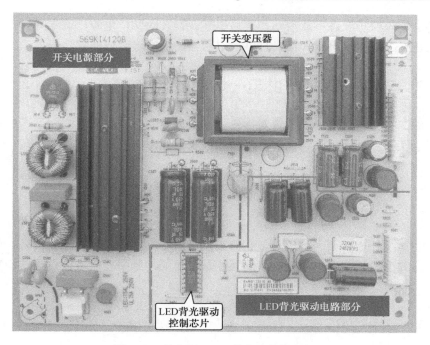

图 3-17　单电源+LED 供电一体板实物

技能 2　电源、背光灯供电一体板的强制启动方法

需要强制启动电源、背光灯供电一体板时，主要找准三个点：开/待机控制、逆变器或 LED 驱动电路的开/关控制、背光灯亮度控制。若这三个点均为高电平，表示为高电平打开电源和逆变器（或 LED 驱动电路）。实际操作过程中，可以用焊锡/导线或三只 2.2kΩ 电阻分别将这三个点与待机 5V 电压连接，如图 3-18 所示。

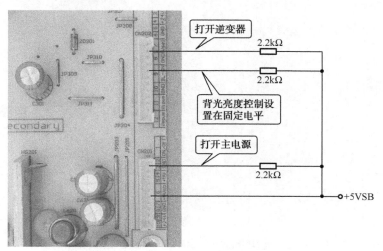

图 3-18　强制启动电源、背光灯供电一体板的方法

另外，有的电源、背光灯供电一体板脱机工作时，空载电压和带载时不同，有的一体板

因无负载还会进入保护状态不能启动，容易引起误判。因此，电源、背光灯供电一体板脱机工作时，应在开关电源输出端和背光灯供电电路输出端接上合适的假负载。

技能 3　电源、背光灯供电一体板的代换方法

由于电源、背光灯供电一体板针对性较强，所以维修时，应采用相同型号的背光灯供电板代换。对于买不到代换板的，则需要采用元件级维修方法进行修复。

▷ 任务 4　主板故障检测与代换技能

主板是也叫主控板、信号处理板，它的功能是最多的，不仅可以接收信号、信号选择、视频解码、格式变换、伴音信号处理，而且还是整机的控制中心，所以电路结构复杂、元器件众多。

技能 1　主板的识别

主板是液晶彩电内体积最大的一块电路板，典型的主板实物如图 3-19 所示。

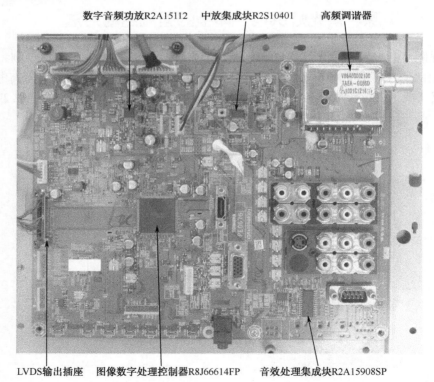

图 3-19　液晶彩电典型主板实物

技能2　主板的工作条件电路

虽然液晶彩电主板种类繁多，但它们都有相同的工作条件电路。主板的工作条件电路比较简单，就是供电和控制电路，如图3-20所示

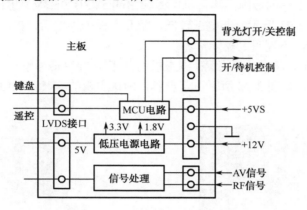

图3-20　主板工作条件电路

电源板上的副电源工作后，由它提供的5VS电压为主板上的微控制器（MCU）电路供电；按遥控器或面板的开机键开机后，MCU应为主电源提供开机信号，主电源工作后，由其提供的12V电压不仅为主板上的伴音功放电路供电，而且经低压稳压电源输出5V、3.3V、1.8V等直流电压为信号处理电路供电。

技能3　主板的故障现象

液晶彩电主板常见故障：一是整机不工作，二是始终处于待机状态，三是开机后自动返回待机状态，四是无光栅、无屏显、有伴音，五是黑屏（或白屏）、有屏显、有伴音，六是图像正常，无伴音或伴音异常，七是TV或AV等机外某个接收状态无信号，八是缺少部分功能。

技能4　主板故障判断方法与技巧

▶1. 直观检查法

（1）对于TV或AV、HDMI、VGA某个模式无图像、无伴音故障，确认信号源正常后，则说明主板异常。

（2）对于TV、AV模式都出现黑屏或白屏（无图像）或图像异常、伴音正常的故障，则说明主板异常。

（3）对于TV、AV模式都出现图像正常，无伴音或伴音异常的故障，则说明主板异常。少量液晶彩电的伴音功放电路未设置在主板上，对于此类彩电还需要检测伴音功放板。

（4）对于频道数量不够或跑台故障，则说明主板异常。

（5）对于图像正常，无屏显的故障，则说明主板异常。

（6）对于黑屏、无伴音、待机指示灯亮故障，遥控开机指示灯无变化时，多为主板异常。

2. 测量电压法

（1）对于整机不工作的故障，测待机电源输出的 5VSB（5.3V）电压是否正常，若正常，说明主板异常，如图 3-21 所示。若电压较低，断开主板的供电后，电压依旧，说明电源板异常；若电压恢复正常，还说明主板异常。

（2）对于始终处于待机状态的故障，测主板的开/待机控制信号输出端有无开机信号输出，若有，说明主板正常，如图 3-22 所示；若没有，确认主板的 5VSB 供电正常后，则说明主板上的 MCU 电路异常。

图 3-21　主板 5VSB 电压的检测　　　　图 3-22　主板待机/开机控制信号的检测

（3）对无伴音的故障，测量伴音电路的供电是否正常，若正常，说明主板的伴音电路异常。

（4）对于伴音正常，背光灯不亮的故障，测主板有无背光灯开关控制信号、背光灯亮度控制信号输出，若有，说明主板正常，如图 3-23 所示；若没有，则说明主板异常。

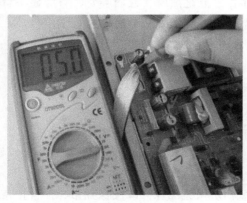
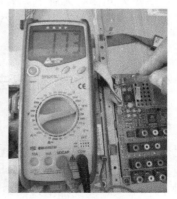

（a）背光灯开关控制供电　　　　　　　（b）背光灯亮度控制

图 3-23　主板背光灯开关、亮度控制信号的检测

（5）对于伴音正常，背光灯亮，但黑屏故障时，测主板低压电源输出电压是否正常，如图 3-24 所示。若输出电压为 0，则说明主板异常。

（6）对于伴音正常，背光灯亮，但黑屏故障时，测主板 LVDS 接口上的屏驱动电路的供电是否正常，如图 3-25 所示。若供电为 0，则说明主板异常。

（a）3.3V 电压的检测

（b）1.2V 电压的检测

图 3-24　主板 3.3V、1.2V 稳压器的检测　　　　图 3-25　液晶屏驱动电路供电电压的检测

（7）对于伴音正常，背光灯亮，但黑屏故障时，测主板 LVDS 接口上的驱动信号输出脚静态和动态电压，如图 3-26 所示。若电压相同时，则说明主板异常。

（a）有信号

（b）无信号

图 3-26　数字万用表测量液晶屏驱动信号输出脚电压

若采用指针万用表测量 LVDS 接口的动态电压时，表针会轻微地摆动，如图 3-27 所示。

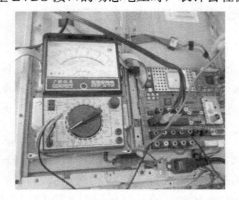

图 3-27　指针万用表测量液晶屏驱动信号输出脚电压

3. 测量波形法

若出现伴音正常，黑屏、背光灯亮故障时，测主板 LVDS 接口上的屏驱动电路供电正常，用示波器测主板 LVDS 输出接口信号脚波形是否正常，如图 3-28 所示。若信号波形异常，则说明主板异常。

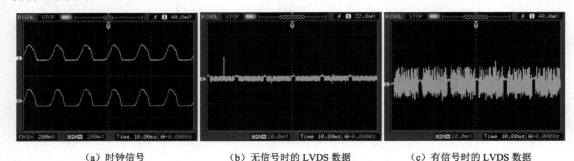

（a）时钟信号　　　　　　　（b）无信号时的 LVDS 数据　　　　　（c）有信号时的 LVDS 数据

图 3-28　主板 LVDS 输出接口信号波形的检测

4. 代换法

若手头没有示波器，不能准确判断主板是否正常时，也可以采用同型号正常的主板对原主板进行代换检查，代换后若故障消失，则说明被代换的主板异常。

技能 5　代换主板的注意事项和方法

LCD 液晶电视不同系列的主板有较大的区别，有些是配双高频头，有些是配单高频头的；有的具有 USB 功能，有的没有 USB 功能。但同一系列的主板，除了配显示屏不一样，其他的功能基本都一样。

1. 注意事项

（1）要看逻辑板的工作电压是否与主板输出电压相同。

不同的逻辑板的供电电压不同，所以代换主板板时应注意主板输出的电压与逻辑板的工作电压相符，以免工作电压过高导致逻辑板电路过压损坏。

> **提示**
>
> 　　部分液晶彩电的主板上靠近 LVDS 插口附近有一个切换逻辑板供电电压的电子开关，该开关由场效应管和电感、跳线等构成。根据使用的液晶屏选择跳线位置，就可以改变逻辑板的供电电压。因此，更换主板时应该注意跳线的位置是否正确，以免更换主板后导致液晶屏的逻辑板过压损坏。

（2）主板的 LVDS 线插接口部要与屏的 LVDS 线的功能一一对应。

高清（1366×768）液晶屏采用单 8 位 LVDS 传输方式，包括 8 位数据线、2 位时钟线，共 10 根信号线；全高清（1920×1080）液晶屏采用双 8 位 LVDS 传输方式，包括 8 位奇数据线、8 位偶数据线、2 位奇数和 2 位偶数时钟线，共 20 根信号线。

（3）更换主板后，需要重新抄写主板上的程序。

在总线模式中能设置液晶屏参数的机器，更换主板后必须要调试液晶屏参数等项目的数据，以免出现遥控器按键功能错乱、图像闪烁、花屏、读U盘异常等故障。

**2. 更换技巧**

更换主板时，应在插好除液晶屏驱动线（俗称上屏线）以外的所有连线，开机后背光灯应该亮，屏幕显示灰屏/黑屏，测液晶屏驱动电路的供电电压（俗称上屏电压），查询三位区隔码确定符合液晶屏的供电要求后，再插好液晶屏驱动线试机，以免液晶屏驱动电压过高，导致液晶屏过压损坏。

> **提　示**
>
> 目前，许多业余维修人员采用万能主板的代换方法，虽然简单易行，但存在性能差、隐患大的缺点。

任务5　逻辑板故障检测与代换技能

逻辑板也叫时序控制板（T-CON），它较易出现接触不良的故障，而元器件的故障率较低。

技能1　逻辑板的识别

逻辑板的体积较小，元器件较少，输出接口为扁平插座，并且引脚较多，典型的逻辑板实物如图3-29所示。

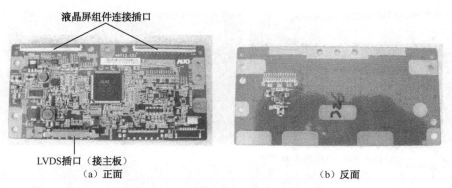

图3-29　液晶彩电典型逻辑板实物

技能2　逻辑板的工作条件电路

虽然液晶彩电逻辑板种类繁多，但它们都有相同的工作条件电路。逻辑板的工作条件电路比较简单，就是供电电路和信号输入电路。在开机状态下，从主板LVDS接口输出的5V或12V电压（少部分液晶彩电为3.3V或18V）输入到逻辑板后，再利用稳压电源变换为

VGL、VGH、VCOM 电压，为时序转换控制电路、帧存储器等电路供电。同时，从 LVDS 接口输出的 LVDS 信号经逻辑板电路处理后，为液晶屏驱动电路降低摆幅差分信号。基本电路如图 3-30 所示。

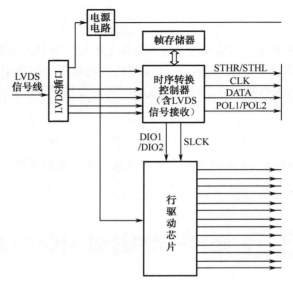

图 3-30　逻辑板工作条件电路

技能 3　逻辑板的故障现象

液晶彩电逻辑板常见故障：一是黑屏或白屏，二是花屏，三是竖线或横线干扰，四是图像异常，五是无图像，六是屏幕亮暗交替变化。常见的故障如图 3-31 所示。

图 3-31　逻辑板损坏后常见的故障现象

技能4 逻辑板故障判断方法与技巧

1. 直观检查法

（1）对于花屏且图像内有较多细小彩点故障，查看逻辑板与主板、液晶屏间的排线是否接触不良，可通过插拔来确认。

（2）对于不定时花屏或无图像故障，查看逻辑板的LVDS排线是否接触不良，可通过插拔来确认。

（3）对于无图像、花屏、黑屏、白屏等故障，可查看逻辑板上的元器件引脚有无脱焊。

2. 测量电压法

（1）对于无图像、无字符，伴音正常的故障，该故障多为主板或逻辑板电路异常。可测量逻辑板上LVDS输入接口的供电脚电压是否正常，若电压正常，检查逻辑板、液晶屏驱动电路，如图3-32所示；若供电异常，检查主板和排线。

图3-32 三星LA32S81B型液晶彩电逻辑板供电电压的测量

（2）对于图像出现拖尾、负像等异常现象时，在确认主板的LVDS输出接口信号脚的动态、静态电压正常后，则检查逻辑板与LVDS连线。

（3）对于无图像、无字符，屏幕上彩色线条、干扰线等故障时，在确认主板的LVDS输出接口信号脚的动态、静态电压正常后，则检查逻辑板与主板间的LVDS排线。

3. 测量波形法

对于无图像、图像异常等故障时，测逻辑板LVDS输入接口上的供电正常，用示波器测逻辑板LVDS输入接口信号脚信号波形是否正常。若波形正常，说明逻辑板电路异常；若波形异常，说明主板或逻辑板与主板间的排线异常。若逻辑板上不好测量，也可以测量主板LVDS输出接口的信号脚波形，若波形正常，则说明逻辑板或它与主板屏之间的连线异常；若波形不正常，说明主板异常。

4. 代换法

若手头没有示波器，不能准确判断逻辑板是否正常时，也可以采用同型号正常的逻辑板对原逻辑板进行代换检查，代换后若故障排除，则说明被代换的逻辑板异常。

技能 5　逻辑板的代换方法

逻辑板是由液晶屏厂家或配套厂家提供，所以逻辑板的代换要做到接口引脚功能相同，供电电压一致。

（1）LDVS 接口引脚功能相同

高清（1366×768）液晶屏采用单 8 位 LVDS 传输方式，包括 8 位数据线、2 位时钟线，共 10 根信号线；全高清（1920×1080）液晶屏采用双 8 位 LVDS 传输方式，包括 8 位奇数据线、8 位偶数据线、2 位奇数和 2 位偶数时钟线，共 20 根信号线。

（2）LDVS 信号格式要相同

部分逻辑板的 LVDS 接口上设置了 LVDS 信号格式选择电路，用符号 SEL LVDS 表示，LVDS 信号有 VESA 和 JEIDA 两种格式，在靠近 LVDS 插口处有两个选择，有 0V、3.3V、5V 和 12V 几种设置。不同的液晶屏选择相对应的电压。

（3）工作电压与供电电压一致

不同的逻辑板的工作电压不同，所以代换逻辑板时应注意逻辑板的工作电压与主板输出的电压是否相符，以免工作电压过高导致逻辑板电路过压损坏。

> **提 示**
>
> 不同的液晶屏版本不同，其逻辑板供电电压可能不同，比如，V1 版本的 AUO 屏的供电电压 VDD 为 12V，而 5V、0V 版本液晶屏的供电电压为 5V。在实际维修中发现，有的维修人员因没注意不同版本液晶屏的逻辑板供电电压可能不同，在更换液晶屏后导致逻辑板过压损坏。

（4）OD SEL 帧频选择端口电压

部分液晶屏具有 OD SEL 帧频选择功能，如奇美液晶屏，通过该选择功能可使液晶屏的工作频率为 50Hz 或 60Hz，以满足输入信号的频率。若频率选择不当，可能会产生液晶屏无显示的故障。

（5）RPF 显示旋转

部分逻辑板的 LVDS 接口有 RPF 引脚，通过该脚可以设置图像能否旋转，如有的奇美液晶屏在 RPF 引脚接高电平时，图像可以旋转 180°；该脚接低电平时，则没有旋转功能。

（6）匹配的程序

不同的液晶屏采用的 LVDS 的程序也可能不同，代换时应采用相同的 LVDS 程序，否则会产生图像或彩色异常的故障。

任务6　液晶屏故障检测与代换技能

液晶屏的英文是 Liquid Crystal Display，简写为 LCD，因液晶屏的屏幕由玻璃制成，因清洁不当或被硬物划碰都会损坏，并且部分液晶屏内的背光灯故障率也较高。

技能1　液晶屏的识别

液晶屏是液晶彩电内最好识别的器件，典型的液晶屏实物如图3-33所示。

（a）正面　　　　　　　　　　　　　　　　　（b）背面

图3-33　典型液晶屏实物

技能2　液晶屏的工作条件电路

虽然液晶彩电逻辑板种类繁多，但它们都有相同的工作条件电路。液晶屏的工作条件就两个：一个是背光灯供电板为液晶屏内的背光灯提供工作电压，使背光灯发光；另一个是逻辑板为液晶屏提供正常的驱动信号。

技能3　液晶屏的故障现象

液晶屏常见的故障有黑屏（常暗）、白屏（常亮）、花屏、色斑、暗点、亮点、一条红色或绿色的竖线、水平亮线等故障。常见的花屏等故障现象如图3-34所示。

（a）花屏1　　　　　　　　　　　　　　　　　（b）花屏2

图3-34　液晶屏常见的花屏故障现象

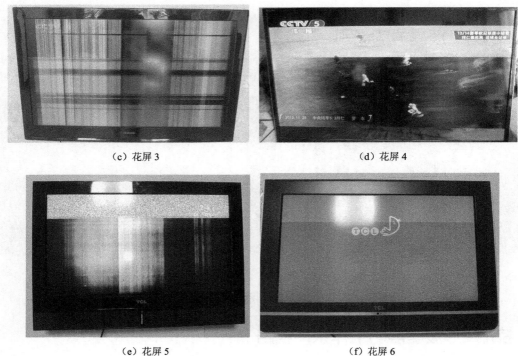

（c）花屏 3　　　　　　　　　　　　（d）花屏 4

（e）花屏 5　　　　　　　　　　　　（f）花屏 6

图 3-34　液晶屏常见的花屏故障现象（续）

技能 4　液晶屏故障判断方法与技巧

判断液晶屏时，可以采用察看法、代换法、波形测量法、经验法。

若屏幕有划痕或裂痕，通过察看就可以确认，如图 3-35 所示。若屏幕正常，确认背光灯供电板、逻辑板正常后，通常就可以怀疑液晶屏异常。当然，也可以确认背光灯亮，并且逻辑板输出信号正常时，则说明液晶屏异常；若背光灯在开机瞬间亮，随后熄灭，确认背光灯供电板正常后，则说明液晶屏内的背光灯或其附件异常，导致背光灯供电板进入保护状态。

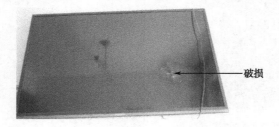

————破损

图 3-35　破损的液晶屏

技能 5　液晶屏的代换方法

液晶屏出现屏幕破裂、划伤或其驱动电路损坏等故障，无法修复时，则需要采用更换液晶屏的方法排除故障。维修时，最好采用同型号的液晶屏更换。若没有同型号液晶屏更换，也应采用满足下面要求的液晶屏代换。

（1）屏幕尺寸

代换的液晶屏尺寸必须和原液晶屏尺寸相同。

（2）面板种类相同

液晶屏的面板分 TN 面板、VA 面板、CPA 面板和 IPS 面板四种。其中，前三种为软屏，后者为硬屏。目前，常见的是 VA、CPA 和 IPS 三种，代换时要注意液晶屏面板的种类相同。

（3）液晶屏的接口、背光灯应相同

代换的液晶屏不仅接口需要和原液晶屏相同，而且需要它们的背光灯也一致。

（4）逻辑板一致

目前的液晶屏都配套安装了逻辑板，所以更换液晶屏时，需要检查逻辑板是否一致，若不一致，按任务 5 介绍的方法进行处理；若不能处理的，则不能代换。

思考与练习

一、填空题

1．液晶彩电电源板因_____，并且_____、_____，所以是液晶彩电内故障率最高的电路板。

2．液晶彩电的电源板根据有无背光灯供电功能，可分为_____和_____两种。

3．液晶彩电电源板的工作条件电路都是由_____、_____和_____电路构成。

4．液晶彩电电源板采用高电平开机方式的，强制电源板独立启动的方法是_____；液晶彩电电源板采用低电平开机方式的，强制电源板独立启动的方法是_____。

5．液晶彩电电源板的故障判断主要方法有_____、_____、_____、_____四种。

6．液晶彩电电源板代换的方法有_____、_____、_____三种。

7．液晶彩电的背光灯供电板根据液晶屏背光灯的不同，可分为_____和_____两种。

8．液晶彩电背光灯供电板的工作条件电路主要是由_____、_____和_____电路构成。部分背光灯供电板还包括_____。

9．液晶彩电主板常见故障：一是_____，二是_____，三是_____，四是_____，五是_____，六是_____，七是_____，八是_____。

10．液晶彩电逻辑板常见故障：一是_____，二是_____，三是_____，四是_____，五是_____，六是_____。

二、判断题

1．液晶彩电整机不工作时，确认市电电压正常后，是不是就不需要检测副电源（待机电源）输出电压是否正常。　　　　　　　　　　　　　　　　　　　　　　　　　　　　　　（　）

2．检测液晶彩电电源板是否正常时，除了需要检测有无 220V 市电电压输入，还需要检测有无开机/待机控制信号输入。　　　　　　　　　　　　　　　　　　　　　　　　　　　　（　）

3．任何的液晶彩电电源板空载都可以正常工作。　　　　　　　　　　　　　　　　（　）

4．背光灯供电板只要有供电电压就可以输出高压。　　　　　　　　　　　　　　　（　）

5．背光灯供电板高压变压器输出端电压是不能测量的。 （　）

6．检修不开机故障时，测主板有 5VSB 供电，但没有开机/待机控制信号输出，说明主板异常。 （　）

7．液晶彩电发生 TV 无图像、无伴音，而 AV 状态正常的故障时，说明主板异常。 （　）

8．主板的 LVDS 接口排线的信号引脚动态、静态电压是一样的。 （　）

9．逻辑板的供电也由电源板提供。 （　）

10．逻辑板的 LVDS 接口排线接触不良会产生黑屏、花屏等故障。 （　）

11．液晶屏损坏只能产生黑屏或白屏故障。 （　）

12．液晶屏损坏通过外观就可以发现。 （　）

三、简答题

1．电源板的主电源无电压输出如何检测？

2．简述电源板带假负载时的强制方法？

3．简述背光灯供电板无高压输出故障的检测方法？

电源板故障元件级维修技能

任务1 电源板构成与开关电源的基础知识

知识1 液晶彩电电源板的构成

液晶彩电电源板由抗干扰电路、市电整流滤波电路、副电源、PFC（功率因数校正）电路、主电源、待机控制电路、保护电路构成，如图4-1所示。掌握各单元电路的特点、组成、工作原理，以及关键检测点和常见故障检修方法，是学会电源板综合故障检修技能的基本功。只有基本功扎实了，才能高质量、迅速地排除电源板的各种故障。

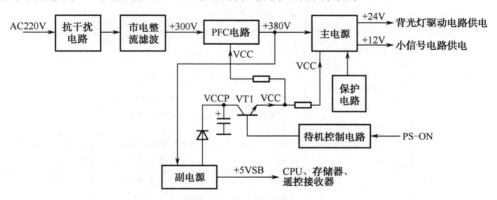

图4-1 独立型电源板的基本电路组成

知识2 开关电源的基础知识

液晶彩电电源板上，不仅主电源、副电源采用开关电源，而且PFC电路采用的也是开关电源。开关电源具有稳压范围宽、稳定性好、重量轻、效率高、体积小等优点，但由于其结构复杂，工作在高频、高电压、大电流条件下，所以故障率较高，维修难度较大。

1. 开关电源的分类

开关电源根据工作方式、开关管数量与负载关系、稳压方式的不同，可做表 4-1 所列的分类。

表 4-1　开关电源的分类

分类方法	类别	电路工作特点
按照振荡信号的形成方式来分	自激式	开关管和开关变压器参与振荡过程
	他激式	开关管和开关变压器不参与振荡过程，开关管的导通与截止受独立的振荡器控制。液晶彩电采用的基本是此类开关电源
按照开关管与负载的连接方式来分	串联型	开关管、开关变压器及负载电路三者是串联连接，液晶彩电部分低压电源采用此类开关电源
	并联型	开关管、负载分别接开关变压器的一次、二次绕组。液晶彩电主、副电源采用此类开关电源
按照开关电源的稳压控制方式来分	调宽式	是指加在电源开关管栅极或基极的脉冲频率（或周期）固定，通过改变开关脉冲的宽度来稳定输出电压
	调频、调宽式	控制开关管的脉冲频率和宽度都不是固定的，通过改变开关脉冲的频率、脉冲宽度来实现稳压。液晶彩电的开关电源都采用此类稳压方式
按功率变换形式来分（也称拓扑结构）	升压/降压型	这类功率变换器，其输出的稳定直流电压既可高于其输入电压，也可低于其输入电压。部分液晶彩电的调谐电源电路采用此类功率变换器
	升压型	输出的电压只能高于输入电压。液晶彩电的 PFC 电路、LED 背光驱动电路（即 LED 灯条供电电路）采用此类功率变换器
	降压型	输出的电压只能低于输入电压。液晶彩电的主电源、副电源、低压电源采用此类功率变换器
按开关管数量来分	一个开关管的单端式功率变换器	液晶彩电的副电源、PFC 电路，LED 背光灯驱动电源采用此类功率变换器
	两个开关管的半桥式功率变换器	液晶彩电的主电源、背光灯逆变器多采用此类功率变换器
	四个开关管的全桥式功率变换器	少量液晶彩电主电源、背光灯逆变器采用此类功率变换器
按控制芯片种类来分	电源控制芯片型开关电源	这类开关电源是由电源控制芯片、外接大功率开关管为核心构成。液晶彩电的主电源广泛采用此类电源结构，少数副电源也采用
	电源厚膜电路型开关电源	这类开关电源是由电源厚膜电路为核心构成。电源厚膜电路是将 PWM 控制电路和大功率开关管集成在一起的集成电路。液晶彩电的副电源广泛采用此类电源结构，少数主电源也采用

2. 常见结构与单元电路作用

液晶彩电的主、副电源都是采用他激式并联型开关电源。其中，副电源都采用了单端式功率变换器，部分小屏幕液晶彩电的主电源也采用此类功率变换器，而大屏幕液晶彩电主电源为了提高效率和增大输出功率，往往采用半桥式功率变换器。

（1）普通并联型开关电源

普通并联型开关电源主要由启动电路、电源控制芯片、开关管、开关变压器、输出电路、稳压控制电路及保护电路构成，如图 4-2 所示。各组成部分简介如下：

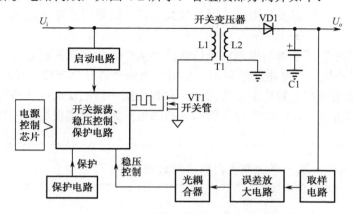

图 4-2　普通并联型开关电源基本电路方框图

1）启动电路

启动电路的作用是在通电瞬间为开关电源控制芯片提供启动电流，使其内部电路启动工作。启动电路一般由电阻构成。采用电源厚膜电路构成的开关电源，启动电路通常集成在厚膜电路内部。

2）开关电源控制芯片

开关电源控制芯片简称电源控制芯片、电源控制器等。其内部包含振荡器、稳压控制电路以及保护电路等。其作用有三点：一是产生激励脉冲信号；二是稳压控制，但多需与外围电路共同作用来实现；三是保护功能，常规的保护功能有过电压、欠电压、过电流、过热保护等，有些保护功能需与外围电路共同实现，而有的保护功能由电源控制芯片内部电路独立完成。

3）开关管和开关变压器

开关管在电源控制芯片输出的高频开关脉冲的作用下，工作在周期性地导通与截止的高频开关状态。液晶彩电的开关电源中，开关管通常采用 N 沟道大功率场效应管（MOSFET 管）。采用电源厚膜电路的开关电源，开关管集成在电源厚膜电路内部。

开关变压器作为开关电源的储能元件，还起着降压的作用。

4）输出电路

输出电路由整流二极管和滤波电容等组成，其作用是将开关变压器各绕组输出的高频脉冲电压变成稳定的直流电压。液晶彩电副电源输出的电压大多为+5V，而主电源的输出电压一般为+24V、+12V。

5）稳压控制电路

稳压控制电路也叫稳压环路，由取样电路、误差放大电路、光耦合器和脉冲调制电路组成。其作用是检测输出电压 U_o 的高低，并与一基准电压比较放大后输出一误差电压，经光耦合器传输后，去控制振荡脉冲的宽度或振荡频率，改变开关管的导通与截止时间，达到稳定输出电压的目的。

取样电路的作用是为误差放大电路提供一个取样电压。取样电路一般由分压电阻构成，取样方式一般为直接取样，即取样电压取自开关电源的输出端。

误差放大电路用来将输出取样电压与一基准电压比较，输出一个误差电压，经放大后去控制光耦合器的发光二极管发光强度。误差放大电路一般采用三端误差放大器，常用型号有TL431、AZ431等。

光耦合器将"冷"区获得的误差信号传输给"热"区的电源控制芯片，不仅完成信号的传输，而且实现了冷区、热区电路的隔离。常用的光耦合器有PC817、EL817、NEC2561等。

脉冲调制电路集成在电源控制芯片内部，它将稳压环路的反馈电压进行处理，以便调节开关管激励脉冲的占空比以便改变开关管的导通与截止时间来实现稳压的目的。

提示

占空比是指高电平在一个周期之内所占的时间比率。

6）保护电路

液晶彩电的开关电源都设置了完善的保护电路，一旦输入电压过高或过低，或开关电源及其负载电路有故障，保护电路就会动作，使开关电源停振或进入待机状态，以保护开关电源或其负载电路免受损坏。保护电路包括尖峰脉冲吸收电路、过电压保护、欠电压保护、过电流保护、过热保护电路等。尖峰脉冲吸收保护的作用是，吸收开关管由导通转为截止瞬间产生的尖峰脉冲，以免开关管过压损坏。过电压保护的作用是防止因稳压电路异常造成输出电压过高而损坏电源开关管、负载电路。欠电压保护的作用是防止供电电压过低时造成开关管因激励不足而损坏。过电流保护的作用是防止因负载过电流或电源内部故障而造成开关管过电流损坏。在保护电路启动后，控制电路无激励脉冲输出，开关管停止工作，以免损坏或扩大故障，实现保护。

（2）半桥式开关电源

半桥式由开关变压器和两个开关管 VT1、VT2 为核心构成，如图 4-3 所示。其中 VT1 为半桥电路的上臂，VT2 为半桥电路的下臂。T1 为开关变压器，C1 为谐振电容，VD1、VD2构成全波整流电路，C2 为滤波电容。这种拓扑结构具有一系列的优势，能够提升能效、降低电磁干扰（EMI）信号，并且提供更好的磁利用。电路设计时将 T1 和 C1 的谐振频率设计为约等于 IC1 内部振荡器的工作频率，更好地保证了电源电路的输出功率。

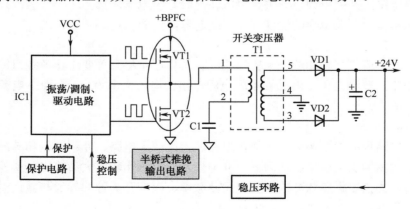

图 4-3　半桥式开关电源原理示意图

振荡电路产生的振荡脉冲信号，经调制器处理后形成相位完全相反（相位差 180°）的两组矩形脉冲信号，经驱动电路放大后输出，加到开关管 VT1、VT2 的 G 极，驱动 VT1、VT2 轮流导通和截止。当 VT1 导通、VT2 截止时，+BPFC（PFC 电路输出的 400V 左右电压）经 VT1 的 D-S 极、开关变压器 T1 的一次绕组向谐振电容 C1 充电。在 VT1 截止、VT2 导通时，C1 存储的电压→T1 的一次绕组→VT2 的 D/S 极→地（即 C1 下端）。在 VT1 和 VT2 的轮流导通与截止过程中，T1 二次绕组感应出的脉冲电压经 VD1、VD2 全波整流，C2 滤波得到+24V 直流电压，为负载电路提供工作电压。

半桥式电源控制芯片 IC1 的型号主要有 DLA001、L6598D、L6599、NCP1395、NCP1396、SSC9512 等。其中，NCP1395、NCP1396 输出的激励脉冲需经驱动块 NCP5181 放大后，才能驱动两个开关管轮流工作。半桥式开关电源除了可由电源控制芯片+开关管构成，也可由电源厚膜块构成。常用的半桥式电源厚膜块有 FSFR1700、FSFR2000 等。

> **提 示**
>
> 部分开关电源（如长虹 R-HS368-4N01 电源板等）的主电源采用了两个开关变压器，并且两个变压器的一次绕组串联，再与一个谐振电容串联。

3. 检修注意事项

液晶彩电电源板的结构较为复杂，在检修时为了确保人身及设备的安全，以及避免人为扩大故障的现象，需要注意以下问题。

（1）测量开关电源电路的电压、波形，要选好参考电位

并联型开关电源中，开关变压器一次侧之前的地为"热"地，一般选与 PFC 滤波电容（大电解电容）负极相连的线路作为热地，如图 4-4（a）所示。开关变压器之后的地为冷地，如图 4-4（b）所示。冷、热地不是等电位，因此，测量开关电源一次侧电路的电压、波形时，就以热地为参考点，即将万用表黑表笔或示波器的接地线接热地；测量开关电源的二次侧电路时，要以冷地为参考点，即将万用表黑表笔或示波器的接地线接冷地。测量时若选错接地端，轻者会造成数据出错，重者会损坏万用表或示波器。任何检测设备，都不能直接跨接在热地和冷地之间。

> **提 示**
>
> 如果是无 PFC 电路的电源板，则选与 300V 滤波大电解电容负极相连的线路作为热地。

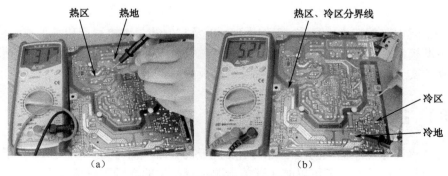

（a）　　　　　　　　　　　　　　　（b）

图 4-4　测量时要分清热地与冷地

（2）采用隔离变压器

由于电源板的主、副电源"热区"电路，以及 PFC 电路与 220V 市电电网相接，如无隔离措施，维修时一旦碰到"热"区的焊点等裸露部位易造成触电事故，并且检测时也不能用示波器测量开关电源"热"区的关键点波形，否则，不但使示波器外壳带电，对人身构成威胁，还会烧坏电源（如果示波器外壳接地）。因此，检修时最好在电网与电源板输入端加接一个 1:1 的隔离变压器，使电源板"热地"与电网火线隔断，如图 4-5 所示。

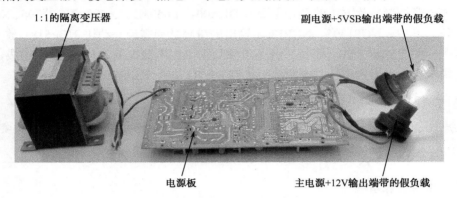

图 4-5　隔离变压器和带假负载的使用方法

> **注 意**
>
> 　　用了隔离变压器并非绝对的安全，如果人体的两个或多个部位同时接触到"热"区裸露部分时，仍会发生触电事故。因此，维修时，不能两只手或其他两个部位同时接触电源板。

（3）避免扩大故障范围

如果电源板的熔断器已烧断，在未查出故障元件之前，切不可换上新熔断器盲目通电，更不能用大容量熔断器代替，以免扩大故障范围。严禁在脱开过电流、过电压保护控制回路的情况下，将电源板接入电视机测试，以免电源板输出电压异常升高时，可能会导致背光灯供电板、屏驱动电路损坏。若必须联机测试，应保证开关电源输出电压正常。

任务 2　电源板单元电路故障维修

掌握各单元电路的特点、组成、工作原理，以及它们的关键检测点和常见故障检修方法，对于学习电源板综合故障分析是至关重要的，同时也是掌握电源板维修技能的一项基本功。只有基本功扎实了，才能安全、快速地排除电源板故障。

技能 1　抗干扰电路故障检修

抗干扰电路又称交流输入滤波电路或电磁抗干扰电路（简写为 EMI 电路），不仅可以滤除电网中的高频干扰脉冲，还可以防止开关电源本身产生的高频干扰信号干扰电网内的其他用电设备。抗干扰电路由主要电容和电感线圈组成，典型的抗干扰电路实物图如图 4-6 所示，其电路图如图 4-7 所示。

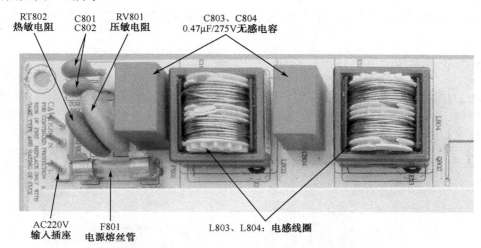

图 4-6 典型的抗干扰电路实物图

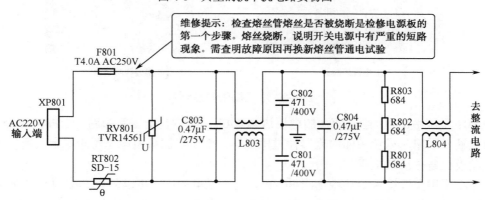

图 4-7 典型的抗干扰电路

▶ 1. 滤波电路

当接通电源开关后，AC 220V/50Hz 的市电电压经熔丝管（熔断器）F801 输入，通过限流电阻 RT802 限流后，利用由 C801～C804、L803、L804 组成抗干扰电路，滤除市电中的高频干扰脉冲，同时防止开关电源产生的高频干扰脉冲信号窜入电网而影响其他用电设备的工作。

L803、L804 为电感线圈，它们是绕在同一磁环上的两只独立的线圈，圈数相同，绕向相反，在磁芯中产生的磁通相互抵消，磁芯不会饱和，用来抑制共模干扰，所以也叫共模扼流圈。L803、L804 的电感值愈大对低频干扰抑制效果愈佳。

C801、C802 接在输入线和地线之间，用来抑制共模干扰，即火线（相线）和零线分别与地之间的干扰，电容值愈大对低频干扰抑制效果愈佳，但容量过大会浪费电能，在这里选用 470pF/250V AC 的电容。

C803、C804 接在输入线两端，用来抑制差模干扰，即抑制火线和零线之间的干扰，电容值愈大对低频干扰抑制效果愈佳，在这里选用 0.47μF/275V AC。有时为了节省成本，也可将 C804 省去。

R801～R803 是放电电阻，也称泄放电阻。关机后对 C803、C804 放电，以满足安全要求。

2. 保护电路

F801 为熔丝管，也叫熔断器，俗称保险管。液晶彩电一般采用 4A/250V 或 5A/250V 的普通熔断器，部分熔断器的外壳不是透明的，如图 4-8（a）所示；部分熔断器外形像一只电感，如图 4-8（b）所示。

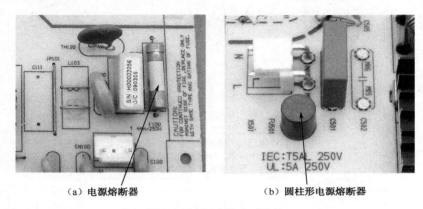

（a）电源熔断器　　　　　　　（b）圆柱形电源熔断器

图 4-8　熔断器的典型结构

RV801 是压敏电阻，当其两端的电压达到 470V 时，它就会击穿短路，使 F801 过流熔断，切断市电输入回路，以免后面的元器件过压损坏。由于我国市电电压比较稳定，所以部分型号的电源板已省去压敏电阻。

RT802 采用负温度系数热敏电阻 SD-15，它在通电初期，可以防止 FPC 滤波电容充电瞬间产生的浪涌电流损坏整流管等元器件。热机后阻值下降近 0Ω，提高了电源的效率。

3. 常见故障维修

交流输入滤波电路发生故障，会引起全桥整流块无 AC220V 电压输入，电源板无电压输出，表现为电源指示灯不亮，整机不工作。

检修电源板时，首先，察看熔断器 F801 是否正常，若它的熔丝烧断且管壁发黑，说明开关电源中有严重的短路现象。此时不能只换新熔断器后就盲目通电试机，而应查出烧断熔丝的原因并排除故障。引起烧断熔丝的故障原因通常有：全桥整流块内的整流二极管击穿；PFC 电路的开关管、主电源开关管、副电源开关管击穿；+300V 滤波电容或 PFC 滤波电容击穿、压敏电阻 RV801 是否击穿等。另外，限流电阻 RT802 短路也会引起 F801 过流烧坏。

电感线圈 L803、L804 用线较粗，故障率很低。若出现开路性故障，用万用表就很容易确认的；若出现线圈之间漏电、短路，会引起 F801 烧断故障。

提　示

　　对于电源+背光灯供电板，熔断器熔断时，还要检查背光灯供电电路的逆变管是否击穿。

技能2　市电整流滤波电路

　　市电整流滤波电路也叫+300V 电压形成电路，其作用是把 220V 交流电压转换成+300V 左右的脉动直流电压（有 PFC 电路的机型）或+300V 左右稳定的直流电压（无 PFC 电路的机型）。

▶ 1. 市电整流电路

　　液晶彩电中，市电整流电路都是采用桥式整流电路，该桥式整流电路通常集成在一个厚膜块中，称为全桥整流块或桥堆，常见型号有 1TXB60、D5SB60、T5SB60、U15K60R、BU1006A 等。有少数的电源板（如 TCL PWM42C 电源板）采用双整流桥方式，即两块整流桥并联应用。

 提　示

　　维修时，若没有同型号的整流桥堆更换，应选用反向耐压在 600V 以上的桥堆，19～22 英寸的机型一般选用整流电流超过 4A，26～32 英寸的机型一般选用整流电流超过 10A 的、37～46 英寸的机型一般选用整流电流超过 15A 的。

▶ 2. 300V 滤波电路

　　普通彩电中，300V 滤波电容一般都是采用几百微法的电解电容，而在液晶彩电的 300V 滤波电容有两种配置方案：一种是有 PFC 电路的电源板，其 300V 电压滤波电容的容量一般只有 0.47～2μF，这与普通彩电有较大的差别；另一种是无 PFC 电路的电源板，仍采用容量较大的电解电容。绝大多数电源板采用前者。300V 滤波电路主要有电容滤波、LC 滤波电路、π 型 LC 滤波电路三种。

　　（1）300V 滤波电路一（有 PFC 电路的电源板）

　　对于有 PFC 电路的电源板，由于 300V 电压需经 PFC 电路再次变换，所以 300V 滤波电容的容量较小，通常采用 0.47μF/450V、1μF/450V 的绦纶电容或聚丙烯薄膜介质电容，如图 4-9 所示。这种小容量的电容主要是滤除高频干扰波，其两端电压是脉动直流电压。因此，300V 电压在电路图上通常标为 VAC 或 300V。

　　（2）300V 滤波电路二（无 PFC 电路的电源板）

　　对于无 PFC 电路的电源板，300V 滤波电容则选用大容量的电解电容，如图 4-10 所示。

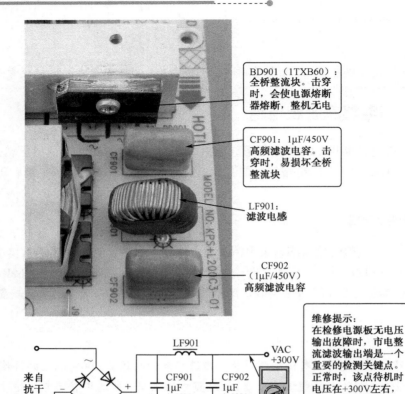

BD901（1TXB60）：全桥整流块。击穿时，会使电源熔断器熔断，整机无电

CF901：1μF/450V 高频滤波电容。击穿时，易损坏全桥整流块

LF901：滤波电感

CF902（1μF/450V）高频滤波电容

维修提示：
在检修电源板无电压输出故障时，市电整流滤波输出端是一个重要的检测关键点。正常时，该点待机时电压在+300V左右，开机后电压要下降一些，一般在+230～270V范围内

图 4-9　市电整流滤波电路一（有 PFC 电路的电源板）

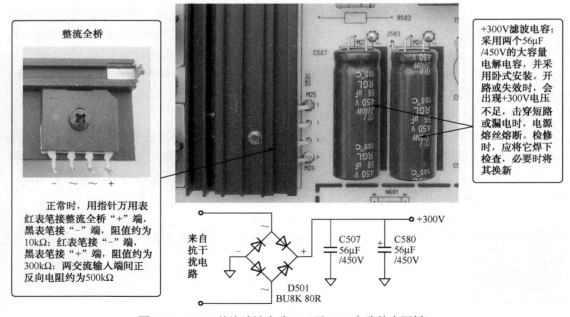

整流全桥

正常时，用指针万用表红表笔接整流全桥"+"端，黑表笔接"－"端，阻值约为10kΩ；红表笔接"－"端，黑表笔接"+"端，阻值约为300kΩ；两交流输入端间正反向电阻约为500kΩ

+300V滤波电容：采用两个56μF/450V的大容量电解电容，并采用卧式安装。开路或失效时，会出现+300V电压不足，击穿短路或漏电时，电源熔丝熔断。检修时，应将它焊下检查，必要时将其换新

图 4-10　300V 整流滤波电路二（无 PFC 电路的电源板）

> **提示**
>
> 　采用此类滤波电路的电源板，市电整流滤波后产生的 300V 电压为比较平滑的 300V 直流电压，该电压也较为稳定，无论是在待机状态还是在开机状态均在 300V 左右。

3. 常见故障维修

市电整流滤波发生故障，一般表现为电源指示灯不亮，整机不工作。维修此类故障时，若确认熔断器烧断，务必查清全桥整流块是否击穿，300V 滤波电容是否击穿或漏电。若电源熔断器未断，可通电测量 300V 供电滤波电容 CF901 两端电压，就可以判断整流滤波电路是否正常。若没有检测到 300V 电压，应检测输入端 AC220V 是否正常。若输入端电压正常，而无输出，则一般是桥式整流块损坏。

技能 3　PFC电路故障检修

液晶彩电电源板一般都设置了 PFC 电路（PFC 是功率因数校正的英文缩写），它在电源电路中的作用是校正功率因数与升压，同时也能增加电路的抗干扰能力。该电路的引入，使得电源板具有在 AC90～AC260V 市电下工作的超宽电压适应能力。

1. 为什么要设 PFC 电路

功率因数 PF 定义为有效功率 P 与视在功率 S 的比值，即 PF=P/S。对于线路电压和电流均为正弦波波形并且二者相差相位角 Φ 时，功率因数即为 cosΦ。功率因数基本上可以衡量电力被有效利用的程度，当功率因数值越大，代表其电力利用率越高。

传统的开关电源，市电整流后直接采用大容量电解电容滤波以获得平滑的直流电压，为开关电源提供平滑的直流电压，如图 4-11 所示。大容量滤波电容相当于桥式整流电路最直接的负载，所以其负载为容性，电压波形和电流波形之间存在相位差 Φ（电流超前电压 Φ），电流最大值和电压最大值并不出现在同一时刻，所以在计算功率时还需要乘以一个电路的功率因数，即 $P=UI\cos\Phi$。这种电路的功率因数较低，在 0.5～0.75 之间。

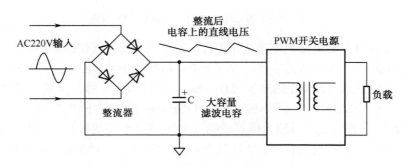

图 4-11　传统的开关电源结构示意图

功率因数校正技术是控制电流输入的时间和波形，使其与电压波形尽可能一致，让功率因数趋近于 1。因此，PFC 电路不仅可提高线路或系统的功率因数，而且可以解决电磁干扰（EMI）和电磁兼容（EMC）问题。

2. 构成与电路原理

PFC 电路分为无源 PFC 电路和有源 PFC 电路两种。无源 PFC 电路已淘汰，下面介绍有源 PFC 电路的特点、构成与原理。

（1）特点

有源 PFC 电路（也称主动式 PFC）由电感、电容及有源器件组成，体积小，更为重要的是它基本上可以消除电流波形的畸变，而且电压和电流的相位可以保护一致，基本上解决了电磁兼容、电磁干扰的问题，在输入电压的范围为 90～270V，得到高于 0.99 的线路功率因数。但是，设置该电路后，不仅使电源板结构变为复杂，而且还增加了一定的成本。

（2）构成

图 4-12 是一种有源 PFC 电路构成简图。该电路去掉了市电整流桥堆（块）后的大容量滤波电容，以消除因电容充电造成的电流波形畸变及相位变化，再由一个斩波电路把脉动的直流变成高频（约 100kHz）脉冲电压，经整流滤波后，产生的直流电压再向开关电源供电。

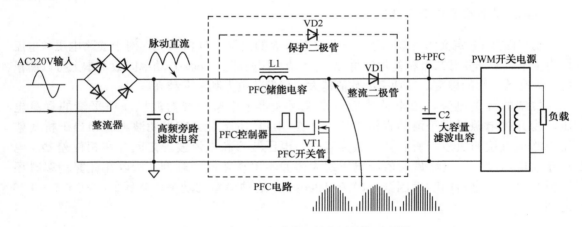

图 4-12　有 PFC 电路的开关电源结构示意图

典型的 PFC 电路主要由储能电感、开关管、整流二极管、PFC 控制器为核心构成。大部分液晶彩电使用的 PFC 控制器为专用芯片，如 FAN6961、FAN7529、FAN7530、FAN7930、L6562、L6563、NCP1653、NCP33262、TDA4863、UCC28051 等；少数采用 PFC+PWM 控制二合一芯片，如 TDA16888、STR-E1555、STR-E1565、SMA-E1017、ML4800、PLC810P 等。储能电感是一个类似变压器的大电感线圈，它是 PFC 电路的特征元器件，安装位置在市电整流滤波电路之后。滤波电容 C2 是容量为 68μF 或 82μF、150μF，耐压为 450V 的电解电容。

（3）PFC 电路的原理

AC220V 市电经整流堆桥式整流，C1 滤除高频干扰后，得到约 300V 的脉动直流电压，为功率因数校正电路供电。PFC 控制器工作后，由它输出的开关脉冲信号驱动开关管 VT1 工作在开关状态。VT1 导通时，C1 两端电压通过储能电感 L1、VT1 的 D-S 极到地构成导通回路，导通电路在 L1 上产生左正、右负的电动势。此时，VD1 反偏截止，L1 存储能量，C2 存储的电压为负载供电。VT1 截止时，由于 L1 中的电流不能突变，于是在 L1 中产生左负、右正的感应电压，此感应电压与 300V 脉冲直流电压叠加在一起，通过 VD1 整流，C2 滤波后产生 380～400V 的直流电压。这个电压叫作 PFC 电压，标记为 PFC、+B PFC、VBUS、HV、V_380 等。通过分析，可知 PFC 电路也是一种开关电源，所以也被为 PFC 开关电源。

有些电源板（主要是大功率的电源板），还在储能电感 L1 两端并联了一只保护二极管 VD2，其作用是防止开机瞬间损坏 PFC 开关管 VT1。因为在冷开机第一次通电时，C2 上完全没有电，若未设置 VD2，则 C2 初始充电大电流会使 L1 在启动瞬间进入饱和状态，可能导致 VT1 损坏。设置 VD2 后，可以对 C2 预充电，从而避免了这种危害。PFC 电路正常工作后，VD2 反偏截止。

提示

有的 PFC 电路还在 PFC 控制器与 PFC 开关管之间增设了一级驱动电路；有的 PFC 电路为了增大输出功率，采用了两只场效应管并联后作为 PFC 开关管。为了降低功耗，PFC 电路是在待机时处于关闭状态，在开机状态时才工作。

▶3. 故障维修技巧

若是单独维修电源板，强制开机时应在+5VS 输出端接一个 500mA 以上的假负载，这样使 VCC 电压在 14.5V 以上，以保证 PFC 芯片能够稳定工作。

提示

实际维修发现，仅康佳 KPS+L200C3-01、海信 RAG7.820.848A 等少量电源板需要为 5V 电源接假负载，大部分电源板无须为 5V 电源接假负载。

注意

维修时要注意对 PFC 滤波电容放电。因为电源板为解决关机屏闪问题，大多设计有欠电压保护电路，因此，在关机以后大容量电解电容中仍残存一定的高压，为了防止该残留电压电击伤人，同时为了避免扩大故障。所以维修前，应先在断电的情况下对大电解电容放电。常用的放电方法如图 4-13 所示。

（a）用表笔短接放电　　　　　　　　　　　（b）用电烙铁内阻放电

图 4-13　大容量电解电容放电示意图

4. 关键检测点

PFC 电路主要有以下四个关键检测点。电路见图 4-12。

（1）PFC 电压输出端

在检修带负载能力差和主电源无电压输出故障时，通过测量 PFC 电压可以判断故障部位在 PFC 电路，还是在主电源。PFC 电压的测试点一般选择在 PFC 滤波电容 C2 处。正常时，C2 两端电压的范围是 370～410V。

当 C2 两端电压正常，而电源板无电压输出，可以判断故障在主电源。当 PFC 电压仅为 300V 左右，则说明 PFC 电路没有工作。PFC 电压远高于 380V，一般是 PFC 控制器异常或输入的反馈信号异常。

（2）PFC 控制芯片的 VCC 供电端

在检修 PFC 电路不工作故障时，该端是第二关键检测点。PFC 控制器的 V_{CC} 供电端。如果 V_{CC} 电压异常，说明问题不是出在 PFC 电路（一般在副电源的 V_{CC} 电压形成电路、待机控制电路），需要检查 V_{CC} 供电电路。

（3）PFC 控制芯片的激励输出端

在检修 PFC 电路不工作故障时，该端子是第三关键检测点，通过检测该端子电压或波形，可以大致确定故障部位。若该端子电压为零，说明 PFC 控制器没有激励脉冲输出。若有示波器，也可测量有无脉冲信号的波形来判断。如果 V_{CC} 供电正常，则要检查其他引脚外围的元件有无问题。如果外接的元件无问题，则可能是芯片损坏了。

（4）PFC 开关管的 G 极

正常时，PFC 开关管 VT1 的 G 极电压也应不为 0V。如果该点为 0V，而 PFC 控制器有激励信号输出，则应检查激励信号输出端与 VT1 的 G 极之间的元器件是否正常，以及检查 VT1 本身是否损坏。

5. 常见故障分析

（1）电源指示灯不亮，熔断器熔断

PFC 电路中的开关管 VT1 击穿、整流二极管 VD1 击穿以及 PFC 滤波电容 C2 击穿或漏电均会导致电源熔断器熔断故障。因此，在维修熔断器熔断这类故障时，除对市电整流滤波电路、主/副电源开关管进行检查外，还需对上述元件进行检查。

> **注意**
>
> 　　电源+背光灯供电板上的熔断器熔断后，还要检查背光灯供电电路的逆变管是否击穿。部分电源板的 FPC 开关管 VT1 击穿是滤波电容 C1 容量不足或开路所致。若 C1 异常而未更换，会产生屡损 VT1 的故障。

（2）PFC 电路不工作

PFC 电路不工作通常表现为主电源带负载能力差，即带上负载后 12V、24V 电压都会下降且波动。而部分电源板设置了 PFC 电压检测保护电路，当无 PFC 电压或电压过低时，导致该保护电路动作，使主电源控制芯片不能输入工作电压，因此主电源不能工作。

PFC 电路是否工作，只要测量一下 PFC 滤波电容两端的电压就能作出判断，如果电压只有 300V 左右，这说明 PFC 电路不工作，主要是由于待机控制电路、PFC 电路异常所致。有些 PFC 电路中，还设置了市电欠电压保护电路，也要对这部分电路进行检查。

技能 4　副电源故障检修

副电源也叫待机电源，它的作用是为主板上的微控制电路提供+5VSB 电压（也称为待机5V），同时还要为 PFC 控制芯片和主电源控制芯片（或厚膜电路）提供 V_{CC} 电压（一般为+14～+20V）。副电源只要接通市电即进入工作状态，就有+5VSB（或+3.3VSB）电压输出，微控制系统处于待机状态。而 V_{CC} 电压则只有在二次开机后才会有输出，V_{CC} 电压输出与否受控于待机控制电路。

> **提示**
>
> 　　TCL PWE3210 等型号电源板，为微处理器控制系统电路提供的工作电压是+3.3VSB；海信 RAG7.820.848A 等型号电源板，副电源还要输出主 5V 电压（通常标为 M 5V），为主板上的小信号处理电路供电。

1. 由电源控制芯片+开关管构成的副电源

由电源控制芯片构成的开关电源，需外接开关管（大功率场效应管）。副电源常用的开关电源控制芯片有 NCP1207A、NCP1271A、LD7522PS、LD7550 等。下面以海信RAG7.820.848A 电源板的副电源为例介绍。该副电源由电源控制芯片 N803（NCP1207A，实际标为 1207A）、开关管 V809、开关变压器 T803、三端误差放大器 N808、光耦合器 N804等构成。该副电源实物图解如图 4-14 所示，电路图如图 4-15 所示。

V809：MOSFET开关管　　　　T803：开关变压器　　　　VD812（SRF15100）：双整流二极管

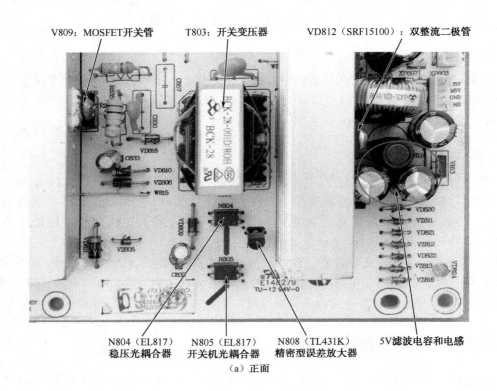

N804（EL817）　　N805（EL817）　　N808（TL431K）　　　5V滤波电容和电感
稳压光耦合器　　开关机光耦合器　　精密型误差放大器

（a）正面

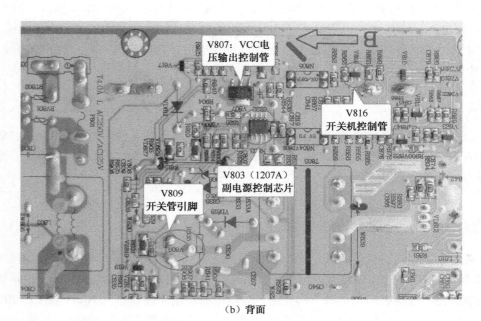

（b）背面

图 4-14　海信 RAG7.820.848A 电源板的副电源部分元器件分布图

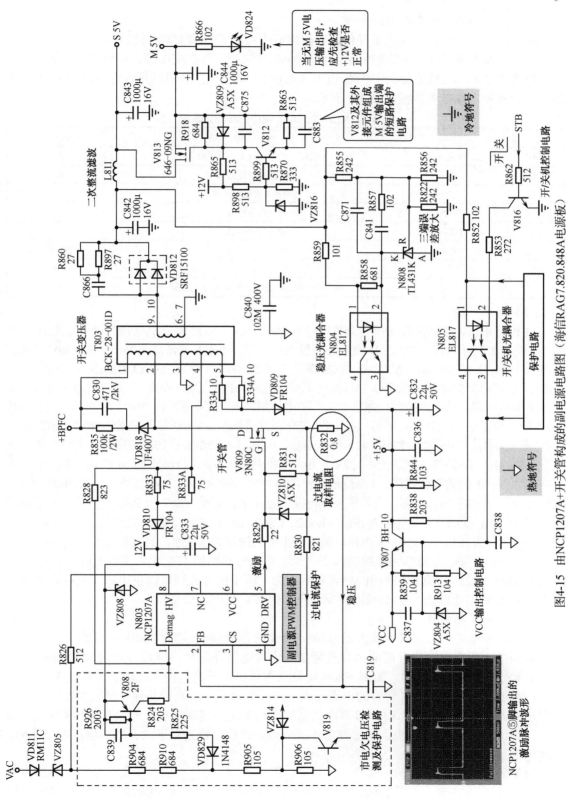

图4-15 由NCP1207A+开关管构成的副电源的电源电路图（海信RAG7.820.848A电源板）

（1）NCP1207A 的实用维修资料

NCP1207A 是美国安森美半导体公司推出的电流模式单端 PWM 控制器，其主要特点是临界模式、准谐振工作。NCP1207A 内含 7.0mA 电流源、基准电压源、可变频率时钟电路、电流检测比较器、RS 锁存器、驱动级、过电压保护、过电流保护和过载保护等电路。NCP1207A 的引脚功能和维修参考数据如表 4-2 所示。

表 4-2　NCP1207A 引脚功能和维修数据

引　　脚	符　　号	功　　能	对地电压/V
①	Demag	初级零电流检测/过电压保护输入	0.21
②	FB	稳压反馈信号输入	0.56
③	CS	电流检测与跳过周期设置	0.17
④	GND	控制电路接地	0
⑤	DRV	驱动脉冲输出	0.08
⑥	VCC	控制电路供电	11.87
⑦	NC	空脚	0.39
⑧	HV	启动电压输入，内设 7.0mA 高压电流源	180

（2）功率变换

+BPFC 电压（待机时为 300V，开机时升到 380V 左右，实测为 388V）通过开关变压器 T803 的 1-2 绕组加到开关管 V809 的 D 极，为它供电；同时，市电整流滤波电路产生的 300V 脉动直流电压（VAC）经 VD811、VZ805、R826 降压后加到 N803（NCP1207A）的高压启动端⑧脚。N803 的⑧脚内部的高压电流源以 7.0mA 电流对其⑥脚外接的 C833 充电，当充电电压上升到 12V 时，基准电压源启动，为控制电路供电，时钟电路触发 RS 锁存器输出 PWM 脉冲，经放大后从 N803 的⑤脚输出，经 R829 限流，使 V809 工作在开关状态。V809 导通期间，T803 存储能量；V809 截止期间，T803 的二次绕组输出脉冲电压。其中，3-4 绕组输出的脉冲电压经 R833、R833A 限流，VD810、C833 整流滤波形成 12V 电压（实测约 11V）加到 N803 的 VCC 端⑥脚，取代启动电路为 N803 提供工作电压。3-5 绕组输出的脉冲电压经 R834、R834A 限流，VD809、C832 整流滤波后形成约 15V 电压，在待机控制电路的控制下，利用 V807 为 PFC 控制芯片和主电源控制芯片供电。⑨端产生的感应电压经 VD812、C842、L811、C843 整流滤波后，产生+5V 电压。该电压一路作为待机 5V（S5V）电压，输出给主板的微控制器电路，另一路为 V813 供电。

V813 是受控电压 M5V 的控制管。开机后，主电源输出的 12V 电压通过 R865 加到 V813 的 G 极使它导通，其他 S 极输出 M5V 电压，为主板小信号处理电路供电；待机时主电源不工作，无 12V 电压输出，V813 截止，不再输出 M5V 电压。

（3）稳压控制电路

稳压控制电路由三端误差放大器 N808、光耦合器 N804、芯片 N803 等组成。

当副电源因市电电压升高或负载变轻使输出端电压升高时，C842 两端升高的电压利用 R855、R856∥R822 分压后，加到 N808 R 端的取样电压升高，经其比较放大后使 K 端电压下降，流过 N804 内发光二极管的电流增大，它发光加强，其光敏晶体管受光照加强而导通加强，使 N803 的②脚电位下降，N803 的⑤脚输出的脉冲宽度变窄，开关管 V809 导通时间缩短，T803 存储的能量减少，输出端电压降低到正常值，达到稳压的目的。输出电压下降，则稳压控制过程相反。

（4）保护电路

① 尖峰吸收电路。开关变压器 T803 的 1-2 绕组两端设置了由 VD818、C830、R835 组成

的尖峰吸收电路。当开关管 V809 截止时，V809 的 D 极尖峰脉冲使 VD818 正向导通，给 C830 快速充电，从而吸收了浪涌尖峰电压，避免了 V809 过压损坏。R835 是 C830 的放电电阻。

② 输入电压过电压保护电路。T803 的 3-4 绕组输出脉冲经 R828 加到 N803 的①脚，由内置电阻分压采样后，加到 N803 内部电压比较器同相输入端，反相端加有 5.0V 门限阈电压。当输入电压过高时，则加到比较器的采样电压达到 5V 阈值以上，比较器翻转，经保护电路处理后，使副电源停止工作，以免开关管等元件过压损坏。

③ 过电流保护电路。开关管 V809 源极（S 极）接的 R832 是过电流取样电阻。由于负载漏电等原因引起 V809 源极的电流增大时，在 R832 上产生的电压降增大，经 R830 加到 N803 的③脚电压大于阈值电压 1V 时，N803 内部的过流保护电路动作，它的⑤脚停止输出脉冲，V809 截止，从而达到过流保护的目的。需要说明的是，N803 的③脚内设有延时 380ns 的 L.E.B 电路，加到 N803 的③脚峰值在 1.0V 以上的电压必须持续 380ns 以上，保护功能才会生效，以免因干扰脉冲造成的误动作。

④ M5V 输出端的短路保护电路。该电路主要由 V812 及其外接元件组成。正常时，V812 的 E 极电平为 5V，B 极电平被稳压二极管 VZ816 钳位为 3.3V，由于 PN 结反向偏置，故 V812 截止，不影响 V813 的工作状态。在 M5V 的负载短路时，V812 因 E 极电位下降而导通，使 V813 截止，M5V 供电自动切断，以免 V813 等元件过流损坏。

▶ 2. 由厚膜电路构成的副电源

液晶彩电电源板中，由电源厚膜电路构成的副电源很多。常用的电源厚膜电路有 FSQ0265R、FSQ0465、FSGM300N、VIPer22A、ICE2A165、NTY264、NTY277PN、STR-A6059H、STR-A6159M 等。下面以 KPS+L200C3-01 电源板的副电源为例介绍副电源的故障检修方法。该电源由厚膜电路 UB901（图标为 FSQ0465，实物标为 Q0465）、光耦合器 UB951（图标为 PC817B，实物标为 817B）、三端误差放大器 UB952、开关变压器 TB901 以及输出电路为核心构成，实物图如图 4-16 所示，电路图如图 4-17 所示。

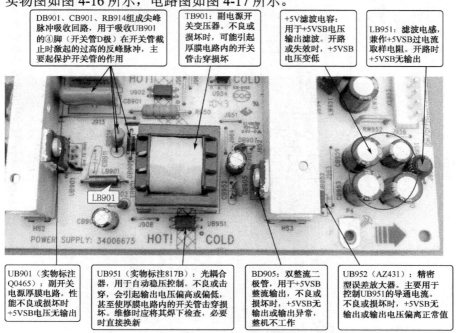

图 4-16　康佳 KPS+L200C3-01 电源板元器件分布图

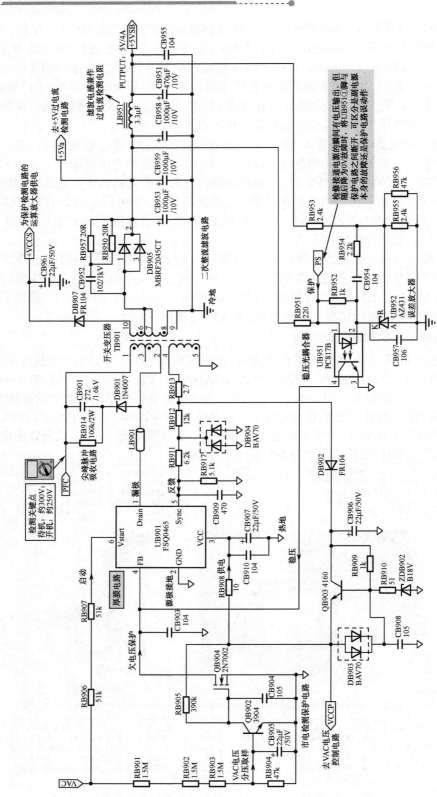

图4-17 由电源厚膜电路FSQ0465构成的副电源电路图（康佳KPS+L200C3-01电源板）

（1）FSQ0465 的实用维修资料

FSQ0465 除了集成有振荡器、PWM 调制器、驱动级电路、过电流/过电压/过热保护电路之外，还集成了大功率开关管。其引脚功能和参考电压见表 4-3。

表 4-3　FSQ0465 的引脚功能和对地电压

引　　脚	符　　号	功能说明	对地电压/V
①	Drain	内部 MOSFET 开关管的漏极（D 极）	390
②	GND	内部 MOSFET 开关管源极（S 极），连接热地	0
③	VCC	电源启动和供电端	17.1
④	FB	反馈取样电压输入	0.40
⑤	Sync	外部同步信号输入	1.03
⑥	Vstart	启动电流输入	262

（2）功率变换

PFC 电压（待机时约 300V，开机时约 390V）通过开关变压器 TB901 的一次绕组（1-3 绕组）输入到 UB901（FSQ0465）①脚，为内部开关管的 D 极供电。同时，市电整流滤波得到的脉动直流电压 VAC 经 RB906、RB907 加到 UB901⑥脚，UB901 内部的启动电路开始启动，进而使振荡等电路开始工作，产生的激励脉冲经驱动级放大后，激励内部的开关管工作于开关状态，其开关电流在 TB901 的各个绕组产生感应脉冲电压。其中，TB901 的 4-5 绕组输出的脉冲电压分两路：一路由 RB912、RB911 反馈到 UB901⑤脚，作为振荡同步脉冲信号；另一路经 DB902、CB906 整流滤波，得到 20V 直流电压，再经由 QB903 及相关元件构成的串联型稳压电路输出稳定的 18V 电压（VCCP）。该电压不仅加到 UB901③脚，为 UB901 提供启动后的工作电压，而且送给待机控制电路中的 VCC 控制电路。

TB901 的 6-8 绕组输出的脉冲电压经 DB905 整流，再经 CB953、CB959、LB951、CB951、CB955 构成的 π 型滤波器滤波，得到+5V 直流电压（此电压标为+5VSB，又待机电压）。此电压分为两路：一路经过连接器 XS953 的③脚送往主板，为主板的微处理器控制系统供电；另一路送副电源的稳压控制电路。8-10 绕组输出的脉冲电压经 DB907 整流，CB961 滤波产生+8V 直流电压（标为+VCCS），送给保护电路中的运算放大器 U956（AZ324M），为其提供电源电压。

（3）稳压控制电路

稳压控制电路由三端误差放大器 UB952、光耦合器 UB951 及 UB901④脚内部电路组成。

当副电源因市电电压升高或负载变轻，引起输出的电压升高时，此 CB959 两端升高的电压不仅经 RB951 为 UB951①脚提供的电压升高，而且经 RB953、RB956∥RB955 分压后得到的电压也升高，使加到 UB952 的 R 极电压升高，UB952 比较放大后，使 UB951②脚电压下降。此时，UB951 内部的发光二极管电流增大，其发光增强，使其内部光敏晶体管导通加强，使 UB901④脚电压降低，被 UB901 内的 PWM 调制器处理后，使 UB901 内部开关管导通时间缩短，副电源输出的电压下降到设定值+5V。当副电源输出的+5V 电压降低时，稳压控制过程相反。

（4）保护电路

① 尖峰脉冲吸收电路。为防止开关管在关断时，TB901 产生的尖峰脉冲电压将开关管

击穿，在 TB901 的一次绕组上设置了由 DB901、CB901、RB914 组成的尖峰脉冲吸收电路。

② 市电欠电压保护电路。该电路由 VAC 的 RB901～RB904、QB902、QB904 组成。市电电压正常时，VAC 电压通过 RB901、RB902、RB903 与 RB904 分压后，使 QB902 导通，致使 QB904 截止，对 BU901④脚电压不产生影响，副电源正常工作；当市电电压过低时，VAC 也相应过低，经电阻分压使 QB902 截止，此时 QB904 导通，将 BU901④脚电压对地短路，BU901 停止工作，实现市电欠压保护。

③ +5VSB 过电压保护电路。该电路由 ZD954、R991、D956 组成，如图 4-18 所示。

输出电压正常时，+5VSB 电压低于稳压二极管 ZD954 的稳压值 5.6V，ZD954 截止，Q955 截止，不影响 UB951①脚的电位，副电源可正常工作。当+5VSB 输出电压超过 5.6V 时，ZD954 击穿导通，通过 R991、D956 使 Q955 饱和导通，将 UB951①脚电压拉低，参见图 4-17，UB951 内的发光二极管不能发光，光敏晶体管截止，UB901④脚电压升高，促使 UB901 内部过电压电路动作，UB901 停止工作，实现过电压保护功能。

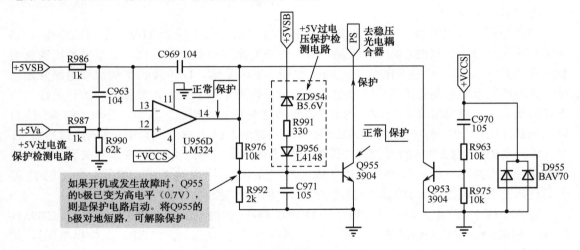

图 4-18　过电压保护电路

④ 过电流保护电路。过电流保护检测电路由 LB951 和 U956D 及外围元件组成，如图 4-17、图 4-18 所示。

滤波电感 LB951 因有很小的阻值，所以它可兼作+5VSB 的过电流取样电阻。U956D 是四运放 LM324 内的一个运算放大器，其余三个放大器用于+12V 和+24V 过电流检测保护电路。+5Va 电压经 R987、R990 分压，产生的基准电压加到 U956D 的同相脚⑫脚；+5VSB 电压经 R986 加到 U956D 的反相脚⑬脚。+5VSB 电源的电流正常时，U956D⑫脚电位低于⑬脚电位，⑭脚输出低电平，Q955 截止，对光耦合器 UB951①脚电压无影响，副电源正常工作。当+5VSB 电源过流时，LB951 两端的电压降增大，使得 U956D ⑬脚电位低于⑫脚电位，⑭脚输出高电平，通过 R976 使 Q955 饱和导通，如上所述，副电源停止工作，实现过流保护。

开机瞬间，+5VSB 的滤波电容 CB951 因充电产生的大电流，类似于负载短路，势必产生"瞬间过电流"现象，可能会引起过流保护电路动作，导致开关电源无法启动。因此，该电源设计了由 Q953、C970 等组成的防过流保护电路误动作的控制电路。开机瞬间，副电源输出的+VCCS 电压一方面为运算放大器 U956 供电,另一方面向 C970 充电,充电电流使 Q953 饱和导通,确保 Q955 截止,实现了开机瞬间防过流保护电路误动作的保护功能。C970 充电完毕,Q953 截止,解除对过流保护电路的控制。

3. 关键检测点

由电源控制芯片+开关管构成的副电源关键检测点如图 4-19 所示。

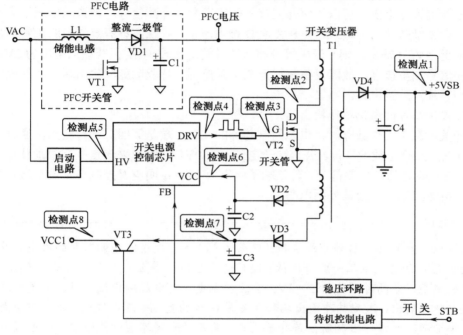

图 4-19　副电源的关键检测点

（1）检查熔断器

在检修待机指示灯不亮故障时,首先检查熔断器是否熔断。如果已经熔断,说明电源板存在严重的短路故障。如果熔断器未断,说明电路中没有短路现象,而指示灯不亮,说明副电源未工作。这样,通过检查电源熔断器就能大致了解故障性质。

（2）+5VSB 输出端

在检修待机指示灯不亮故障时,该端子是第一关键检测点,通过测量+5VSB 电压可以判断故障是在电源板还是在主板。如果有+5VSB 电压输出,而指示灯不亮同时不能开机,故障可能在电源板与主板之间的连接器、连线,或在主板控制系统。如果副电源无电压输出,此时应拔下电源板与主板之间的连接器,若+5VSB 电压恢复正常,说明故障在+5VSB 的负载电路发生短路;若+5VSB 输出端电压仍为 0V,说明副电源未工作;若在开机瞬间有+5VSB 电压,但随后降为 0V,说明副电源已启动,多为保护电路动作所致。

（3）开关管的 D 极（或电源厚膜集成块内部开关管的 D 极引脚）

在检修待机指示灯不亮故障时,该端子是第二关键检测点,通过检测该端子电压,可以大致确定故障部位。若该端子电压为 0V,此时应检测 PFC 滤波电容(不设 PFC 电路的电源板,则检测+300V 滤波电容)两端有无+300V 左右电压。若 PFC 滤波电容两端也为 0V,说明故障发生在 220V 市电输入电路、市电整流电路、PFC 储能电感、PFC 整流二极管等；若 PFC 电容两端有+300V 电压，而开关管的漏极电压为 0V，则故障原因是开关变压器一次绕组开路、引脚脱焊或线路板断裂。开关管 D 极的+300V 电压正常，则故障一般发生在电源控制芯片及其外围电路。

（4）开关管的栅极（G 极）

在检修电源控制芯片+开关管构成的开关电源故障时，开关管栅极（G 极）是第三关键检测点，通过检测该点电压，可以了解开关管是否获得激励脉冲信号。若该点电压不为 0V，一般说来该点有激励脉冲信号输入，在开关管 D 极电压正常、二次整流滤波电路正常的情况下，而副电源无+5VSB 输出，则是开关管开路（这种情况比较少见）；若该点电压为 0V，说明无激励脉冲信号加至该点，故障发生在该点至电源控制芯片驱动脉冲输出端之间的电路，或者电源控制芯片及外围电路。

（5）电源控制芯片的激励脉冲输出端

在检修开关电源不工作故障时，电源控制芯片的 DRV 端是第四关键检测点，通过检测该点电压，可以大致确定故障部位。若该端子电压不为 0V，一般说来该点是有激励脉冲信号输出的，故障在该点之后的电路部分；若该端子电压为 0V，说明电源控制芯片没有激励脉冲输出，故障在电源控制芯片及其外围电路。

方法与技巧

正常电源板，如果+5VSB 输出端空载（不带负载）时，副电源控制芯片的激励脉冲输出端和开关管 G 极的直流电压一般都很低，通常低于 0.1V；带上负载后其电压会升高，负载越重，电压越高，最高时可达两 2～3V。当出现副电源无电压输出故障时，即使电源控制芯片有激励脉冲输出，激励脉冲输出端和开关管 G 极的直流电压也较低，需用万用表的小量程电压挡检测，才能作出判断。若有示波器，采用波形观察法就能准确判断电源控制芯片的 DRV 端、开关管的 G 极有无激励脉冲输出、输入，激励脉冲波形参见图 4-15。激励脉冲的脉宽随负载加重而增大。

（6）电源控制芯片的高压启动端

在检修开关电源不工作故障时，电源控制芯片的高压启动端（标为 HV、Vstart）是第五关键检测点。若该无启动电压，检查相应的启动电路。

（7）电源控制芯片的 V_{CC} 端

在检修开关电源不工作故障时，电源控制芯片的 V_{CC} 端是第六关键检测点。若无 V_{CC} 电压，检查相应的 V_{CC} 供电整流滤波电路，以及芯片内部的高压恒流源。

当电源控制芯片无激励脉冲输出时，如果高压启动端供电正常，则要检查其他引脚的外围元件有无问题，找到故障点。如果各脚的元件无问题，则可能是电源控制芯片损坏了。

4. 常见故障检修

（1）副电源无电压输出

一是查副电源开关管 D 极（或电源厚膜集成块的开关管 D 极引脚，下同）有无+300V 电压。如果无+300V 电压，则查熔断器或限流电阻（负温度系数热敏电阻）是否熔断；若正常，说明线路板开路。

若熔断器或限流电阻已经熔断，说明电路中存在严重漏电短路故障。先测 PFC 电压输出端对地（即 PFC 滤波电容两端）的阻值是否正常，如果阻值很小或为 0，则说明 PFC 滤波电容或主、副电源发生短路、漏电故障。此时，采用分割法，逐一断开 PFC 滤波电容、主/副电源的开关管，如果断开某元件引脚后 PFC 电压输出端对地电阻值明显增大，即说明该元件击穿损坏。

📖 **方法与技巧**

当主、副电源的开关管或电源厚膜电路损坏时，还应检查是否还有其他元件损坏或性能不良，以免更换的开关管或电源厚膜电路再次损坏。需要检查的电路及元件主要有：开关管 D 极的尖峰脉冲吸收电路是否失效；过电流保护电路中的取样电阻（即开关管源极电阻）是否连带损坏；稳压环路中的光耦合器、三端误差放大器是否损坏或性能不良；开关管 G 极回路中的限流电阻是否变质，起保护作用的二极管（图 4-15 中的 VZ810）是否开路或不良；电源控制芯片是否连带损坏（这是由于开关管击穿后，高电压大电流会通过开关管的 G 极到达电源控制芯片的驱动脉冲输出端，使芯片内部电路损坏）等。

换新开关管、电源厚膜块一般应用原型号来换。安装时应在开关管或电源厚膜块与散热片间涂一层导热硅脂，要拧紧螺丝，以保证它们与散热片接触良好。更换新的开关管（图 4-15 中的 V809）后，要注意开关管的发热情况，若短时间通电后，用手摸一下发现开关管特别烫，有可能是开关管 G 极的限流电阻（图 4-15 中的 R829）阻值增大，或者激励限幅二极管（图 4-15 中的 VZ810）漏电，造成开关管激励不足，开关管损耗加大，如果电源控制芯片与开关管之间还有推动级，这部分电路也要多查一下，因为开关管击穿时往往会连带损坏推动管。同样，若推动管性能不良，也可能会导致开关管因激励不足、损耗加大而损坏。

若原开关管的引脚上套有的磁环，如图 4-20 所示。该磁环套在开关管引脚上，构成一个高频电感器，可抑制开关电源高频脉冲的谐波干扰。如果更换新管时未安装，就有可能导致开关管被过高的尖峰脉冲损坏。因此，换新管时一定要将磁环套在引脚上。

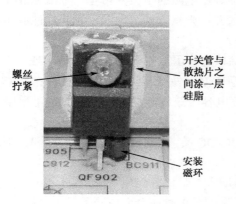

图 4-20　开关管、电源厚膜集成块安装技术

若电源熔断器、大限流电阻未熔断，但开关管的 D 极无+300V 电压，此时应向前检查

PFC 电压输出端有无+300V 电压。如果该点也无电压，则是市电输入滤波电路、全桥整流块、PFC 电路中的储能电感和整流二极管有开路故障；若该点有+300V 电压，而开关管的 D 极电压为 0V，则是开关变压器一次绕组开路，常见故障是其引脚脱焊或漆包线折断。

（2）+5VSB 输出电压波动

开关电源输出电压忽高忽低，时有时无，这种现象说明电路中存在接触不良现象或电源处于间歇振荡状态。故障一般发生在稳压控制电路，或发生在电源控制芯片的 VCC 供电电路。相关电路见图 4-15。

对于稳压控制电路，常见故障原因是光耦合器、三端误差放大器的引脚脱焊，电源控制芯片的反馈电压输入脚（FB）外接的抗干扰电容 C819 漏电。对于 VCC 供电电路，重点检查 VCC 整流滤波电路，常见故障原因是 R833、R833A 的引脚脱焊或阻值变大，VD810 开路或短路。

（3）+5VSB 输出电压偏离正常值

输出电压偏离正常值包括输出电压过高和过低两种情况。对于有过电压保护电路的副电源，当输出电压过高时，会引起过电压保护电路启作，进入保护状态，开关电源停止工作，因此，测量结果会出现开机瞬间有输出电压，随后降为 0V，看不到真实的故障现象，给维修造成困难。为方便测量和维修，可暂时断开过电压保护电路（对图 4-18 所示电路来说，断开 R991），使过电压保护电路不起作用，测+5VSB 输出端在开机瞬间的电压。若电压超过正常值，说明稳压控制电路异常，引起过压保护电路动作；若输出电压正常，则是过电压保护电路误保护。

> **! 注 意**
>
> 断开过电压保护电路后，副电源输出电压有可能升高，将引起负载电路元件损坏，故应采取带假负载进行维修。

一般来说，当输出电压上升时，是稳压电路中有开路性故障，应重点检查三端误差放大器、光耦合器是否引脚脱焊、断路，电源控制芯片的反馈电压输入脚（FB）是否脱焊以及该脚外接元件是否不良等。直流输出端所接的取样分压电阻的阻值异常是一个常见故障原因，如图 4-17 中的 RB953 阻值变大。三端误差放大器、光耦合器、电源控制芯片性能不良，用万用表较难准确判断，最好采用替换法检查。

如果测量输出电压过低，根据维修经验，除检查稳压控制电路的 RB956、RB955 阻值变大，三端误差放大器、光耦合器有无漏电、击穿的原因外，还应检查以下元件：

① 开关电源二次侧整流二极管不良，滤波电容失效或容量减小或漏电，可采用替换法检查。

② 开关电源负载有短路性故障（特别是 DC-DC 变换器短路或性能不良等），采用断开负载电路的方法，即可确认。

③ 开关管的性能不良，使开关电源的内阻增大，带负载能力下降。

④ 开关变压器不良，轻者造成输出电压下降，严重时还会造成开关管屡屡损坏。

（4）+5VSB 输出电压正常，但 M5V 输出电压为 0V

对于有+5VSB（待机 5V）和 M5V（主 5V）两组电压输出的副电源，若+5VSB 电压正常，而 M5V 电压为 0V，则要检查 M5V 输出控制电路以及检查主电源电路。以图 4-15 所示电路为例，M5V 电压正常输出的必要条件有四个：一是副电源要有正常的+5VSB 电压输出；二是场效应管 V813 正常；三是主电源的+12V 输出电压正常；四是以 V812 为核心的 M5V 输出端的保护电路工作正常，四者缺一不可。因此，检修本故障，就是围绕着检查上述四个条件是否满足来进行的。

技能 5　待机控制电路故障检修

待机控制电路也叫遥控开/关机控制电路，其作用是接收主板 MCU 电路送来的开/待机控制信号（通常标为 STB、ON/OFF、PS-ON、POWER），然后去控制 PFC 电路和主电源是否工作。

▶ 1. 待机控制方式

（1）切断 AC220V 市电输入方式

这种控制方式是通过切断 PFC 电路和主电源的 AC220V 市电输入来实现待机控制的，许多早期液晶彩电采用这种待机方式，典型电路由控制晶体管 VT1、继电器 JE1 组成，如图 4-21 所示。

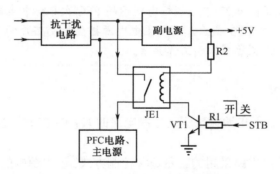

图 4-21　切断 AC220V 市电输入方式

开机时，来自主板微处理器的开/待机信号 STB 为高电平，通过 R1 使 VT1 导通，副电源输出的+5V 电压经 R2、JE1 的线圈、VT1 的 ce 结到地构成回路，使 JE1 的线圈产生磁场，JE1 内的触点闭合，接通+300V 整流滤波电路、PFC 电路和主电源的供电回路，它们获得供电后开始工作，向主板电路和背光灯驱动电路供电，整机进入工作状态。遥控关机时，STB 变为低电平，VT1 截止，JE1 的触点断开，PFC 电路和主电源因失去供电而停止工作，整机进入待机状态。

（2）切断 PFC 电路和主电源驱动控制电路的 VCC 供电方式

这种控制方式简称为 VCC 电压控制方式，新型液晶彩电电源板多采用此类待机控制方式。典型电路由待机控制管 VT1、光耦合器 IC1、VCC 电压控制管 VT2 等组成，如图 4-22 所示。

开机时，主板控制系统送来的开/待机信号 STB 为高电平，通过 R1 使控制管 VT1 导通，光耦合器 IC1 导通，为 VT2 的 b 极电压提供偏置电压，使 VT2 导通，由副电源提供的 VCCP 电压经 VT2、VT3 输出后，为 PFC 控制芯片和主电源控制芯片提供工作电压，PFC 电路和主电源启动工作，为主板电路和背光灯驱动电路供电，整机进入工作状态。遥控关机时，控制信号 STB 变为低电平，使 VT1 截止，IC1、VT2 相继截止，PFC 电路和主电源停止工作，进入待机状态。

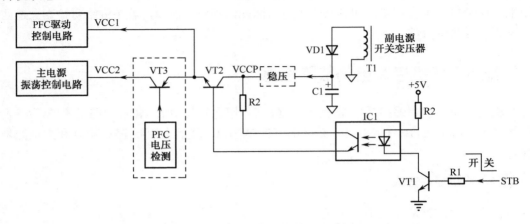

图 4-22　切断 PFC 电路和主电源振荡控制电路的 V_{CC} 供电方式

> 💡 **提 示**
>
> 部分电源板还设置了图 4-22 中虚线框内所示的 PFC 欠压保护电路。该电路的作用是当 PFC 输出电压过低时，该 VT3 截止，切断主电电源振荡控制芯片的 V_{CC} 供电，使主电源停止工作，以免主电源不能正常工作或工作异常。

▶ 2. 典型电路分析

切断 PFC 电路和主开关电源振荡驱动控制电路的 V_{CC} 供电方式是液晶彩电电源应用得最多的一种待机控制方式。

图 4-15 中的待机控制电路采用的就是这种控制方式。该电源板的待机控制电路由晶体管 V816，光耦合器 N805，V_{CC} 电压控制电路中的电子开关 V807 组成，对 PFC、主电源控制芯片的 V_{CC} 供电进行控制。

开机时，主板微处理器向电源板送入的开机信号 STB 为高电平，通过 R862 使 V816 导通，进而使 N805 导通，从光敏三极管 e 极输出的电压加到 V807 的 b 极，使它导通。V807 导通后，15V 电压经 V807 的 e 极输出 V_{CC} 电压，分别给 PFC 控制芯片和主电源控制芯片供电，PFC 电路和主开关电源启动工作，为主电路板和背光灯逆变器供电，整机进入工作状态。遥控关机时，电源板输入低电平信号 STB，V816 因 b 极输入的电压变为低电平而截止，N805 截止，V807 的 b 极失去偏置电压也截止，无 V_{CC} 电压输出，PFC 电路和主电源停止工作，整机进入待机状态，只有副电源输出 S5V 电压。

▶ 3. 常见故障检修

（1）不能开机

首先，查电源板有无开机信号输入，若没有，查主板电路；若有开机信号输入，说明待机控制电路异常。此时，测 V807 的 e 极有无电压输出，若有且正常，检查 V807 的 e 极与主电源间的线路；若 e 极无电压输出，测 V807 的 b 极有无电压输入，若有，检查 V807 及其 c 极所接元件；若 V807 的 b 极无电压，测光耦合器 N805 的②脚对地电压是否正常，若正常，检查 VZ804、N805 及其供电；若不正常，检查 V816 及其所接的 R862、R853。

（2）不能待机

首先，查电源板有无待机信号输入，若没有，查主板电路；若有待机信号输入，则检查待机控制电路的 V807、V816、N805 是否击穿即可。

技能 6　主电源故障检修

主电源是电源板上的关键部分，其作用是为背光灯供电板、主板电路提供工作电压。主电源输出+12V 和 24V 电压，但部分电源板只输出+24V 或 12V 电压。主电源在待机状态不工作，无电压输出，只有二次开机后才进入工作状态，有电压输出。因主电源工作在高频、高电压、大电流状态，所以故障率较高。

1. 典型主电源分析

下面以康佳 KPS+L200C3-01 电源板的主电源为例进行介绍。该电源由厚膜电路 UW902（FSFR1700）、光耦合器 UW903、误差放大器 U952（AZ431）、开关变压器 TW902 等组成。它的主电源实物如图 4-23 所示，电路如图 4-24 所示。

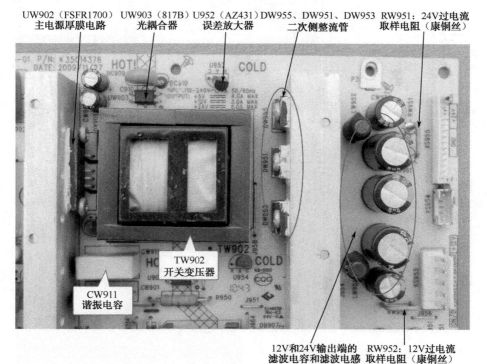

图 4-23　康佳 KPS+L200C3-01 电源板的主电源元器件分布图

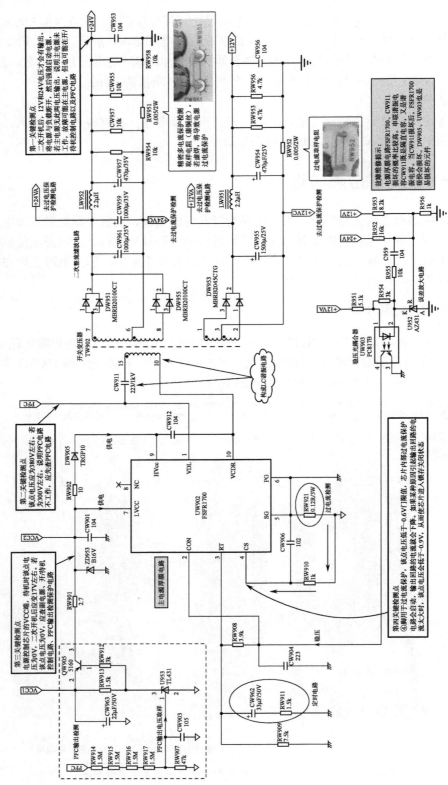

图4-24 康佳KPS+L200C3-01电源板的主电源电路图

（1）FSFR1700 的实用维修资料

FSFR1700 是集成了开关管和 LLC 半桥谐振控制器的电源模块，通过对频率的控制达到稳定输出电压的目的，可以方便地调节软启动。FSFR1700 内含振荡器、计数器、延迟移相、高低端驱动和高低端开关管等，具有 OVP、OCP、OTP 等保护功能。FSFR1700 的引脚功能和维修数据如表 4-4 所示。

表 4-4　FSFR1700 的引脚功能和维修参考数据

脚位	脚名	功能	电阻/kΩ		电压/V
			黑笔接地	红笔接地	
1	VDL	高端开关管供电	15	0	379
2	FB	稳压控制信号输入	10	14	0.8
3	RT	振荡器外接定时电阻及补偿网络	9	9	1.8
4	CS	开关管电流检测信号输入	1	1	0
5	SG	内部电路接地	0	0	0
6	PG	内部电源接地	0	0	0
7	LVCC	内部控制电路供电	9.5	32	14.8
8	NC	悬空			
9	HVCC	高端开关管驱动电路供电	9.5	0	206
10	VCTR	半桥驱动信号输出	7.5	0	189

（2）功率变换

二次开机后，PFC 电路输出的 PFC-390V 电压加到 UW902（FSFR1700）的①脚，为开关管的 D 极供电。同时，待机控制电路送来的 VCC1 电压经电子开关 QW905 输出 VCC2 电压加到 FSFR1700 的⑦脚，为其提供工作电压，FSFR1700 内部振荡电路启动，振荡电路产生的振荡脉冲信号经集成块内部相关电路处理后，形成相位完全相反的两组激励脉冲信号，推动内部半桥开关管轮流导通与截止。在这个过程中，使谐振电容 CW911、开关变压器 TW902 的一次绕组形成电压谐振，在 TW902 的两个二次绕组中产生感应电压。其中，1-3、3-2 绕组产生的脉冲电压经双二极管 DW953 全波整流，CW955、LW951、CW954 组成的 π 式滤波器滤波后，产生+12V 电压，经连接器为负载电路供电；6-7、6-8 绕组产生的脉冲电压经 DW951、DW955 全波整流，CW961、CW959、LW952、CW957 组成的 π 式滤波器滤波，产生+24V 电压，经连接器为逆变器电路供电。

（3）HVCC 形成

为了确保 U902（FSFR1700）内的高端开关管能正常工作，就需要为它的驱动电路设置单独的供电电路，即 HVCC 形成电路。实际上，该电路就是自举升压电路，由 U902 内部电路和⑨脚外接元件 RW902、DW905、CW912 构成。

（4）稳压控制

当负载变轻引起开关电源输出电压升高时，CW945 两端升高的电压通过 R951 为 UW903A①脚提供的电压升高，同时 CW959 两端升高的电压通过 R952、R956、R957 取样后，为 U952 提供的电压超过 2.5V，被 U952 内部的误差放大器放大，使 UW903A 内的发光二极管因导通电流增大而发光加强，促使光敏三极管 UW903B 导通加强，将 UW902 的②脚电位拉低，被 UW902 内的 PWM 调制器处理后，使开关管导通时间缩短，开关电源输出的电压下降到设置值。输出电压下降时，控制过程相反。

（5）PFC 欠电压保护

PFC 电压欠压保护电路由三端误差放大器 U953 和取样电阻构成。部分机型未安装此电路。

当 PFC 电压超过 350V 时，经 RW914～RW917 与 RW907 取样后，为 U953①脚提供的电压达到 2.5V，经其比较放大后，U953③脚电位下降，提供 RW912 使 QW905 导通，待机控制电路送来的 VCC1 通过 QW905 后输出 VCC2，为 UW902（FSFR1700）⑦脚供电。当 PFC 电压低于 350V，使 U953①脚输入的电压低于 2.5V 时，被 U953 比较放大，使 QW905 截止，关断 UW902⑦脚的供电，主电源停止工作，以免开关管因工作电压低而损坏。

> **提 示**
>
> 对于设置 PFC 欠压保护电路的机型，在检修主电源因电源控制芯片（或电源厚膜块）无供电而不能工作的故障时，不能忽略对 PFC 欠压保护电路检修检测，以免误判。

（6）开关管过电流保护

当负载异常引起开关管 D 极电流增大时，在取样电阻 RW921 两端产生的压降增大，通过 RW910 为 UW902（FSFR1700）④脚输入的电压低于-0.6V，被内部的 OCP 电路处理后，使开关管停止工作，避免开关管过电流损坏，实现开关管过电流保护。

另外，主电源的二次侧也设有过电压、过电流检测保护电路，采用的是模拟晶闸管保护电路，控制对象是 PFC、主电源的 VCC 供电电路。这部分电路将在后面的内容中再作详细介绍。

2. 关键检测点

主电源的关键检测点参见图 4-24。

（1）+24V、+12V 输出端

在检修待机指示灯亮，但不能开机，或主电源带负载能力差，或背光灯不亮等故障时，该端子是第一个关键检测点。二次开机后，如果+24V、+12V 电压输出正常，说明主电源正常，故障在主板或背光灯电路；如果无电压，此时应拔下电源板与主板、背光灯电路之间的连接器，强制电源板工作，若+24V、+12V 电压恢复正常，说明故障在+24V、+12V 的负载电路；若+24V、+12V 输出端电压仍为 0V，说明主电源未工作；若开机瞬间输出电压高，但随后降为 0V，说明主电源的稳压电路失控使保护电路动作。

> **注 意**
>
> 有些型号的电源板，强制开机后，主电源、PFC 电路仍然可能不工作，还需要在+5VSB 输出端一个约 500mA 负载电流的假负载后，主电源、PFC 电路才能工作。

（2）上臂开关管的漏极（D 极）

该端子是第二关键检测点，通过检测该端子电压，可以大致确定故障部位。强制电源板工作时，该端子电压一般为 380V 左右（有 PFC 电路的电源板）。若该端子电压为 0V，一般是该端子与 PFC 滤波电容正极间的供电线路开路；若该端子电压为+300V 左右，则说明 PFC 电路未工作。

（3）电源控制芯片的 V_{CC} 端

在检修主电源不工作故障时，主电源控制芯片（或主电源厚膜电路）的 V_{CC} 端电压是第三关键检测点。待机时该点电压为 0V，二次开机后应变为 14～17V。该点电压由副电源提供，但要受待机控制电路的控制。只有在副电源、待机控制电路正常的情况下，该点才能获得供电电压。有部分电源板的 V_{CC} 供电还要受 PFC 输出检测保护电路的控制，该点获得供电电压还必须 PFC 输出电压正常。

若主电源控制芯片的 V_{CC} 端无电压，而在路测电源控制芯片的 V_{CC} 端对地未短路，说明供电电路异常。应检查副电源的 VCC 供电整流滤波电路、待机控制电路，以及 PFC 输出检测保护电路（如果有这一电路）。

若主电源中的电源控制芯片的 V_{CC} 端有电压，只是其电压低于正常值很多，说明主电源控制芯片、PFC 控制芯片损坏或供电电路异常。遇到此种情况，应采用开路法判断故障部位。若将 PFC 控制芯片、电源控制芯片（或模块）的 V_{CC} 脚断开，若电压仍低，查 V_{CC} 供电电路；若 V_{CC} 电压恢复正常，说明 PFC 控制芯片或主电源芯片损坏，再通过开路法确认是 PFC 芯片损坏，还是主电源控制芯片（或厚膜块）损坏。

💡 **提示**

有些电源板，当副电源空载时，主电源控制芯片（或厚膜块）的 V_{CC} 脚电压较低，只要在副电源输出端带上假负载后，V_{CC} 供电就恢复正常值。

⚠ **注意**

检测 V_{CC} 端电压是查故障很重要的一步。有些电源板，在开关电源的输出电路中设有保护电路，并且这种保护电路在启动时是通过迫使待机控制电路动作，从而切断主电源和 PFC 控制芯片的 V_{CC} 供电，使主电源和 PFC 电路停止工作。对于这类电源板，无 V_{CC} 供电电压，还要检查开关电源输出电路所设的保护电路。

（4）电源控制芯片或电源厚膜电路的各种检测信号输入端

液晶彩电电源板，在主电源中设有完善的保护电路，电源控制芯片或电源厚膜电路往往都有过电流、过电压、欠电压等检测信号输入端，当这些引脚无检测信号输入或检测信号输入异常（过大、过小）时，集成电路内部的振荡或驱动电路便停止工作，达到保护的目的。因此，电源控制芯片或电源厚膜电路的过电流、过电压、欠电压等检测信号输入端也应作为关键检测点。

（5）电源控制芯片的激励脉冲输出端

采用电源控制芯片+分立式开关管构成的主电源，电源控制芯片的激励脉冲端电压是第五关键检测点，通过检测该点电压，可以大致确定故障部位。无论是单端电源控制芯片还是双端电源控制芯片，若该端子电压为 0V，说明没有激励脉冲输出，故障在电源控制芯片及其外围电路；若有一定电压（不为 0V），一般来说是由激励脉冲信号输出的，故障应在该点之后的电路中，重点检查该点至开关管 G 极之间的元器件。若有示波器，可测量波形判断电源控制芯片是否有激励脉冲输出（对于双端开关电源控制芯片，一般只能测到低端驱动脉冲波形）。

> **提示**
>
> 液晶彩电开关电源属于它激式开关电源，只要电源控制芯片及其外围元器件正常，即使是开关管或其引脚所接的元器件开路，电源控制芯片也有激励脉冲输出。

3. 常见故障检修

主电源发生故障通常表现为：待机指示灯亮，但主电源无电压输出；主电源空载时有电压输出，带上负载后无电压输出；输出电压低；输出电压不稳压；主电源有个别电压无输出等。

（1）主电源开关管（或厚膜电路）击穿

当主电源中的开关管或厚膜电路内的大功率开关管（以下统称为开关管）击穿时，会出现烧电源熔断器现象。要确定主电源中的开关管或厚膜电路内开关管击穿是否击穿，可将场效应开关管的 D 极或电源厚膜电路的开关管漏极供电引脚悬空，然后测量 D-S 极间电阻即可作出判断。当主电源中的开关管击穿时，主电源的电源控制芯片往往会连带损坏，需同时更换，以免更换后的开关管再次损坏。

（2）屡损开关管（或厚膜电路）

屡损电源开关管的原因主要有两种：一是过电压击穿；二是过电流损坏。当电源开关管的外部电路异常时，使加到开关管上的电压过高或流过开关管电流剧增时，均会损坏电源开关管。检修时，主要排除引发屡损开关管的变质、损坏元件，避免再次损坏开关管。

> **方法与技巧**
>
> 根据开关管损坏过程（时间）判断，如果通电即损坏，多为过电压击穿；如果通电后经过一段时间才损坏，多为过电流损坏或损耗过大损坏。
>
> 开关管过电压损坏的原因：①开关管 D 极所接的尖峰脉冲吸收电路元件异常；②稳压控制电路异常，导致开关电源输出电压升高的同时也会导致开关管 D 极的反峰电压升高；③开关电源振荡与脉冲形成电路失常，使加到开关管的驱动信号异常。
>
> 开关管过电流损坏原因：①开关电源的整流滤波电路或负载发生短路故障；②检查开关管的过电流保护电路失控；③开关管激励脉冲放大、控制电路频率特性和开关特性不良，引发开关管损耗增加；④开关变压器匝间短路等；⑤是更换的开关管质量差或参数不符合要求，安装不当（开关管与散片板之间没涂硅脂等）。

（3）指示灯亮，主电源无电压输出

对具有主电源和副电源的电源板来讲，只要电视机的指示灯亮，就说明副电源工作正常，并且主电源中的开关管没有击穿短路。

在主板无故障的情况下，主电源无电压输出，其故障是否在主电源中呢？这不一定，要看开关电源的结构。液晶电视开关电源有多种电路方案，有些电源仅由主电源、副电源两部分组成，有些电源则在主电源和副电源的基础上增加了 PFC 电路。对于有 PFC 电路的电源板，有些是 PFC 电路不工作时，主电源有电压输出，只是主电源带负载能力下降（带负载后输出电压会降低），而有些是 PFC 电路不工作或工作异常时，主电源根本不能进入工作状态。后者是因为，有些主电源控制芯片有欠电压保护检测引脚，要对 PFC 电压进行检测，当 PFC 电压过低时，主电源进入欠电压保护状态；也可能是主电源的 V_{CC} 供电电路中有 PFC 欠电压检测保护电路，当 PFC 电压过低时，主电源控制芯片无 V_{CC} 供电。对于后者来说，主电源正常工作的条件有：PFC 电路工作必须正常；待机控制电路工作必须正常；主电源本身正常。所以，在检修主电源无电压输出故障时，一定要具体情况具体分析，不能轻易判定故障在主电源。

（4）输出电压过高

出现输出电压过高现象，故障大多出在开关电源的稳压取样和稳压控制电路，应对取样分压电阻以及三端误差放大器、稳压光耦合器、电源控制芯片等组成的反馈环路中的各个元器件进行检查。由于测量光耦合器比较麻烦，三端误差放大器的数据又不易掌握，故建议采用替换法。

📖 方法与技巧

对于具有过电压保护电路的开关电源来说，输出电压过高会使过电压保护电路动作，保护电路动作之后，又使得开关电源停止工作，给检测工作带来一些困难。但只要我们先断开过电压保护电路，然后在开机瞬间迅速测主输出端的电压是否过高。

⚠ 注意

为防止断开过电压保护电路之后，因输出电压过高导致负载过压损坏，建议先接假负载检修，在输出电压正常时，再连接负载电路。

（5）输出电压过低

主电源出现输出电压过低现象，故障原因及处理办法如下：

1）开关电源的负载电路有短路性故障。采用断开主电源的所有负载电路，以区分开关电源电路不良还是负载电路有故障。若断开负载电路后输出电压恢复为正常，说明负载过重；若仍不正常，说明开关电源有故障。

2）稳压控制电路有问题。重点检查接地侧的取样电阻是否阻值增大，三端误差放大器或光耦合器是否性能不良，可通过代换法进行判断。

3）开关变压器二次侧的整流二极管不良，滤波电容异常，可采用替换法检查。对于输出端设有 DC-DC 变换器的主电源来说，还要检查该电路是否正常。

4）400V 滤波电容的容量不足，造成主电源带负载能力差，一接上负载，输出电压就会下降。

5）加有 PFC 电路的开关电源，当 PFC 电路不工作，会造成主电源的主供电电压降低，主电源带负载能力差，一接负载输出电压便下降。只要测量一下 PFC 滤波电容两端电压即可作出判断，若只有 300V 左右，说明 PFC 电路不工作，应先维修 PFC 电路。

另外，开关管的性能不良，开关变压器不良也会导致输出电压过低。

（6）主电源有个别电压无输出或输出电压不正常

主电源输出电路通常有三种：（1）直接由开关变压器二次侧整流滤波输出；（2）开关变

压器二次侧整流滤波输出的电压，还经 DC-DC 变换器进行电压转换输出；（3）开关变压器二次侧整流滤波输出的电压，还受待机控制电路进行通断控制后输出。对于第一种电路，无电压输出只需检查二次侧的整流双二极管是否开路、损坏，滤波电感是否开路；对于第二种电路，无电压输出多为 DC-DC 变换器异常，重点对这一电路进行检查；对于第三种电路，无电压输出一般是待机控制电路的故障，重点对这一电路进行检查。

技能 7 保护电路故障检修

在液晶彩电中，由于电源电路的元器件都工作在高电压、大电流、大功耗的特殊工作状态，故障率比其他电路单元要高出很多。为此，液晶彩电电源板均设置了完善的保护电路，一旦出现故障或者有故障先兆，保护电路就会动作，使开关电源停振或进入待机状态，以保护开关电源和负载电路免受损坏或避免故障扩大。

1. 保护电路的特点

液晶彩电电源板的保护电路特点：一是具有完善的保护功能，常见的保护电路有过电流保护电路、过电压保护电路、欠电压保护电路、启动保护电路等；二是在 PFC 电路、副电源、主电源以及背光驱动电路几个部分都设有保护电路；三是不仅在电源一次侧设有保护电路，还在电源的二次侧设有保护电路；四是保护电路的结构和电路形式变化多端。

2. 电源一次侧的保护电路

开关电源一次侧的保护电路主要有：过电流保护电路、过电压保护电路、启动保护电路（软启动电路）、尖峰吸收回路等。

（1）开关管过电流保护电路

图 4-25 是典型的开关管过电流的保护电路。这种过电流保护电路是在开关管（包括电源开关管、PFC 开关管）的源极串入零点欧的过电流取样电阻，该电阻上的压降即反映了开关管源极电流的大小，取样电阻上的电压反馈到电源控制芯片或 PFC 控制芯片的过电流保护检测引脚（英文符号为 CS、INES 等）。当开关电源负载或二次整流滤波电路发生短路、漏电故障，造成开关管电流过大，过电流检测引脚电压超过设定值时，集成电路内部的保护电路动作，停止振荡或关断驱动脉冲输出。过电流保护电路元件变质，特别是过电流取样电阻的阻值增大，会

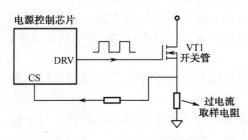

图 4-25 采用电阻检测过电流

引起过电流保护电路误保护，轻者会出现电源带负载能力差现象，严重时会导致电源不能工作。

（2）过电压、欠电压保护电路

大多数的电源控制芯片、PFC 控制芯片的 V_{CC} 供电引脚内部设有过电压、欠电压检测电路，对 V_{CC} 供电电压进行监测。当 V_{CC} 电压过高或过低时，内部保护电路动作，芯片关闭开关管的激励脉冲输出。

也有部分电源控制芯片、PFC 控制芯片有专门的欠电压保护检测引脚（英文符号为

LUVP、MULTIN、BR 等），该脚通过分压电阻接在市电整流后的 300V 电压上或接在 PFC 输出电压上，监测市电整流后的 300V 电压（实质上是监视市电电压）或 PFC 输出电压。当市电电压或 PFC 输出电压过低时，欠电压保护检测引脚电压低于设定值，内部保护电路动作，芯片关闭开关管的激励脉冲输出。图 4-26（a）中，R1～R3 与 R5 构成 300V 欠电压检测电路，R4 与 R5 构成 V_{CC} 电压检测电路，当 300V 电压或 V_{CC} 电压较低时，R5 两端产生的取样电压就会变低，输入到 BR 引脚的检测电压也降低，控制芯片内的保护电路动作。图 4-26（b）是 PFC 欠电压保护电路，PFC 电压经 R1～R3 与 R4 分压，经 R5 限流，C1 滤波后，送入芯片的欠电压检测脚 BO。当 PFC 电压降低时，输入到 BO 引脚的检测电压降低到设置值后，芯片内的保护电路动作。

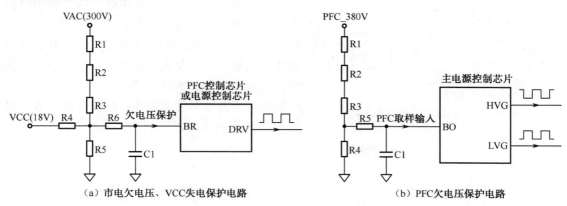

（a）市电欠电压、VCC失电保护电路　　　　（b）PFC欠电压保护电路

图 4-26　欠电压、失电保护电路

> **提 示**
>
> 市电检测电路、PFC 电压检测电路的分压电阻变值，会引起电源欠电压（或失电）保护。市电整流、滤波电路开路也是引起欠电压保护的原因之一。

（3）启动保护电路

启动保护电路电路也称软启动电路，典型电路如图 4-27 所示。

电源控制芯片的 COMP 引脚为软启动/外接补偿电容端，C1 是软启动延时电容，同时也是补偿电容。当芯片得到 V_{CC} 供电电压后，经内部电路为 C1 充电，软启动脚电压慢慢升高，被内部电路处理后，使 DRV 端子输出的驱动脉冲占空比逐渐增大，不仅避免了 VT1 在工作初期过激励损坏，而且避免了开关电源启动初期产生的大电流干扰。

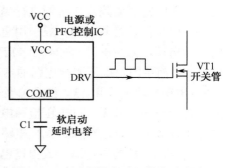

图 4-27　启动保护电路（软启动电路）

> **提 示**
>
> 软启动电容 C1 漏电、击穿，会产生电源不能启动或输出电压低的故障。

3. 电源二次侧的保护电路

（1）二次侧保护电路的结构特点

液晶彩电的电源板，一般在开关电源二次侧的输出电路中也设有保护电路，有些只设过电压保护电路，而有些则同时设过电压、过电流保护电路，也有极少数的同时设过电压、过电流以及过热保护电路。

二次侧保护电路多采用四运算放大器 LM324、双运算放大器 LM358、四电压比较器 LM339、双电压比较器 LM393 等。

（2）二次侧保护电路的组成

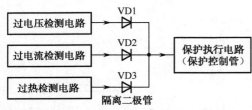

图 4-28　二次侧保护电路组成方框图

开关电源二次侧的保护电路一般由保护检测电路和保护执行电路（也称为保护控制管）组成，如图 4-28 所示。保护检测电路对开关电源的输出电压、负载电流以及机内温度进行检测，产生保护触发电压。保护执行电路，往往由晶闸管（即可控硅）或模拟晶闸管担任，但也有由三极管担任的，如图 4-29 所示。

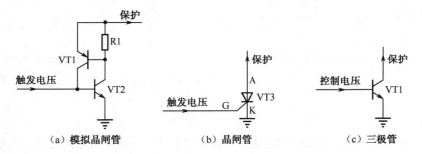

（a）模拟晶闸管　　　（b）晶闸管　　　（c）三极管

图 4-29　三种常用的保护执行电路

保护检测电路主要有过电压检测电路、过电流检测电路以及过热检测电路三种，多路检测电路之间需利用隔离二极管进行隔离。

过电压保护检测电路一般采用直接取样方式，即过电压取样点直接设在开关电源的关键电压输出端，如主电源的+24V、+12V 输出端，有少数的也将+5VSB 输出端设为了过电压取样点。最简单的过电压取样电路通常由稳压二极管（+24V 电压检测多采用 27V 稳压二极管，+12V 电压检测多采用 13V 稳压二极管，+5V 检测多采用 5.6V 稳压二极管）和隔离二极管组成。有少数的电源板，过电压检测电路还增加了一个运算放大器或电压比较器，对取样电压进行比较放大后，送给保护执行电路。

过电流保护检测电路一般由过电流取样电阻和运算放大器（或电压比较器）构成。过电流取样电阻上的电压降与输出电流成正比例，将该电阻两端的电压送入运算放大器（或电压比较器）进行比较运算，从而产生保护触发电压。

过热保护检测电路一般由负温度系数的热敏电阻和一个比较器组成。图 4-30 是典型的过热保护检测电路，图中，NTC1 负温度系数的热敏电阻，作为温度检测元件。在正常温度下，由于 NTC1 的阻值较大，使得 IC1-a②脚电压高于③脚电压，因此①脚输出低电平，对整个开关电源的正常工作无影响。如果机内（散热片）温度升高至危险，NTC1 的阻值变小，使③脚电位高于②脚电位，①脚输出高电平，使 VD1 导通，为保护执行电路提供触发电压，保护电路启动。只有当温度下降到安全后再重新开机，电源才能恢复工作。

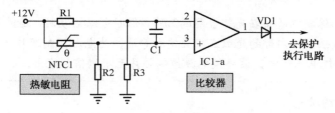

图 4-30　过热保护检测电路

（3）二次侧保护电路的电路形式

开关电源二次侧的保护电路通常需要与一次侧电路联合动作，才能实现保护功能。主要有以下两种类型。

1）依托待机控制电路的保护电路

这类二次侧的保护电路，它与待机控制电路联合动作来实现保护功能。保护电路介入待机控制电路的位置一般是在开关机光耦合器的二极管引脚，如图所 4-31 所示。其基本工作原理是，在保护电路启动时，迫使待机控制电路动作，由开机状态变为待机状态，进入待机保护状态。大多数的电源板采用这类保护电路。

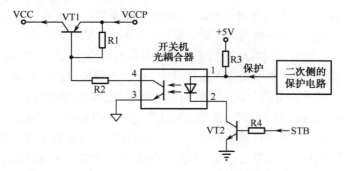

图 4-31　依托待机控制电路的保护电路结构示意图

2）依托稳压控制电路的保护电路

这种保护电路与开关电源的稳压电路结合在一起，联合动作实现保护功能。保护电路保护电路介入点一般是在稳压光耦合器的二极管引脚，如图所 4-32 所示。

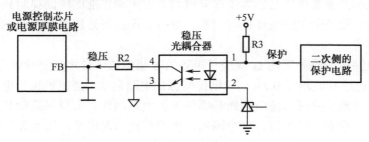

图 4-32　依托稳压控制电路的保护电路结构示意图

保护电路启动时，迫使稳压光耦合器截止，从而使电源控制芯片（或电源厚膜电路）的 FB 引脚无反馈电压输入，最终使电源控制芯片（或电源厚膜电路）内的振荡电路停振。

> **提示**
>
> 部分电源板的保护电路接在光耦合器的②脚，保护电路启动时，迫使稳压光耦合器内的发光二极管发光最强，它内部的光敏三极管饱和导通，为电源控制芯片（或电源厚膜电路）的 FB 脚提供的反馈电压最大，最终使电源控制芯片无激励信号输出。

4. 常见故障检修

保护电路的故障主要有两种：一种是保护电路失效；二是保护电路误动作。

（1）保护电路失效

保护电路失效时，就失去对开关电源和 PFC 电路的保护功能，容易导致开关电源和 PFC 电路中的开关管等元器件损坏。保护电路失效，对正常电源来说一般无明显的异常现象表现出来，因此往往不被我们察觉到。但是，一旦电源或负载有故障，将会引起电源部分大面积的元器件损坏，甚至引起负载电路烧坏。

在检修开关管或电源厚膜电路内的开关管击穿故障时，要注意检查尖峰脉冲吸收电路、过电压保护、过电流保护电路是否失效，以免更换后的元器件再次损坏。

（2）保护电路动作

保护电路动作后，一是会导致开关电源或 PFC 电路不能启动工作，二是能启动工作但随后停止工作。其故障现象会有多种情况：一是电源指示灯不亮，整机"三无"（电源不能启动工作）；二是电源指示灯能亮，开机瞬间有电视机工作的声音，然后停止工作，整机出现"三无"现象，此时电源指示灯可能一直亮（主电源进入保护状态，但副电源未保护），也可能亮一下后熄灭（副电源进入保护状态，且保护为锁存状态）或闪烁（副电源进入保护状态，但可以重启）。

在检修进入保护状态的故障机时，首先应确认是电源本身损坏引起保护电路动作，还是保护电路误动作。在检修前，先做一些常规测试，比如测量市电电压是否太高，熔断器、保险电阻是否开路，负载对地是否短路。如果这些元件或电路无异常，应通电快速测量电源板输出电压。如果开机瞬间有电压输出，但随后停止输出，多为保护电路动作，使开关电源停止工作所致。

一次侧保护电路检查比较简单，一般直接测量（采用开机瞬间测量电压法）电源控制芯片、PFC 控制芯片的过电流、欠电压检测引脚电压，即可判断该路保护电路有无故障。下面重点介绍二次侧的保护电路的检修方法。

一是，开机瞬间测量电压法。为了在开机后、保护动作前的瞬间抓测到相关电压，需要在开机后的瞬间对相关部位的电压进行测量，也可先连接好万用表后再通电进行电压监测。测量的部位主要有：

保护执行电路中的晶闸管的 G 极或三极管的 b 极电压，该电压正常时为 0V。如果开机或发生故障时，已达到或超过 0.7V 时，则说明保护电路启动。当保护执行电路的输入端设有两路以上的保护检测电路时，还应判断是哪路保护电路动作。如果每路检测电路设有隔离二极管，测量隔离二极管正极电压，哪个隔离二极管正极为高电平，则是该二极管相关的保护检测电路引起的保护。

二是，解除保护法。如果确定是进入保护状态，可采取全部或逐个解除保护，使保护电路不起作用，通过测开关电源输出电压来确定故障部位。需要注意的是，如果是开关电源的稳压控制等电路异常，在解除保护后，开关电源输出电压就会升高，极可能导致负载电路元件或者开关管等元件过压损坏，需要十分谨慎，比较安全的做法是接假负载后再解除保护电路，通电瞬间就迅速测输出电压。若输出电压正常，则是保护电路发生故障；若输出电压过高或过低，一般是稳压电路有故障，引起电源系统过电压、欠电压保护，重点检查稳压电路。康佳 KPS+L200C3-01 电源板解除保护电路的方法如图 4-33 所示。

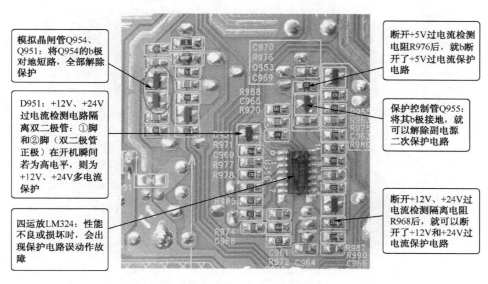

图 4-33　解除保护电路的方法

方法与技巧

　　开关电源的过电流保护故障，大多是负载电路短路、漏电引起的，少数是开关管漏电、开关变压器局部短路和二次侧整流、滤波电路漏电、短路引起的。过电流保护电路元件变质，特别是过电流取样电阻阻值变大，也会引起过电流保护电路误保护。开关电源过电压保护，多数是稳压电路元件变质、开路，而造成振荡电路失控，致使开关管导通时间延长或频率增加，开关电源输出电压升高所致，少数是过电压保护检测电路的元件变质、开路、漏电，而引起的误保护。

任务3　典型独立式电源板故障分析与检修

下面以长虹 LT42510 液晶彩电电源板为例介绍该独立电源板电路的工作原理与故障检修方法。

技能 1　电源板实物图解

长虹 LT42510 液晶彩电的电源板型号是 751T2828-3-FQ，为主板和背光灯供电板电路提供 5V、24V、12V 的工作电压。该电源板实物图解如图 4-34 所示。

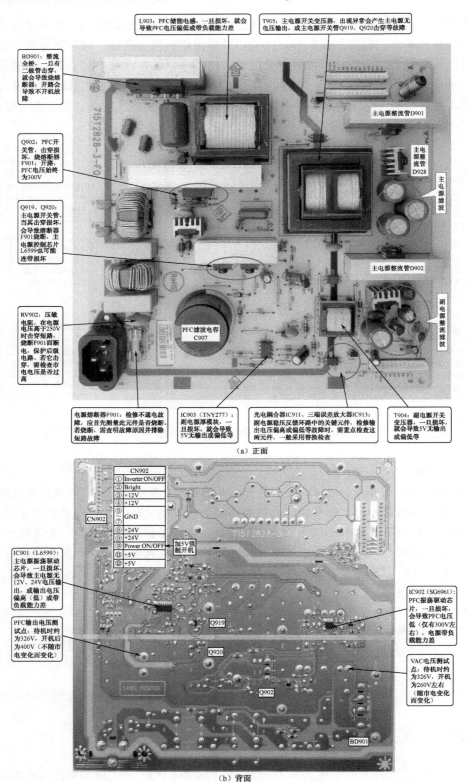

L903：PFC储能电感，一旦损坏，就会导致PFC电压偏低或带负载能力差

T905：主电源开关变压器，出现异常会产生主电源无电压输出，或主电源开关管Q919、Q920击穿等故障

BD901：整流全桥，一旦有二极管击穿，就会导致烧熔断器：开路会导致不开机故障

主电源整流管D901

主电源整流管D928

主电源滤波

Q902：PFC开关管，击穿损坏，烧熔断器F901：开路，PFC电压始终为300V

Q919、Q920：主电源开关管，当其击穿损坏，会导致熔断器F901烧断，主电源控制芯片L6599也可能连带损坏

主电源整流管D902

副电源整流滤波

RV902：压敏电阻，在电源电压高于250V时击穿短路，烧断F901而断电，保护后级电路。若它击穿，需检查市电电压是否过高

PFC滤波电容C907

电源熔断器F901：检修不通电故障，应首先测量此元件是否烧断。若烧断，需查明故障原因并排除短路故障

IC903（TNY277）：副电源厚模块，一旦损坏，就会导致5V无输出或偏低等

光电耦合器IC911、三端误差放大器IC913：副电源稳压反馈环路中的关键元件，检修输出电压偏高或偏低等故障时，需重点检查这两元件，一般采用替换检查

T904：副电源开关变压器，一旦损坏，就会导致5V无输出或偏低等

（a）正面

CN902

①	Inverter ON/OFF
②	Bright
③	+12V
④	+12V
⑤	GND
⑦	+24V
⑨	+24V
⑩	Power ON/OFF
⑪	+5V
⑫	+5V

CN902

加5V强制开机

IC901（L6599）：主电源振荡驱动芯片，一旦损坏，会导致主电源无12V、24V电压输出，或输出电压偏高（低）或带负载能力差

PFC输出电压测试点：待机时约为326V，开机后为400V（不随市电变化而变化）

IC902（SG6961）：PFC振荡驱动芯片，一旦损坏，会导致PFC电压低（仅为300V左右），电源带负载能力差

VAC电压测试点：待机时约为326V，开机为260V左右（随市电变化而变化）

Q919

Q920

Q902

BD901

LABEL POSITION

（b）背面

图 4-34　751T2828-3-FQ 电源板

技能 2　电源构成方框图识读

该电源板电路由 PFC 电路、副电源、主电源、待机控制电路、保护电路等构成，如图 4-35 所示。

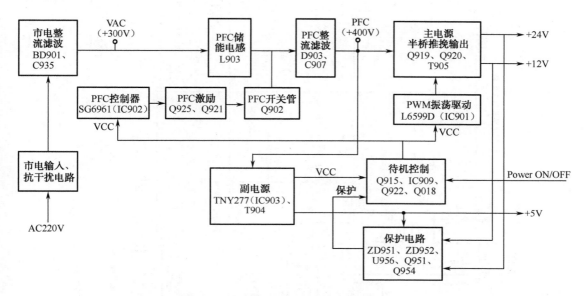

图 4-35　751T2828-3-FQ 电源板电路构成方框图

开/关机采用控制 PFC 电路 IC902 和主电源 IC901 驱动电路供电的方式。接通市电电源后，副电源首先工作，产生 VCC 电压和+5V 电压，其中+5V 为控制系统提供电源，二次开机后待机控制电路将 VCC 电压送给 IC902 和 IC901，PFC 电路和主电源得电后启动工作，为整机负载电路提供 24V、24VA、12V 电压，进入开机状态。

技能 3　副电源电路

该电源板副电源电路由厚膜电路 IC903（TNY277）、开关变压器 T904、取样误差放大电路 IC913（AS431）、光耦合器 IC911 等元器件组成，如图 4-36 所示。副电源不仅为微处理器电路提供+5V 电压，同时还为主电源芯片和 PFC 芯片提供 VCC 工作电压。

▶ 1. TNY277 的实用维修资料

TNY277 是高效能低功耗离线式 TNY2×× 系列电源厚膜电路之一，内含一个 PWM 控制器和大功率 MOSFET（开关管），内置振荡器、高电压电流源，具有欠电压、过电压、过电流、过载保护功能。TNY277 的引脚功能和电压参考数据如表 4-5 所示。

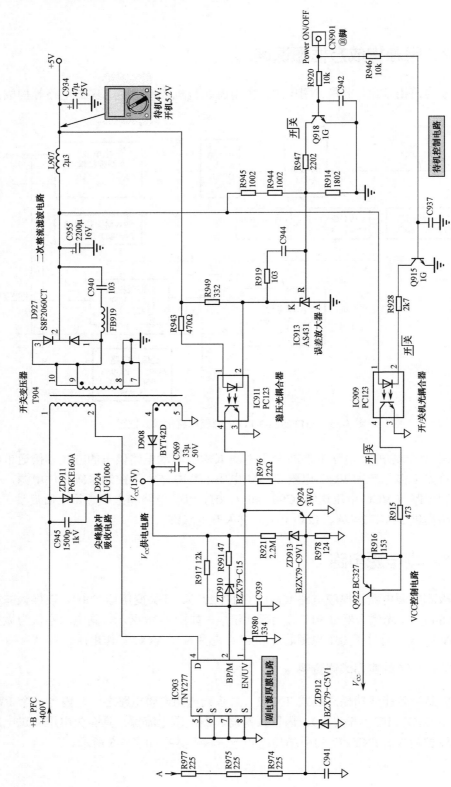

图4-36　副电源电路和待机电路

表4-5 TNY277的引脚功能和电压数据

引 脚 号	符 号	功 能	电压/V
①	EN / UV	稳压控制信号输入	0.98
②	BP / M	工作电压输入	5.98
③	NC	空脚	—
④	D	开关管漏极	401
⑤～⑧	S	开关管源极	0

▶ 2. 功率变换

+B PFC 电压（待机时约 326V，二次开机后上升到 400V 左右）通过开关变压器 T904 的一次绕组（1-2 绕组）加到电源厚膜块 IC903（TNY277）的④脚，不仅为它内部的开关管 D 极供电，而且经内部恒流源对②脚外接的 C939 充电，在它两端建立启动电压。当 C939 两端电压达到启动要求后，IC903 内部的启动开始启动，通过振荡器、PWM 调制器产生激励脉冲，驱动开关管工作于开关状态。开关管导通期间，T904 存储电压；开关管截止期间，T904 通过各个二次绕组释放能量。其中，7-10 绕组输出的脉冲电压经 D927 整流，C955 滤波后产生+5V 电压，不仅为主板微处理器系统供电，而且为电源板开/关机控制电路供电。4-5 绕组输出的脉冲电压经 D908 整流，C969 滤波，得到约 15V 的直流电压。该电压一路经 R991、ZD910、R917 送到 IC903 的②脚，作为 IC903 启动后的工作电压；另一路送到待机控制电路 Q922 的 e 极，受待机控制电路的控制，为主电源芯片和 PFC 芯片提供工作电压。

▶ 3. 稳压控制

当副电源因负载变轻引起输出电压升高后，C955 两端升高的电压通过 R945、R944、R941 取样后，产生的误差信号升高，经误差放大器 IC913 比较放大后，使光耦合器 IC911 内的发光二极管发光加强，它内部的光敏三极管导通加强，将厚膜电路 IC903 的①脚电位拉低，被 IC903 处理后，使它内部的开关管导通时间缩短，T904 存储的能量下降，输出电压下降到 5V。反之，控制过程相反。

▶ 4. 保护电路

（1）市电欠压保护

市电欠压保护电路由 Q924、R921、ZD913 以及分压电阻等组成。当输入的 AC220V 市电电压不足时，经 R977、R975、R974、R978 取样的电压较低，使 Q924 导通，将 IC903 的①脚电位拉低到低电压，被 IC903 识别后，它内部开关管截止，副电源停止工作，以免副电源因供电低不工作或损坏，实现市电欠压保护。

（2）IC903 供电欠压保护

当 C939、D908 异常，导致 IC903 的②脚输入的启动电压低于 5.85V 时，IC903 内部电路不能启动；当 IC903 启动后，若负载、稳压控制电路异常，或 D908、C969 组成的供电电路异常，导致 IC903 的②脚输入的供电电压低于 4.9V 时，IC903 内的欠压保护电路动作，IC903 会停止工作，以免开关管因激励不足而损坏。

技能 4　待机控制电路

待机控制电路由两部分组成：一是主电源芯片和 PFC 芯片的 VCC 电压控制电路，由三极管 Q915、光耦合器 IC909、三极管 Q922 等元器件组成；二是由三极管 Q918 组成的 5V 电压输出控制电路。

主板送来的开/待机控制信号 Power ON/OFF 经 R916、R920 加到 Q915 和 Q918 的 b 极。当二次开机后，开关机控制电压为高电平，一是使 Q915 导通，光耦合器 IC909 工作，将 Q922 的 b 极电压拉低，由副开关电源提供的 V_{CC} 电压经 Q922 的 c 极输出，为主电源芯片和 PFC 芯片提供 V_{CC} 工作电压，PFC 电路和主电源开始工作，为液晶彩电主板电路、背光灯供电板电路提供工作电压；二是使+5V 电压输出控制电路 Q918 导通，将 R947 接入电路，参与电压取样，使 IC913 的 R 端输入的电压下降，使副电源输出电压升高到正常值。此时，C934 两端电压升为 5.2V。

遥控关机时，控制信号 Power ON/OFF 变为低电平，一是使 Q915 截止，进而使 IC909、Q922 相继截止，切断了 PFC 芯片和主电源芯片的供电，主电源停止工作；二是使 Q918 截止，R947 脱离电路，IC913 的 R 端输入的取样电压升高，使副电源进入低压、小功耗的输出状态，降低了待机时的功耗。此时，C934 两端电压降为 4V。

技能 5　功率因数校正电路

该电源板功率因数校正（PFC）电路由 PFC 控制芯片 SG6961（IC902），驱动电路 Q921、Q925，大功率 MOSFET（开关管）Q902，储能电感 L903、升压二极管 D903 等组成，如图 4-37 所示。

▶ 1. SG6961 的实用维修资料

SG6961 是一款工作于临界模式的 PFC 控制器，内含锯齿波发生器、电压调制器、总谐波失真优化、误差放大和零电流检测等电路，具有过电压、过电流保护功能。SG6961 的引脚功能和对地电压见表 4-6。

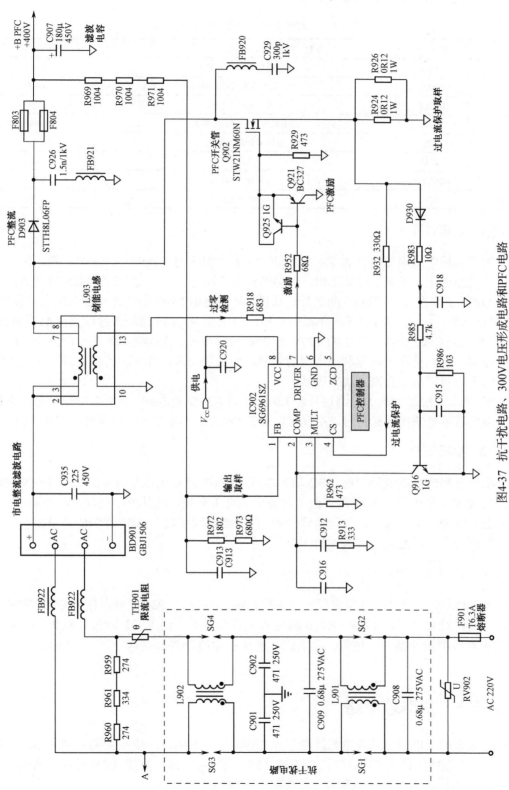

图4-37　抗干扰电路、300V电压形成电路和PFC电路

表 4-6　SG6961 的引脚功能和对地电压

引　脚　号	符　　号	功　　能	对地电压/V
①	FB	稳压控制反馈信号输入	2.51
②	COMP	PFC 误差放大器相位补偿	1.40
③	MULT	电压检测信号输入	1.19
④	CS	过电流保护检测信号输入	0.01
⑤	ZCD	过零检测信号输入	3.40
⑥	GND	接地	0
⑦	DRIVER	激励脉冲输出	0.77
⑧	VCC	V_{CC} 供电输入	14.52

2. 校正过程

二次开机后，副电源提供的 V_{CC} 电压经 Q922 控制送到 SG6961（IC902）的⑧脚，为其提供 V_{CC} 工作电压，IC902 启动工作，从⑦脚输出驱动脉冲，经 Q921、Q925 放大后，推动开关管 Q902 工作在开关状态。Q902 导通期间，储能电感 L903 因流过导通电流而储存能量；Q902 截止期间，L903 通过自感产生反向电压，该电压与 C935 两端的脉动直流电压相叠加，经 D903 整流，C907 滤波，产生约 400V 的 PFC 直流电压，向副电源和主电源供电。经过该电路的控制，不仅提高了电源利用市电的效率，而且使得流过 L903 的电流波形和输入电压的波形趋于一致，从而提高了功率因素。

L903 的二次绕组输出的检测信号经 R918 加到 IC902 的⑤脚，IC902 对该信号识别后，就会在市电过零处输出激励信号，不仅可以降低 Q902 的导通功耗，也降低了对电网的污染。

3. 稳压控制

当市电升高或负载变轻引起 PFC 输出电压（C907 两端电压）升高时，经 R969～R971 与 R972、R973 分压后，为 IC902 的①脚提供的电压升高，经其内部处理后，控制 SG6961 ⑦脚输出的脉冲占空比减小，使开关管 Q902 的导通时间缩短，L903 存储的能量减小，输出电压下降到规定值。反之，控制过程相反。

4. 过电流保护

IC902 的④脚为开关管过电流保护检测输入端，R924、R926 并联后作为 Q902 的源极电阻。当开关管过电流时，R924、R926 两端的电压降升高，经 R932 输入 IC902 的④脚，当该脚升高到保护设定值时，IC902 内的过电流保护电路动作，关闭 PFC 脉冲输出，达到保护的目的。

技能 6　主电源电路

该电源板的主电源由开关电源控制芯片 IC901（L6599D）、开关管 Q920/Q919、光耦合器 IC910、误差放大器 IC914、开关变压器 T905 为核心构成，如图 4-38 所示。该电源产生 24V 和 12V 电压，为主板电路和背光灯驱动电路供电。

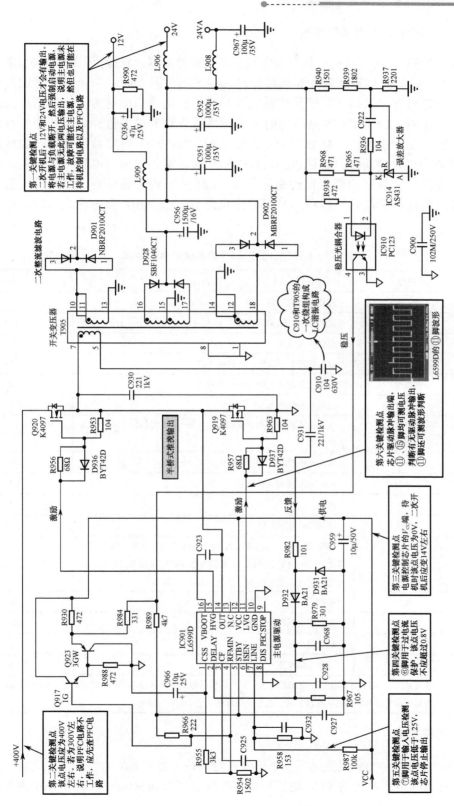

图4-38　长虹LT42510液晶彩电电源板主电源电路

📌 1. L6599D 的实用维修资料

L6599D 是 ST 公司推出的一款双端输出开关电源控制器。它能提供两路 50％互补占空比脉冲，在同一时间高端驱动脉冲和低端驱动脉冲的相位差 180°，两个开关管的开启与关闭之间有一固定时间，以确开关管因损耗大而损坏；在电源启动时为防止冲击电流对开关管带来的不利影响，L6599D 内振荡器的开关频率从设置的最大值开始逐渐降低直到由控制环路给出的稳定状态为止，即软启动；在轻载时，L6599D 可以被迫进入间隙脉冲工作模式，以降低空载时的功耗。除此以外，L6599D 的功能还包括过电压、欠电压、过载及短路保护，在保护因素解除后可自动重新启动。L6599D 内含振荡器、运算放大器、半桥门限解锁使能电路、驱动输出电路、自举升压电路等。L6599D 引脚功能和对地电压见表 4-7。

表 4-7　L6599D 的引脚功能和维修参考数据

引脚	符号	功能	对地电压/V
①	CSS	软启动时间设定	1.96
②	DELAY	过载电流延迟关断设置	0.02
③	CF	振荡频率设置	2.27
④	RFMIN	最小振荡频率设置，比较电位设置	1.96
⑤	STBY	间歇工作模式控制，稳压采样输入	1.88
⑥	ISEN	过电流检测输入	0.15
⑦	LINE	输入电压检测。当该脚电压在 1.25～6V 之外时，芯片进入保护状态	1.90
⑧	DIS	半桥封锁使能（未用，接地）	0
⑨	PFC-STOP	PFC 电路控制（未用）	4.45
⑩	GND	接地	0
⑪	LVG	低端驱动脉冲输出	7.08
⑫	VCC	VCC 供电端。启动电压为 10.7V，启动后，只要该脚电压保持在 8.85～16V 之间即可。该脚电压下降至 8.85V 以下时，芯片进入欠电压保护状态，且状态会被锁存	14.51
⑬	NC	空脚	0
⑭	OUT	高端驱动悬浮地（半桥输出）	201
⑮	HVG	高端驱动脉冲输出	207
⑯	VBOOT	自举电源电压	214
注意		二次开机后，L6599D 的③脚不能测量电压，因为该脚是振荡频率设置端，测量时万用表内阻会改变振荡频率参数，可能引起 L6599D 停振或振荡异常，甚至会烧坏开关管 Q919、Q920	

📌 2. 功率变换

来自 PFC 电路的 400V 直流电压为半桥变换器的开关管 Q920、Q919 供电；二次开机后，待机控制电路将副电源输出的 VCC 电压加到电源控制芯片 IC901 的⑫脚，IC901 内部振荡器得电后进入振荡状态，产生振荡脉冲信号。该脉冲信号经门限电路、驱动器等处理后，形成相位完全相反（相位差180°）的两组激励脉冲信号，分别从 IC901 的⑪、⑮脚输出，经 R956、R957 加到 Q919、Q920 的 G 极，使它们轮流导通与截止。此时，开关变压器 T905 的一次绕组和谐振电容 C910 形成谐振，使得 T905 的二次绕产生感应脉冲电压。感应脉冲电压经整流、滤波后，产生 24V、24VA 和 12V 电压，为负载电路供电。

▶3. HVCC 形成电路

为了确保高端开关管 Q920 能正常工作，就需要为它的驱动电路设置单独的供电电路。该供电电路采用自举升压方式，在 IC901 的⑯脚（VBOOT）与⑭脚（OUT）间连接一只自举电容 C923，被 IC901 内部的一个自举二极管与低端门极驱动器同步驱动。

▶4. 稳压控制

稳压控制电路由光耦合器 IC910、三端误差放大器 IC914、芯片 IC901 和取样电阻等构成，对 24V 电压进行取样。

当负载变轻等原因引起主电源输出电压升高时，滤波电容 C952 两端升高的电压不仅通过 R938 为 IC910①脚提供的电压升高，而且经 R940、R939 与 R937 分压得到的取样电压会超过 2.5V，通过三端误差放大器 IC914 放大后，使 IC910②脚电位下降，IC910①、②脚内的发光二极管因工作电压增大而发光增强，IC910 内的光敏三极管导通程度加大，通过 R989 使 IC901⑤脚电位下降，被 IC901 内部电路处理后，IC901⑪、⑮脚输出的激励脉冲占空比减小，Q920、Q919 导通时间缩短，主电源输出的电压下降到规定值。反之，稳压控制过程相反。

▶5. 保护电路

（1）软启动控制

IC901（L6599D）①脚为软启动端，外接软启动电容 C966。开机瞬间，C966 两端电压为 0V，④脚电压经 R955 对 C966 充电，使①脚电压逐步升高。①脚逐步升高的电压被内部电路检测后，使驱动电路输出的激励脉冲的占空比逐渐增大到正常，避免了开关管 Q920、Q919 在开机瞬间可能过激励损坏，实现软启动。

（2）欠电压保护

IC901 的⑦脚为输入电压检测端，用来检测 V_{CC} 电源供电电压，在 V_{CC} 电压异常时保护 PWM 电源。在正常的情况下，该脚的电压设定在 1.25～6V 之间。当该脚电压低于 1.25V 时，IC901 关断⑪、⑮脚的激励脉冲，开关管停止工作，实现欠电压保护。

（3）过电流保护

过电流保护功能由 IC901（L6599D）⑥、②脚内外电路共同作用来实现，⑥脚为电流检测信号输入端，②脚为过载电流延迟关断设置。当负载异常时，会引起谐振电容 C910 两端的脉冲电压升高，该脉冲电压经 C931 耦合、R982 限流、D932 整流、C968 滤波后得到直流电压（这样获得平均电流信息）也将升高，该电压加到 IC901⑥脚。当 IC901⑥脚电压升高到 0.8V 门限（有 50mV 回差，即一旦越过 0.8V，而后只要不回落到 0.75V 以下，就仍然起作用），IC901 内的过电流保护电路动作，对②脚外接的 C928 充电，当 C928 充电电压超过 2.0V 时，芯片输出被关断，开关管停止工作，实现过电流保护。

技能7 常见故障维修

▶ 1. 副电源始终无电压输出

副电源始终无电压输出，故障发生在市电输入、市电整流滤波电路或副电源电路。该故障检修流程如图4-39所示。

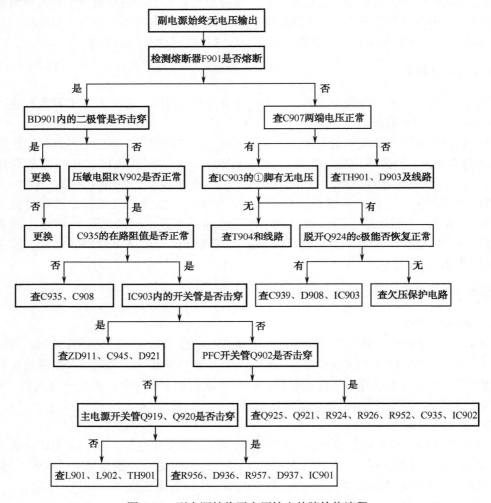

图4-39 副电源始终无电压输出故障检修流程

▶ 2. 副电源正常，但PFC电路不工作

副电源正常，但PFC电路不工作（PFC输出端电压只有300V左右），说明待机控制电路、PFC电路或负载异常。该故障检修流程如图4-40所示。

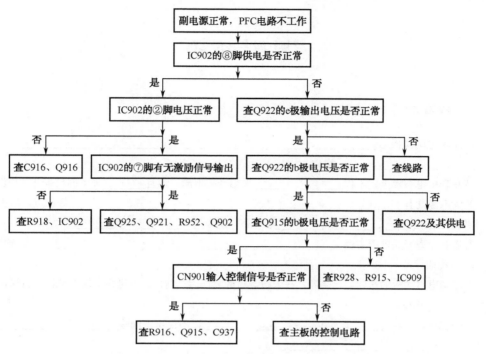

图 4-40 副电源正常,但 PFC 电路不工作故障检修流程

> **提示**
>
> 　　该电源板当 PFC 电路不工作时,主电源虽能进入工作状态,但 12V、24V 输出电压有所下降,会出现带负载能力差的故障。

▶ 3. PFC 电路工作正常,但主电源不工作

　　PFC 电路工作正常,说明待机控制电路正常,只是主电源不工作,故障发生在主电源的供电电路、主电源。该故障检修流程如图 4-41 所示。

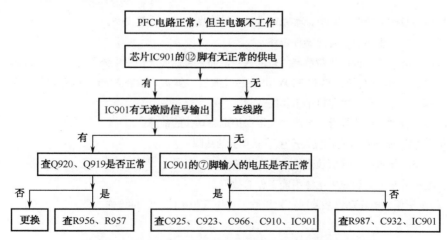

图 4-41 PFC 电路正常,但主电源不工作故障检修流程

思考与练习

一、填空题

1. 液晶彩电电源板由_____、_____、_____、_____、主电源电路、_____、_____构成。

2. 液晶彩电电源板上，不仅_____、_____采用开关电源，而且_____采用的也是开关电源。

3. 开关电源具有_____、_____、_____、_____等优点，但由于其结构复杂，并且工作在_____、_____、_____条件下，所以_____、_____较大。

4. 普通并联型开关电源主要由_____、_____、_____、_____、输出电路、及_____构成。

5. 液晶彩电电源板的熔断器已烧断，在未检查出故障原因之前，切不可换上新熔断器盲目通电，更不能用_____代替。

6. 抗干扰电路又称_____或_____，不仅可以滤除_____，还可以防止_____。

7. PFC 电路不仅_____，而且可以解决_____。

8. PFC 电路主要由_____、_____、_____、_____为核心构成。

9. 副电源也叫_____电源，它的作用是为_____提供+5VSB 电压（也称为待机 5V），同时还要为提供 VCC 电压（一般为+14~+20V）。

10. 待机控制电路也叫_____电路，其作用是接收_____送来的_____电压（通常标为_____），然后去控制_____是否工作。

11. 主电源是电源板上的关键部分，其作用是给_____、_____电路提供工作电压。主电源在待机状态_____，只有二次开机后_____。

二、判断题

1. 检修电源板时，要防止触电，维修时若接一只隔离变压器会更安全。　　　　　　　（　）

2. 熔断器熔断，说明负载有元器件短路。　　　　　　　　　　　　　　　　　　（　）

3. PFC 电路异常不仅会产生带载能力差的故障，而且可能会产生主电源不能工作的故障。（　）

4. PFC 开关管击穿不能忽略对 300V 供电的整流管、滤波电容的检查，以免再次损坏。（　）

5. 副电源不工作，会产生整机不工作的故障。　　　　　　　　　　　　　　　　（　）

6. 副电源的自供电电路异常，会产生欠压保护电路动作的故障。　　　　　　　　（　）

7. 开机/待机控制电路异常，仅会产生不能开机的故障。　　　　　　　　　　　　（　）

8. 主电源不工作时，不需要检查待机控制电路。　　　　　　　　　　　　　　　（　）

9. 保护电路异常，会引起主电源不能工作的故障。　　　　　　　　　　　　　　（　）

10. 维修过压保护电路动作故障时，可以脱开过压保护电路后，再检修。　　　　　（　）

三、简答题

1．简述检修开关电源的注意事项。

2．简述副电源的关键检测点。

3．简述主电源的关键检测点。

4．简述长虹 LT42510 液晶彩电副电源的工作原理，以及介绍副电源无电压输出故障的检修流程。

5．简述长虹 LT42510 液晶彩电 FPC 电路的工作原理，以及介绍副电源正常，PFC 电路不工作故障的检修流程。

6．简述长虹 LT42510 液晶彩电主电源的工作原理，以及介绍 PFC 电路正常，主电源不工作故障的检修流程。

背光灯供电板故障元件级维修

液晶彩电背光灯供电电路（或称背光灯驱动电路）和电源电路一样，也是故障率较高的部位。目前，液晶彩电采用的背光灯供电电路根据液晶屏使用的背光灯不同，主要有灯管式和LED式两种，下面分别进行介绍。

任务1　灯管式背光灯供电电路故障检修

由于液晶屏内的灯管（CCFL）供电电压较高，所以灯管式供电电路也叫高压逆变电路，此部分电路的故障率仅次于电源板，因此掌握背光灯供电板故障的检修方法十分重要。

技能1　灯管式背光灯供电电路构成识读

CCFL 灯管的背光灯供电电路主要由振荡脉冲形成及其调制电路、高压逆变电路两部分构成，如图 5-1 所示。驱动器 IC 内部集成了稳压器、振荡器、PWM 调制器等电路。

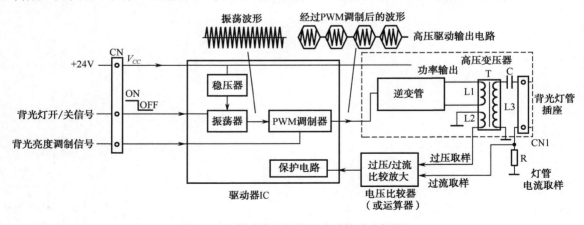

图 5-1　灯管式背光灯供电电路构成方框图

1. 供电

来自电源板的供电电压 24V 经连接器 CN 输入到背光灯供电板后，不仅为高压逆变输出电路供电，而且通过 IC 内的稳压器稳压，输出振荡器、PWM 调制器等电路工作所需的供电电压。

2. 背光灯开关控制

来自主板 MCU 电路的背光灯开/关信号（俗称点灯/关灯信号）ON/OFF 经 CN 输入到高压逆变板，就会控制驱动 IC 内的振荡器是否工作。当 IC 输入的是开机信号时，IC 内的振荡器开始振荡，产生的振荡脉冲经 PWM 调制器调制后产生驱动信号，驱动逆变管工作在开关状态。逆变管工作在开关状态后，高压变压器 T 就会输出高压脉冲，经 C 耦合，利用背光灯管插座输出给背光灯供电，背光灯得电后发光。

3. 背光亮度控制信号

在液晶彩电中，亮度调整有两种方式：一种是调整背光灯亮度法；另一种是调整 RGB 信号的直流电平法。目前，液晶彩电多采用调整背光灯亮度法。

（1）调整背光灯亮度法

在调节屏幕亮度时，主板输出的背光亮度调整信号通过 CN 输入到逆变板，对 IC 内的 PWM 调制器进行控制，可以改变 IC 输出的驱动信号占空比大小。占空比大时，逆变管导通时间延长，高压变压器 T 输出电压升高，背光灯因供电电压升高而发光加强，屏幕变亮；反之，若驱动信号的占空比减小，逆变管导通时间缩短，T 输出电压减小，背光灯发光减弱，屏幕变暗。

（2）调整 RGB 信号的直流电平法

使用该方法调整亮度的液晶彩电，它的逆变器板上一般不需要设置亮度调整端，其亮度调整是在主板上的 Scaler 电路内完成。因此，这种亮度调整方法一般称为信号调整法。

4. 背光灯发光异常（断路）保护

高压逆变电路向 CCFL 背光灯供电并点亮它时，要求液晶屏整个屏幕的亮度均匀、稳定。在实际应用中，为了防止某只灯管不亮，导致液晶屏上局部出现暗区，所以逆变板上必须设置一个 CCFL 发光状态检测电路，始终监控所有灯管的发光状态。当某只或某几只灯管损坏或性能不良时，输出一个背光灯发光异常（背光灯断路）的检测信号反馈给背光灯控制芯片，关闭逆变器的高压输出。

5. 背光灯过流保护

过流保护电路由驱动器 IC、过压/过流比较放大电路、取样电阻 R 构成。背光灯的导通电流不仅使它发光，而且在 R 两端产生取样电压。当灯管异常，导致 R 两端产生的取样电压增大，利用过压/过流比较放大电路处理后，为 IC 提供保护信号，IC 内的保护电路动作，不再输出激励信号，逆变器停止工作，避免了逆变管等元器件过流损坏，实现过流保护。

6. 背光灯过压保护

过压保护电路由驱动器 IC、过压/过流比较放大电路、取样绕组 L2 构成。当振荡频率偏移、谐振电容异常等原因导致高压变压器 T 输出的电压升高，使取样绕组 L2 产生的取样电压升高，利用过压/过流比较放大电路处理后，为 IC 提供保护信号，IC 内的保护电路动作，IC 不再输出激励信号，逆变器停止工作，避免了逆变管、背光灯等元器件过压损坏，实现过压保护。

 提 示

许多新型的背光灯供电板还设置了供电欠压保护电路。

技能 2　灯管式背光灯逆变器高压输出电路识读

灯管式背光灯供电电路采用的逆变器主要有 Royer 结构、推挽结构、全桥结构、半桥结构 4 种。因 Royer 结构的逆变器已淘汰，下面对其他几种结构的背光灯供电电路进行简单扼要的分析。

1. 推挽结构的背光灯供电电路

推挽结构的背光灯供电电路简图如图 5-2 所示。

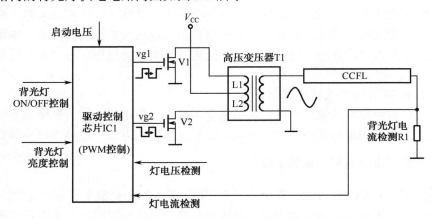

图 5-2　推挽结构的逆变器简图

推挽结构的背光灯供电电路采用两只 N 沟道场效应管作逆变管 V1、V2，高压变压器 T1 一次绕组的中心抽头接电源，V1、V2 在驱动控制芯片 IC1 控制下交替导通，L1、L2 绕组交替流过导通电流，产生方向相反的电动势，被 T1 耦合，T1 的二次绕组可以输出高压脉冲电压，该电压为背光灯供电，使它开始发光。

 提 示

由于推挽结构的背光灯供电电路的效率相对较低，所以主要应用在早期液晶彩电内，新型液晶彩电不再采用此类结构的背光灯供电电路。

2. 全桥结构的背光灯供电电路

全桥结构的背光灯供电电路采用四只场效应管或四只大功率三极管作开关管 V1～V4。该结构的逆变器根据开关管采用的场效应管或三极管类型的不同，有两种电路形式：一种是由四只 N 沟道场效应管构成，如图 5-3 所示；另一种是由两 N 沟道场效应管和两只 P 沟道场效应管构成，如图 5-4 所示。

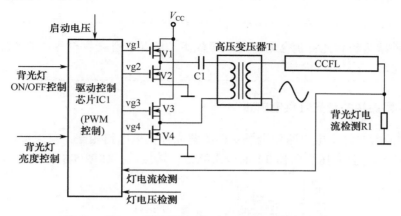

图 5-3　四只 N 沟道场效应管构成的全桥逆变器简图

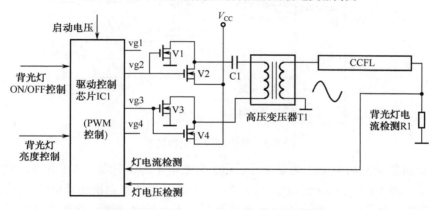

图 5-4　两只 N 沟道场效应管、两只 P 沟道场效应管构成的全桥逆变器简图

由图 5-3 可知，当 IC1 输出的激励信号 vg1、vg4 为高电平，vg2、vg3 为低电平时，开关管 V1、V4 导通，V2、V3 截止，于是供电电压 V_{CC} 经 V1 的 D/S 极、谐振电容 C1、T1 的一次绕组、V4 的 D/S 极到地构成回路，回路中的电流使 T1 的一次绕组产生上正、下负的电动势，于是 T1 的二次绕组输出上正、下负的脉冲电压。当 IC1 输出的激励信号 vg1、vg4 为低电平，vg2、vg3 为高电平，V2、V3 导通，V1、V4 截止，于是 V_{CC} 经 V3 的 D/S 极、T1 的一次绕组、C1、V2 的 D/S 极到地构成回路，回路中的电流使 T1 的一次绕组产生下正、上负电动势，于是 T1 的二次绕组输出上负、下正的脉冲电压。该电压为背光灯灯管供电后，背光灯就会发光。

由图 5-4 可知，当的激励信号 vg2 为高电平时，N 沟道场效应管 V1 导通、P 沟道场效应管 V2 截止；vg3 为低电平时，N 沟道场效应管 V3 截止，P 沟道场效应管 V4 导通。此时，供电电压 V_{CC} 经 V4 的 S/D 极、T1 的一次绕组、谐振电容 C1、V1 的 D/S 极到地构成回路，回路中的电流使 T1 的一次绕组产生下正、上负的电动势，于是 T1 的二次绕组输出上负、下正的脉冲电压。当 IC1 输出的激励信号 vg2 为低电平，vg3 为高电平时，V2、V3 导通，V1、V4 截止，于是 V_{CC} 经 V2 的 S/D 极、C1、T1 的一次绕组、V3 的 D/S 极到地构成回路，回路中的电流使 T1 的一次绕组产生上正、下负的电动势，于是 T1 的二次绕组输出下负、上正的脉冲电压。该电压为背光灯灯管供电后，背光灯就会发光。

> 💡 **提 示**
>
> 由于全桥结构的背光灯供电电路的效率较高，所以新型液晶彩电广泛采用此类结构的背光灯供电电路。

▶ 3. 半桥结构的背光灯供电电路

半桥结构的背光灯供电电路和全桥结构的背光灯供电电路相比，仅采用两只场效应管作开关管 V1、V2，并且高压变压器 T1 的一次绕组一端接地，如图 5-5 所示。

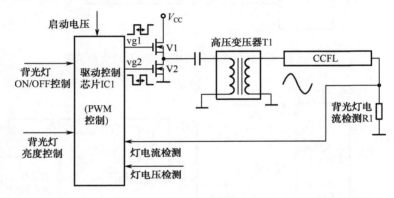

图 5-5　半桥结构逆变器简图

当 IC1 输出的激励信号 vg1 为高电平、vg2 为低电平时，开关管 V1 导通、V2 截止，于是供电电压 V_{CC} 经 V1 的 D/S 极、谐振电容 C1、T1 的一次绕组到地构成回路，回路中的电流不仅对 C1 充电，而且使 T1 的一次绕组产生上正、下负的电动势，于是 T1 的二次绕组输出上正、下负的脉冲电压。当 IC1 输出的激励信号 vg1 为低电平，vg2 为高电平时，V2 导通，V1 截止，于是 C1 存储的电压经 V2 的 D/S 极、地、T1 的一次绕组构成回路，回路中的电流使 T1 的一次绕组产生下正、上负的电动势，于是 T1 的二次绕组输出上负、下正的脉冲电压。该电压为背光灯 CCFL 供电后，背光灯就会发光。

> 💡 **提 示**
>
> 由于半桥结构的背光灯供电电路的效率也较高，所以新型液晶彩电广泛采用此类结构的背光灯供电电路。

技能 3　典型半桥式灯管供电电路分析

下面以康佳 LC32ES62 型液晶彩电的背光灯供电电路为例介绍半桥式逆变供电电路的工作原理。该供电电路由芯片 UBA2071、逆变管（Q701、Q702）、高压变压器 T701、谐振电容 C714 为核心构成，方框图如图 5-6 所示，原理图如图 5-7 所示。

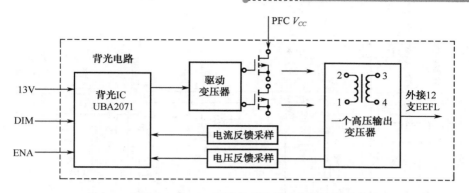

图 5-6　康佳 LC32ES62 型液晶彩电背光灯供电电路构成

▶ 1. UBA2701 的实用资料

BUA2701 是一种新型的 CCFL 背光灯驱动芯片。它内部设有振荡器、PWM 电路、灯管开路保护、过流保护、过压保护等电路。BUA2701 的主要引脚功能如表 5-1 所示。

表 5-1　BUA2701 的主要引脚功能

引　脚	符　号	功　能	引　脚	符　号	功　能
①	IFB	电流检测信号输入	⑬	PWMD	调光控制信号输入
②	CIFB	电流检测补偿	⑮	EN	背光灯开/关控制信号输入
③	VFB	电压检测信号输入	⑯	VDD	供电
④	CVFB	电压检测补偿	18	GL	低端开关管驱动信号输出
⑤	CSWP	灯管低亮度时工作频率的控制	19～21	NC	未用，悬空
⑥	CT	错误检测	22	SH	自举升压控制
⑦	CF	振荡器最低工作频率调整	24	GH	高端开关管驱动信号输出
⑫	NonFAULT	外部过流保护信号输入			

▶ 2. 供电电路

PFC 电路输出的 400V 电压经熔断器 F701 加到逆变管 Q701 的 D 极，为 Q701、Q702 供电，为了确保 Q701 能正常工作，Q701 的驱动电路还需要采用单独的供电电路。该供电电路采用了自举升压方式，由 U701 内部电路和⑫脚外接的升压电容 C711 构成。

由电源电路输出的受控电压 V_{CC}_Inv 经 C712 滤波后，不仅通过 R709 加到调整管 Q703 的 c 极，而且经 R710 限流，利用 ZD701、D701 稳压产生 13.5V 左右的基准电压。该电压加到 Q703 的 b 极后，Q703 的 e 极就会输出约 13V 的电压。13V 电压经 C710、C716 滤波后，不仅为 N701 等构成的控制电路供电，而且加到芯片 U701（UBA2071）供电端⑯脚，为其供电。

V_{CC}_Inv 电压受开/待机信号的控制，待机状态下电源电路无此电压输出，高压逆变器不能工作；开机状态下，电源电路才能输出该电压，逆变器才能工作。

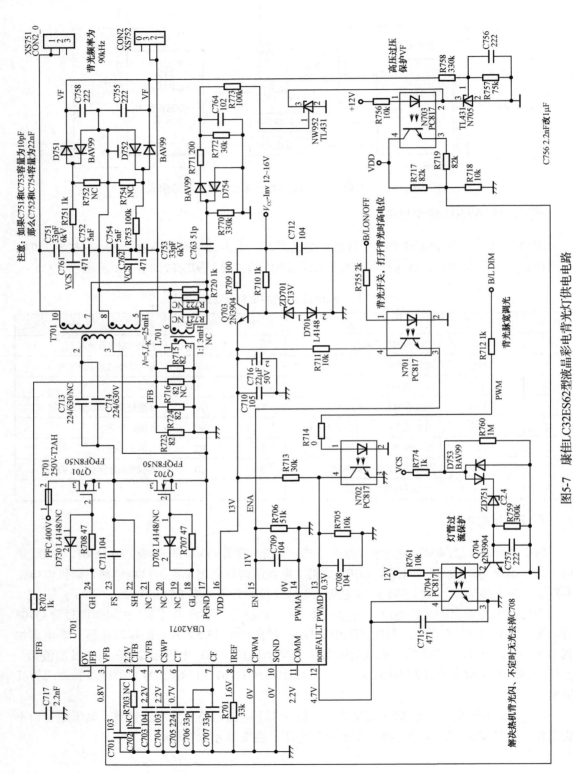

图5-7　康佳LC32ES62型液晶彩色电视机背光灯供电电路

3. 功率变换

U701（UBA2071）获得供电后，它内部的振荡器与外接定时元件通过振荡产生锯齿波电压。该锯齿波信号控制 PWM 电路输出两个对称的矩形脉冲激励信号，这两个信号经放大后从 U701 的⑱、㉔脚输出，经 R708、D730、R707、D702 使逆变管 Q701、Q702 交替导通。Q701、Q702 交替导通后，高压变压器 T701 的一次绕组和谐振电容 C714 通过谐振，使 T701 的二次绕组产生高压脉冲电压，为背光灯供电，点亮背光灯。

4. 背光灯开/关控制电路

背光灯能否点亮，受芯片 U701⑮脚输入的背光灯开/关信号的控制。开机时，来自主板微控制器的背光灯开/关控制信号 B/L ON/OFF 为高电平。该控制电压经 R755 为光耦合器 N701 内的发光二极管供电，使其发光，它内部的光敏三极管因受光照而导通，它 e 极输出的电压从 N701 的③脚输出后，利用 C709 滤波，加到 U701 的⑮脚，被 U701 检测处理后，它的⑱、㉔脚才能输出激励脉冲，逆变器才能输出高压脉冲，背光灯才能发光。待机时，控制信号 B/L ON/OFF 变为低电平，使 U701 的⑮脚输入低电平电压后，U701 无激励脉冲输出，逆变器无高压脉冲电压输出，背光灯熄灭。

5. 调光电路

该机的液晶屏亮度调整（调光）是通过改变背光灯发光强弱来实现的。而改变背光灯发光强弱最简单的方法就是改变背光灯的供电电压大小。该机的调光电路由芯片 U701 的⑫脚内外电路构成。

当微控制器输出的背光灯调光控制信号 B/L DIM 经 R712 限流，利用光耦合器 N702 进行耦合，就可以改变 U701 的⑬脚输入电压的大小，也就可以改变 U701 的⑱、㉔脚输出激励脉冲占空比的大小。当占空比大时，逆变管 Q701、Q702 导通时间延长，高压变压器 T701 输出的脉冲电压升高，背光灯的发光增强，屏幕变亮。反之，若 Q701、Q702 导通时间缩短，T701 输出电压下降，背光灯发光减弱，屏幕变暗。

6. 保护电路

（1）背光灯断路保护电路

背光灯断路保护电路由 U701（OZ9976）和电流互感器 L701 为核心构成。当背光灯工作时，L701 的一次绕组流过导通电流，它的二次绕组感应出的电压经 R715、R723、R724 限压，通过 R702 限流，C717 滤波后加到 U701①脚。当背光灯、高压变压器 T701 或逆变管异常，流过 L701 一次绕组的电流过小，使它的二次绕组无电压输出，导致 U701①脚输入的电压低于 1.05V 时，U701 内的保护电路动作，关闭⑱、㉔脚输出的激励信号，逆变器停止工作，实现背光灯断路保护。

（2）过流保护

过流保护电路由 U701、N704 以及电流检测电路构成。高压变压器 T701 的 5-8、7-10 绕组输出的高压脉冲电压除了给背光灯供电，而且分别经 C751 与 C752、C753 与 C754 分压，再利用 C761、C762 耦合产生取样信号 VCS。当灯管过流，使 VCS 较大时，利用 R774、D753

使稳压管 ZD751 击穿导通，导通电流在 R759 两端产生的压降超过 0.6V 后 Q704 导通，为 N704 内的发光管供电，使它开始发光，它内部的光敏管相应导通，将 U701 的⑫脚电位钳位到低电平，被 U701 处理后，不再输出激励信号，使逆变器停止工作，实现过流保护。

（3）过压保护

过压保护电路由 U701③脚内部电路、N703、N705、C763 等元件构成。当高压变压器 T701 的二次绕组输出的高压脉冲电压升高后，通过电容降压，二极管整流使 VF 电压升高，再经 R758 和 R757 分压后的电压超过 2.5V。该电压经三端误差放大器 N705 比较放大后，使 N703②脚电位下降，N703 内的发光管开始发光，它内部的光敏管受光照后开始导通，从 N703③脚输出的电压，经 R719、R718 分压限流后为 U701③脚提供的电压超过 2.5V，U701 内部的过压保护电路动作，关闭⑱、㉔脚输出的激励信号，逆变器停止工作，以免背光灯、功率管等元件过压损坏，实现过压保护。

技能 4　典型全桥式灯管供电电路

下面以长虹 LT32710 型液晶彩电为例分析全桥式逆变电路电路原理，该电路由芯片 LX1692IDW 为核心构成，如图 5-8 所示。

1. LX1692IDW 的实用资料

LX1692IDW 是 Microsemi 公司生产的新型高效率 CCFL 背光灯控制集成电路，它的优点：一是针对单灯管以及多灯管的驱动，亮度控制通过改变模拟可变直流电压和低频脉冲宽度调制（PWM）混合控制，可实现五种调光模式供选择；二是支持宽电压范围输入；三是效率高，待机功耗低。因此，广泛应用在 LG、长虹等品牌液晶逆变器上。它有 DIP-20 和 SOP-20 两种封装结构，实际应用较多的是 SOP-20 封装。LX1692IDW 内部由开灯启动保护和过压保护电路、输入电压超低保护及关闭延迟保护电路、PWM 调光控制电路、软性开机启动电路等构成，如图 5-9 所示，引脚功能和维修参考数据如表 5-2 所示。

表 5-2　LX1692IDW 的引脚功能和维修参考数据

脚　位	脚　名	功　能	电压/V
①	VDDA	模拟电路供电输出	4
②	C_R	背光灯点灯频率设置	0.45（测时有高频叫声）
③	C_BST	调光模式设置信号输入	1.55
④	C_TO	超时设置	3.98
⑤	I_R	参考电压输入	1.86（测时保护）
⑥	ENABLE	背光灯开/关控制信号输入	5（开机）
⑦	BRITE_A	模拟亮度调整信号输入	4
⑧	VIN_SNS	电压检测信号输入	1.4（测时有高频叫声）
⑨	BRITE_D	数字亮度调整信号输入	3.15
⑩	VCOMP	电压放大器输出补偿	2.96
⑪	OC_SNS	过流检测信号输入	0
⑫	ICOMP	电流放大器输出电流补偿	0.45

续表

脚 位	脚 名	功 能	电压/V
⑬	OV_SNS	过压检测信号输入	1.66
⑭	ISNS	电流检测信号输入	
⑮	D OUT	开关管驱动信号 D 输出（未用，经电阻接地）	0.66
⑯	C OUT	开关管驱动信号 C 输出（未用，经电阻接地）	1.9
⑰	GND	接地	0
⑱	B OUT	开关管驱动信号 B 输出	1.76
⑲	A OUT	开关管驱动信号 A 输出	1.66
⑳	VDDP	供电	5

▶2. 功率变换

遥控开机后，不仅 PFC 电路输出的 400V 电压经 D400 加到逆变管 Q400 的 D 极，为它供电，而且微控制器输出的高电平背光灯开/关控制信号 ON/OFF 经带阻三极管 Q301 倒相放大，它的 c 极电位变为低电平，使带阻三极管 Q302 导通。Q302 导通后，主电源输出的 24V 电压经 R302A、R302B 限流，再经 ZD301 稳压产生 5V 电压。5V 电压经 C311、C311B 滤波后，加到 U301（LX1692IDW）⑥、⑳脚，为它内部供电，它内部的 4V 基准电压发生器输出 4V 电压，利用①脚外接的 C304 滤波后，不仅为 U301 内部电路供电，而且从①脚输出，为亮度调整、保护电路供电。U301 内部电路获得供电工作后，它内部的振荡器与③脚外接元件通过振荡产生锯齿波电压。该锯齿波信号控制 PWM 电路输出两个对称的矩形脉冲激励信号，这两个信号经放大后从 U301 的⑱、⑲脚输出，经 Q351～Q353 和 Q361～Q363 组成的两个推挽放大器放大后，利用 C350 耦合，再经激励变压器 T350 耦合到功率放大级。T350 二次绕组输出的两个对称的激励信号再经 R402 和 R412 送到 Q400 和 Q410 的 G 极，使 Q400、Q410 交替导通。Q400、Q410 交替导通后，高压变压器 T420 的一次绕组和谐振电容 C400 通过谐振，使 T420 的二次绕组输出高压脉冲电压，点亮背光灯。

为了确保开关管 Q400、Q410 能交替工作，设置了 Q402 和 Q412 和相关元件组成的放大电路。在 Q402 导通期间，可确保 Q400 可靠截止，以免 Q400 不能可靠截止，导致它因关断损耗大而损坏。同样，Q412 导通期间，可确保 Q410 可靠截止，以免 Q410 不能可靠截止，导致它因关断损耗大而损坏。

▶3. 调光电路

（1）调光模式选择

U301（LX1692IDW）构成的逆变器可以设置背光灯（灯管）亮度控制方式，有五种可选调光模式，如表 5-3 所示。

调光模式选择电路由 U301③脚内外电路构成。当微控制器输出的控制信号 Vscl 为低电平时，场效应管 Q304 截止，C304 不能接入电路，振荡频率因定时电容的容量减小而较高，U301 工作在内部调光模式。当采用内部调光方式时，需要为⑨脚提供一个固定的直流电压。当控制信号 Vscl 为高电平时，经 R339 使 Q304 导通，C304 接入电路，振荡频率因定时电容的容量增大而降低，U301 工作在外部调光模式。

液晶彩色电视机故障分析与维修项目教程

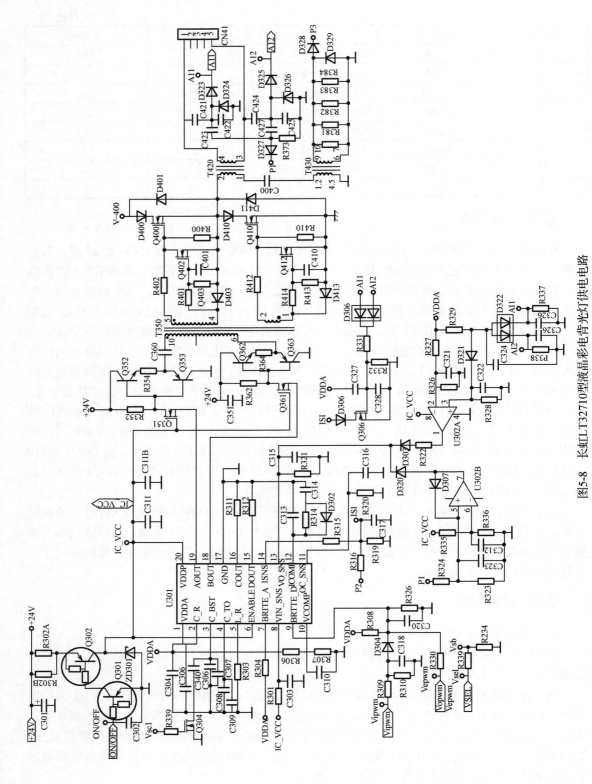

图5-8 长虹LT32710型液晶彩色电视机背光灯供电电路

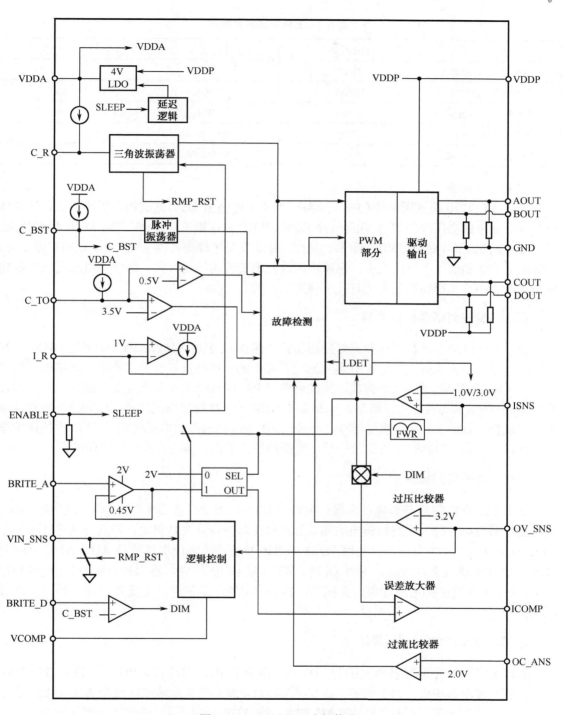

图 5-9　LX1692IDW 内部构成

表 5-3　五种可选调光模式

模　式	BRITE_A	BRITE_D	ISNS
模拟直流电压控制	0～2V	VDDA	
恒定直流电压控制	VDDA	VDDA	0～2V
外部数字 PWM 控制	VDDA	PWM	
数字直流电压控制	VDDA	0.5～2.5V	
模拟+数字电压控制	0～2V	0.5～2.5V	

（2）亮度调整

长虹 LT32710 型液晶彩电的亮度调整（调光）电路由 U301⑨脚内外电路构成。从主板微控制器送来的亮度控制信号 Vipwm 经 R309、R310 分压限流，C318 滤波，D304 半波整流，再经 C302 滤波后，加到 U301 的⑨脚。这样，通过改变⑨脚输入电压的大小，就可以改变⑱、⑲脚输出的激励信号占空比大小，也就可以改变逆变管的导通时间，最终可以改变逆变器输出电压的大小，从而实现了背光灯发光强度的调整。

▶4. 背光灯断路保护电路

长虹 LT32710 型液晶彩电背光灯断路保护电路由 U301（LX1692IDW）和电流互感器 T430 为核心构成。当背光灯正常时，有电流流过 T430 的一次绕组，它的二次绕组感应的电压经 R381～R384 限压后，经 D328 整流产生控制信号 P3。P3 经 R316 限流，C317 滤波，通过 R315 输入 U301 的⑭脚。当背光灯断路，导致流过 T430 的一次绕组电流过小，使它的二次绕组输出电压较低，致使 P3 为 0 或过低时，导致 U301 的⑭脚输入的电压较低，U301 内的保护电路动作，关闭⑱、⑲脚输出的激励信号，逆变器停止工作，实现背光灯断路保护。

▶5. 背光灯过流保护

长虹 LT32710 型液晶彩电过流保护电路由 U301、场效应管 Q305 及电流检测电路构成。高压变压器 T421 的二次绕组输出的高压脉冲电压除了给背光灯供电，而且分别经 C421 与 C422、C424 与 C425 分压，再利用 D323～D325 整流产生电流取样信号 AI1、AI2。当灯管过流，使 AI1 或 AI2 较大时，通过 D306、R331 使 Q305 导通，将 U301 的⑭脚电位拉到低电平，U301 内的保护电路动作，关闭⑱、⑲脚输出的激励信号，逆变器停止工作，实现过流保护。

▶6. 背光灯欠压/过压保护

长虹 LT32710 型液晶彩电欠压/过压保护电路由 U301、双运放 U302（U302A、U302B）以及电流检测电路构成。如上所述，逆变器工作后，就会产生电流取样信号 AI1、AI2。当逆变器输出电压在正常范围时，AI1 和 AI2 较大，使 D322 反偏截止，U302A③脚电位由 VDDA 通过 R329、R328 分压获得，电压为 3.5V 左右，而 U302A②脚输入的参考电压为 1.8V，所以 U302A①脚输出 4.2V 左右的高电平电压。该电压经电阻 R322 和隔离二极管 D303、R328 分压后，产生 1.66V 电压加到 U301 的⑬脚，被 U301 检测后，判断逆变器输出电压正常，输出正常的激励信号，逆变器继续工作。

当逆变器输出的电压低于 850V 时，AI1 和 AI2 也较低，通过 D322 使 U302A③脚电位低于②脚电位，于是 U302A①脚输出低电平电压，使 U301 的⑬脚电位变为低电平，被 U301 检测后，判断逆变器输出电压不足，不再输出激励信号，逆变器停止工作，实现欠压保护。

当逆变器输出的电压高于 1100V 时，经 C421 与 C422、C424 与 C425 分压，再利用 C423、C427 耦合，D427 整流产生的取样电压 P1 较高。P1 经 R324 和 R323 取样后，使 U302B⑤脚输入的电压超过 1.5V，而 U302B⑥脚输入的参考电压为 1.5V，于是 U302B⑦脚输出高电平电压，经 D320 使 U301 的⑬脚电位变为高电平，被 U301 检测后，判断逆变器输出电压过压，不再输出激励信号，逆变器停止工作，以免背光灯、逆变管等元件过压损坏，实现过压保护。

技能 5　高压逆变电路关键测量点

下面以图 5-7 所示电路为例介绍高压逆变电路的关键测量点，该电路主要有以下 11 个关键测量点。

▶ 1. 熔断器 F701

在检修逆变电路不工作故障时，熔断器 F701 是第一个关键检测点，首先检查它是否熔断，若熔断，说明逆变管 Q701、Q702 击穿。Q701、Q702 击穿，还应检查 R705、D730、D702、R707 和 U701 是否正常，以免更换后再次损坏。

▶ 2. 逆变管供电端

在检修无高压输出故障时，测逆变管 Q701 的 D 极供电是第二个关键测量点，若 Q701 的 D 极有 400V 左右的供电，则检查高压逆变电路；若没有 400V 电压，则检查供电线路。

▶ 3. 背光灯驱动芯片的供电端

在检修逆变电路不工作故障时，该端是第三个关键检测点。U701（UBA2071）的⑯脚是 VDD 供电端。如果 VDD 电压为 0V，说明故障部位不在背光灯电源电路，而是在 Q703、R709、ZD701 等组成的稳压电源或其供电线路上。

▶ 4. 背光灯驱动芯片的激励信号输出端

在检修高压逆变电路不工作故障时，该端子是第四个关键检测点，通过检测该端子电压或波形，可以大致确定故障部位。若 U701 的⑱、㉔脚电压为零，说明 U701 没有激励脉冲输出，说明 U701 未工作或异常。若 U701 的⑱、㉔脚电压不为零，一般来说，说明 U701 有激励信号输出。若有示波器，通过测量 U701 有无驱动信号来判断故障部位更直观。

▶ 5. 驱动芯片的使能控制信号输入端

在检修高压逆变电路不工作故障时，U701 的⑮脚是第五个关键检测点。通过检测该端子的电压，判断是背光灯开/关控制电路异常，还是逆变板异常。若 U701 的⑮脚电压正常，检查亮度控制电压输入电路；若⑮脚输入的电压异常，检查背光灯开/关控制电路。

▶ 6. 驱动芯片的亮度控制信号输入端

在检修高压逆变电路不工作故障时，U701 的⑬脚是第六个关键检测点，通过检测该端子电压，可以判断是亮度控制电路异常，还是逆变电路异常。若 U701 的⑱、㉔脚无激励信号输出或激励信号的占空比较小，确认⑮脚输入的电压正常，测 U701 的⑬脚输入的电压是否正常，若正常，检查 U701 的振荡电路、软启动电路、自举升压电路、保护电路等；若⑬脚输入的电压异常，检查亮度控制电路。

▶ 7. 逆变管的 G 极

在检修高压逆变电路不工作故障时，逆变管的 G 极是第 7 个关键检测点。若驱动芯片 U701 有激励信号输出，而逆变管 Q701 或 Q702 的 G 极电压为 0V，则应重点检查 R708、R707 或线路是否开路，以及检查 Q701、Q702 的 G、S 极间是否击穿；若 G 极电压正常，检查 Q701、Q702、C714、T701。

▶ 8. 驱动芯片的高压过压保护信号输入端

在检修高压逆变电路启动后又停止工作的故障时，U701 的③脚是第一个关键检测点。在停止工作前，测 U701 的③脚电压来判断高压过压保护电路是否动作。若 U701 的③脚电压正常，说明高压保护未动作；若电压为保护值，说明高压过压保护电路动作。

▶ 9. 高压检测端

在检修高压逆变电路启动后但停止工作的故障时，C756、C762 两端电压是第二个关键检测点。确认高压过压保护电路动作时，在保护电路动作前，测 C756、C762 两端电压是否超过或到达 2.5V，若是，则检查振荡电路、谐振电容 C714 及 C752、C754 是否正常；若不是，检查高压过压保护电路。

▶ 10. 驱动芯片的过流保护信号输入端

在检修高压逆变电路启动后但停止工作的故障时，U701 的⑫脚是第三个关键检测点。在停止工作前，测 U701 的⑫脚电压来判断过流保护电路是否动作。若 U701 的⑫脚电压正常，说明过流保护未动作；若电压为低电平的保护值，说明过流保护电路动作。

▶ 11. 电流检测端

在检修高压逆变电路启动后但停止工作的故障时，ZD751 负极是第四个关键检测点。确认过流保护电路动作时，在保护电路动作前，测 ZD751 负极电压是否超过或到达保护值，若是，则检查背光灯；若不是，检查过流保护电路。

技能 6　高压逆变板常见故障检修流程

下面以图 5-7 所示电路为例介绍灯管型背光灯供电电路的故障检修流程。

1. 灯管始终不发光

该故障说明逆变器没有启动，主要原因：一是逆变电路没有供电，二是背光灯开/关控制电路异常，三是背光灯亮度控制电路异常，四是逆变器异常。该故障检修流程如图5-10所示。

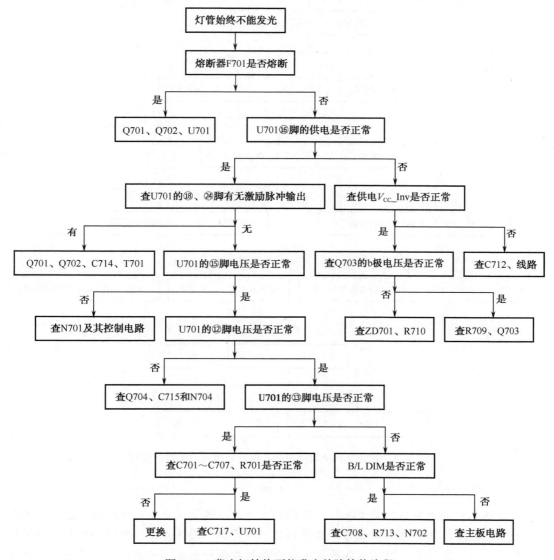

图 5-10　背光灯始终不能发光故障检修流程

> **提　示**
>
> C708异常后，还会产生热机后出现背光灯闪烁、熄灭等故障。

2. 背光灯开瞬间亮，随后熄灭

该故障多因背光灯管、高压逆变器异常，被芯片 U701（UBA2071）检测后，启动保护电路，使 U701 不再输出激励脉冲，导致逆变器启动后停止工作所致。该故障的检修流程如图 5-11 所示。

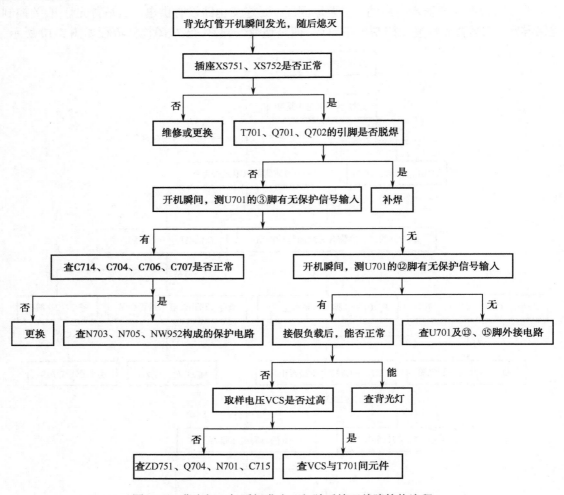

图 5-11　背光灯开机瞬间发光，但随后熄灭故障检修流程

> ! 注 意
>
> 　　许多液晶彩电发生保护性关机后，不能马上开机，这是因为电源电路中滤波电容所储存的电量未放净，保护电路仍动作，致使彩电不能开机。因此，保护电路动作后，应关闭电源开关，待 3 分钟后再接通电源开关，查看屏幕在保护电路动作前能否显示正常或不正常的光栅。

▶ 3. 屏幕亮度异常

该故障的主要原因是逆变器或亮度控制电路异常。该故障检修流程如图 5-12 所示。

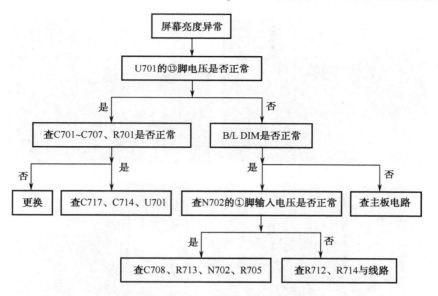

图 5-12 屏幕亮度异常故障检修流程

技能 7 典型逆变板关键元器件检测

1. RDENC2590TP22 逆变板

（1）高压变压器 T7500～T7504（2874028900M AA 1001B）

测量高压变压器一次绕组的阻值时使用 200Ω挡，所测值为 1.1Ω（实际近于 0），如图 5-13（a）所示；测二次绕组的阻值时改用 20k 挡，所测数值为 4.94kΩ，如图 5-13（b）所示。

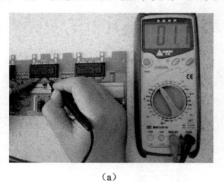
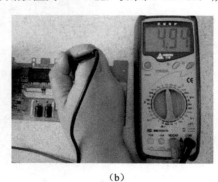

（a） （b）

图 5-13 RDENC2590TP22 逆变板高压变压器的检测

（2）逆变管 MOS7500～MOS7503（N 沟道场效应管）

检测逆变管（开关管）时用二极管挡（PN 结导通压降测量挡），测 D、S 极间的正、反向导通压降为 0.498V，如图 5-14（a）所示；测 G、S 极间的正向导通压降为 1.585V，反向导通压降为溢出值 1，如图 5-14（b）所示；测 G、D 极间的正、反向导通压降为溢出值 1，如图 5-14（c）所示。若数值较小或为 0，说明击穿短路。

(a)

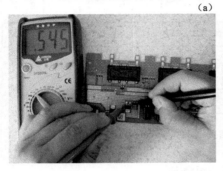

(b)

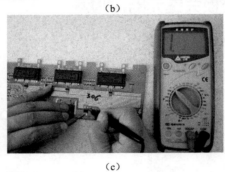

(c)

图 5-14　RDENC2590TP22 逆变板逆变管的检测

（3）熔断器 F7500、F7501

检测熔断器时用通断测量挡（二极管挡），所测的数值近于 0 且蜂鸣器鸣叫，如图 5-15
所示；若数值为 1，说明它熔断。

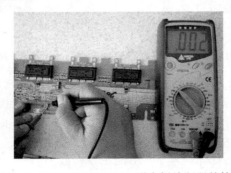

图 5-15　RDENC2590TP22 逆变板熔断器的检测

2. CMO VIT70002.00 REV:5型逆变板

（1）高压变压器T101～T104、T201～T204、T301～T304、T401～T404（T51.0007.212）

测量高压变压器一次绕组阻值时用200Ω挡，所测的阻值为4.7Ω，如图5-16（a）所示；测二次绕组的阻值时改用2k挡，所测数值为904Ω，如图5-16（b）所示。

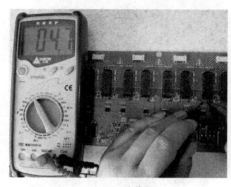
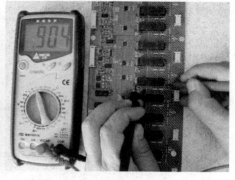

（a）一次绕组　　　　　　　　　　　　　　（b）二次绕组

图5-16　CMO VIT70002.00 REV:5型逆变板高压变压器的检测

（2）复合逆变管U101～U104、U201～U204、U301～U304、U401～U404（FDS4559）

测量复合逆变管时，将万用表置于二极管挡，红笔接⑤脚，黑笔接①脚时的导通压降为1.450V，如图5-17（a）所示；红笔接⑤脚，黑笔接②脚时的导通压降为无穷大，如图5-17（b）所示；红笔接⑤脚，黑笔接③脚时的导通压降为0.02V，如图5-17（c）所示；红笔接⑤脚，黑笔接④脚时的导通压降为无穷大，如图5-17（d）所示；红笔接①脚，黑笔接⑤脚时的导通压降为0.536V，如图5-17（e）所示；红笔接②脚，黑笔接⑤脚时的导通压降为1.142V，如图5-17（f）所示；红笔接③脚，黑笔接⑤脚时的导通压降为1.963V，如图5-17（g）所示；红笔接④脚，黑笔接⑤脚时的导通压降为1.460V，如图5-17（h）所示。若数值过小，说明内部的场效应管击穿短路。

（3）熔断器F101、F201、F301、F401

检测熔断器时用通断测量挡（二极管挡），所测的数值近于0且蜂鸣器鸣叫，如图5-18所示；若数值为1，说明它熔断。

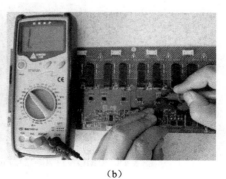

（a）　　　　　　　　　　　　　　　　（b）

图5-17　CMO VIT70002.00 REV:5型逆变板逆变管的检测

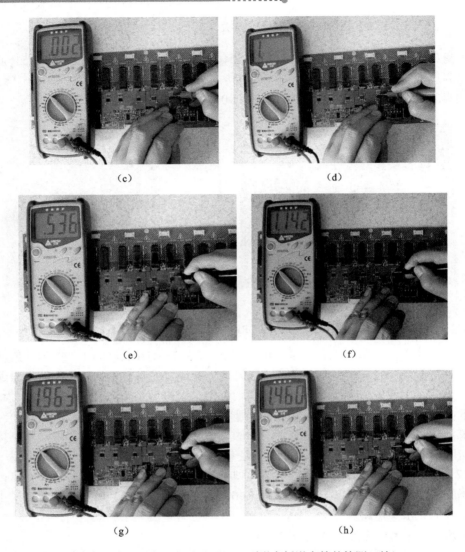

（c）　　　　　　　　　　　　　（d）

（e）　　　　　　　　　　　　　（f）

（g）　　　　　　　　　　　　　（h）

图 5-17　CMO VIT70002.00 REV:5 型逆变板逆变管的检测（续）

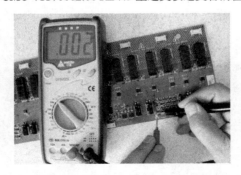

图 5-18　CMO VIT70002.00 REV:5 型逆变板熔断器的检测

（4）取样电容 C222、C230

测量取样电容 C222、C230 时用 2n 电容挡，所测得数值如图 5-19 所示；若数值异常，说明被测电容异常。

（a）C222

（b）C230

图 5-19　CMO VIT70002.00 REV:5 型逆变板取样电容的检测

3. SSI_40014A01 REV0.1 型逆变板

（1）高压变压器 T101～T104（M LT-4014-1　NY0923GC Y）

测量高压变压器一次绕组的阻值，使用 200Ω 挡，所测数值为 1.0Ω（实际近于 0），如图 5-20（a）所示；测二次绕组的阻值时改用 2k 挡，所测数值为 1.495Ω，如图 5-20（b）所示。

（a）一次绕组

（b）二次绕组

图 5-20　SSI_40014A01 REV0.1 型逆变板高压变压器的检测

（2）复合逆变管 Q301～Q312、Q321、Q322（BV9L34）

测量复合逆变管时用二极管挡，红笔接⑤脚，黑笔接①脚时的导通压降为无穷大，如图 5-21（a）所示；红笔接⑤脚，黑笔接②脚时的导通压降为无穷大，如图 5-21（b）所示；红笔接⑤脚，黑笔接③脚时的导通压降为 0.509V，如图 5-21（c）所示；红笔接⑤脚，黑笔接④脚时的导通压降为 1.174V，如图 5-21（d）所示；红笔接①脚，黑笔接⑤脚时的导通压降为 0.527V，如图 5-21（e）所示；红笔接②～④脚，黑笔接⑤脚时的导通压降为无穷大，如图 5-21（f）所示。

（3）熔断器 F101、F102

检测熔断器时用通断测量挡（二极管挡），所测的数值近于 0 且蜂鸣器鸣叫，如图 5-22（a）所示；若数值为 1，说明它熔断，如图 5-22（b）所示。

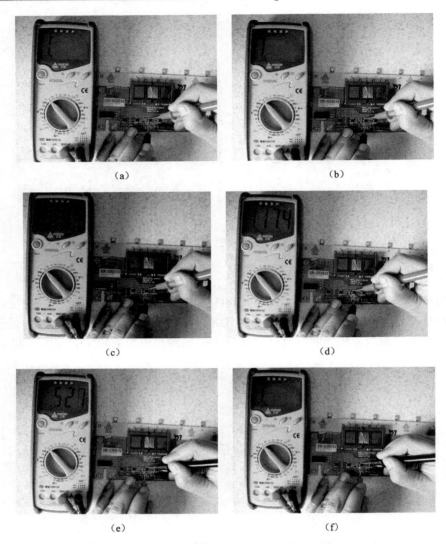

(a)　　　　　　　　　　　　　　(b)

(c)　　　　　　　　　　　　　　(d)

(e)　　　　　　　　　　　　　　(f)

图 5-21　SSI_40014A01 REV0.1 型逆变板逆变管的检测

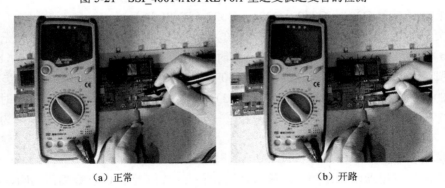

（a）正常　　　　　　　　　　（b）开路

图 5-22　SSI_40014A01 REV0.1 型逆变板熔断器的检测

4. INV32S12M REV 0.5 型逆变板

（1）高压变压器 T101～T103（L2-EH37C-09712B-KD）

测量高压变压器一次绕组的阻值时用 200Ω 挡，所测数值为 1.6Ω，如图 5-23（a）所示；测二次绕组的阻值时改用 2k 挡，所测数值为 1.3kΩ，如图 5-23（b）所示。

（a）一次绕组　　　　　　　　　　　　　（b）二次绕组

图 5-23　INV32S12M REV 0.5 型逆变板高压变压器的检测

（2）电流互感器 CT101（L2-EH37C-09712B-KD）

测电流互感器一次绕组的阻值时用 200Ω 挡，所测数值为 34.2Ω，如图 5-24（a）所示；测二次绕组的阻值为 33.3Ω，如图 5-24（b）所示。

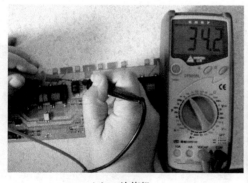

（a）一次绕组　　　　　　　　　　　　　（b）二次绕组

图 5-24　INV32S12M REV 0.5 型逆变板电流互感器的检测

（3）逆变管 Q107～Q110（D486A）

检测逆变管（开关管）时用二极管挡（PN 结导通压降测量挡），测 D、S 极间的正、反向导通压降如图 5-25（a）所示；测 G、S 极间的正、反向导通压降如图 5-25（b）所示。若数值较小或为 0，说明击穿短路。

（4）熔断器 F101

检测熔断器时用通断测量挡（二极管挡），所测的数值近于 0 且蜂鸣器鸣叫，如图 5-26（a）所示；若数值为 1，说明它熔断，如图 5-26（b）所示。

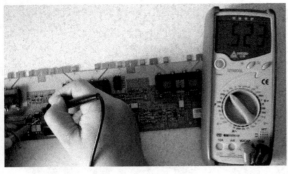

（a）

（b）

图 5-25　INV32S12M REV 0.5 型逆变板逆变管的检测

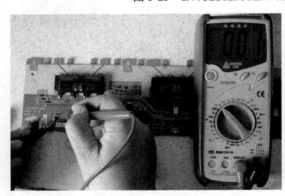

（a）正常　　　　　　　　　　　　　　　（b）开路

图 5-26　INV32S12M REV 0.5 型逆变板熔断器的检测

▶ 5. LG Display Co，Ltd. 94V-0　6632L-0580A 型逆变板

（1）高压变压器 T1、T2、T101、T102（L1-EF42-E-09910E-UN）

测高压变压器一次绕组的阻值时用 200Ω挡，所测数值为 1.0Ω，如图 5-27（a）所示；测二次绕组的阻值为 0.09Ω，如图 5-27（b）所示。

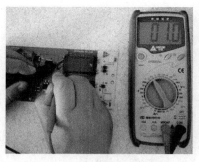
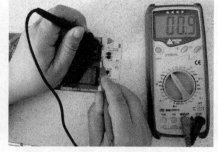

（a）一次绕组　　　　　　　　　　　　　（b）二次绕组

图 5-27　LG Display Co，Ltd. 94V-0　6632L-0580A 型逆变板高压逆变器的检测

（2）逆变管 Q1～Q4、Q101～Q104（1K38UN）

检测逆变管（开关管）时用二极管挡（PN 结导通压降测量挡），测 D、S 极间的正、反向导通压降如图 5-28（a）所示；测 G、S 极间的正、反向导通压降如图 5-28（b）所示。若数值较小或为 0，说明击穿短路。

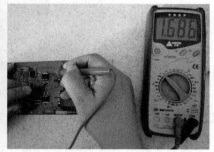

（a）

（b）

图 5-28　LG Display Co，Ltd. 94V-0　6632L-0580A 型逆变板逆变管的检测

（3）输出谐振电容 C153、C154、C54

测量输出电容 C153、C154 时用 2μ电容测量挡，所测的数值如图 5-29 所示；若数值异常，说明被测电容异常。

（4）熔断器 F1

检测熔断器时用通断测量挡（二极管挡），所测的数值近于 0 且蜂鸣器鸣叫，如图 5-30

所示；若数值为 1，说明它熔断。

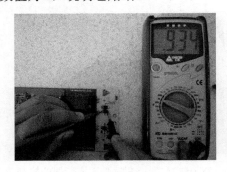

图 5-29　LG Display Co，Ltd. 94V-0　6632L-0580A 型逆变板输出谐振电容的检测

图 5-30　LG Display Co，Ltd. 94V-0　6632L-0580A 型逆变板熔断器的检测

➤6. KLS-EE37PIH16（A）　6632L-0522A 型逆变板

（1）高压变压器 T1、T2（L2-EH37C-09712B-KD）

测高压变压器一次绕组的阻值时用 200Ω 挡，所测数值为 0.9Ω，如图 5-31（a）所示；测二次绕组的阻值为 2.9Ω，如图 5-31（b）所示。

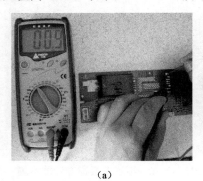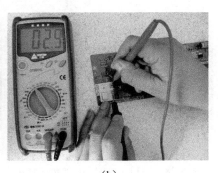

（a）　　　　　　　　　　　　（b）

图 5-31　KLS-EE37PIH16（A）　6632L-0522A 型逆变板高压变压器的检测

（2）逆变管 Q1、Q3、Q4、Q5（1K23B）

检测逆变管（开关管）时用二极管挡（PN 结导通压降测量挡），测 D、S 极间的正、反向导通压降如图 5-32（a）所示；测 G、S 极间的正、反向导通压降如图 5-32（b）所示。若数值较小或为 0，说明击穿短路。

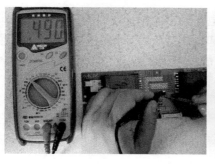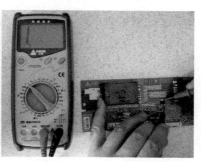

（a）

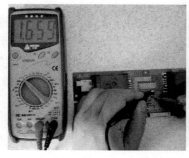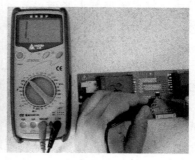

（b）

图 5-32 KLS-EE37PIH16（A）6632L-0522A 型逆变板逆变管的检测

（3）熔断器 F1

检测熔断器时用通断测量挡（二极管挡），所测的数值近于 0 且蜂鸣器鸣叫，如图 5-33（a）所示；若数值为 1，说明它熔断，如图 5-33（b）所示。

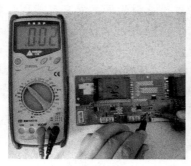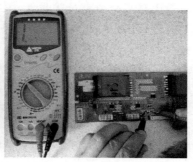

（a）正常 （b）开路

图 5-33 KLS-EE37PIH16（A）6632L-0522A 型逆变板熔断器的检测

技能 8 逆变板保护电路的测量与解除方法

▶1. 保护电路电压测量方法

开机后立即关机或背光灯闪一下即灭的故障，多为保护电路启动所致。为了在保护电路启动前的瞬间抓测到相关电压，需要在开机后的瞬间对相关部位测试点的电压进行测量。开关电源保护电路测量的部位：一是保护检测电路输出的保护控制电压端；二是保护执行电路晶闸管（俗称可控硅）的控制极、三极管的基极；三是受保护控制的 V_{CC} 电压输出端等。背光保护电路测量部位一是高压变压器的一次绕组电压；二是过电流、过电压检测电路的输出端。

▶ 2. 保护电路的解除方法

对于比较难排除的保护性故障，可以在解除保护后进行检修。解除逆变板保护电路的方法主要有以下两种。

（1）从过电压、过电流取样电路输出端解除

一般过压保护检测电路往往设有分压电路、整流电路、比较电路，然后将保护电压送到背光驱动芯片，可将过电压检测电路的输出端断开，对于图 5-7 所示电路，可以断开 R719。过电流或电流平衡检测保护电路设有取样电阻或电流互感器、整流电路、比较电路，然后将过电流检测信号送到背光驱动芯片，可将过电流检测电路输出端断开，对于图 5-7 所示电路，可以断开 R702。

（2）从背光驱动芯片的保护电压输入端解除

一是将保护信号输入脚外部与保护检测电路相连的电路断开，二是将保护输入脚电压拉回到正常值，对该脚电压升高后保护的，将该脚对地接分压电阻或将该脚直接接地；对于该脚电压降低后保护的，将该脚用 $0.5\sim2\mathrm{k}\Omega$ 电阻接 V_{CC} 供电电源，将该脚电压提升到正常值。

📖 **方法与技巧**

因为背光驱动芯片种类很多，引脚定义也不尽相同，所以断开保护有时比较麻烦。那如何解除过压保护功能呢？在这里介绍一下与过压保护关系大的 TIMER 引脚。我们知道，灵敏的保护可以最大限度地避免故障扩大，但过于灵敏的保护就有可能因误触发给正常使用带来麻烦。TIMER 引脚一般接一只 $1\sim2\mu F$ 的电容到地，当输出电路出现过压时，驱动芯片内部的开关被打开，对该电容进行充电。当充电到一定值时，驱动芯片内部的保护功能启动，不再输出驱动脉冲，实现过压保护功能。过压保护电路动作其实质就是被 TIMER 引脚电压触发的，所以该电容越大，保护启动越慢；电容越小，保护启动越快。假如 TIMER 引脚的电压达不到设定的阀值，保护电路就不会动作，因此，在维修时将这个引脚对地短接，就可以解除过电压保护电路。

⚠️ **注 意**

为了确保解除保护后的电路板安全，解除保护后通电试机时，要接好电压表对输出电压进行监测，一旦发现电压升高，应立即切断电源，以免扩大故障范围，待排除故障后，才能接背光灯。

> **任务 2** **LED型背光灯供电电路故障检修**

LED 背光灯供电电路也称背光灯驱动电路，简称 LED 供电电路、LED 驱动电路，是 LED

液晶彩电特有的电路,其功能是输出点亮LED灯条所需的直流电压,同时通过各种保护电路,控制LED灯条的工作电流,防止LED或其供电电路损坏。

知识1　LED供电电路简介

采用白色LED作为液晶屏背光源时,一个液晶屏需要数十只,甚至需要数百只LED。由于LED的光学性能、使用寿命等参数不尽相同,所以对LED采用均流的驱动方式。因每个LED的导通电压在导通电流为20mA左右时为2.9～3.5V,为了让供电电路输出较低的电压就可以驱动LED发光,需要将串联的LED灯条(灯串)再并联后安装,典型的24英寸液晶屏LED灯条示意图如图5-34所示。

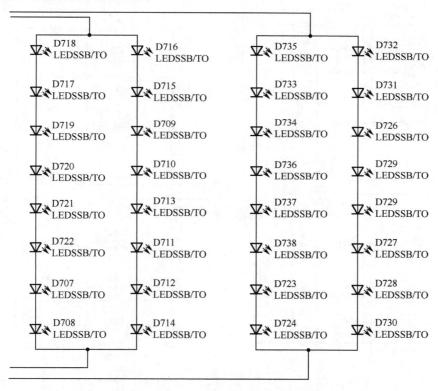

图5-34　24英寸液晶屏LED灯条示意图

知识2　LED型背光灯供电电路分析

LED背光灯供电电路通常由电源电路、输出电路、保护电路(包括过电压、过电流、断路保护电路)等组成。LED背光灯驱动电路的工作状态受主板输出的背光开/关控制信号(SW)和亮度控制信号(BRI)控制。下面以海信32英寸液晶彩电的LED型背光灯供电电路为例介绍LED型背光灯供电电路的工作原理。海信32英寸液晶彩电背光灯供电电路如图5-35所示。

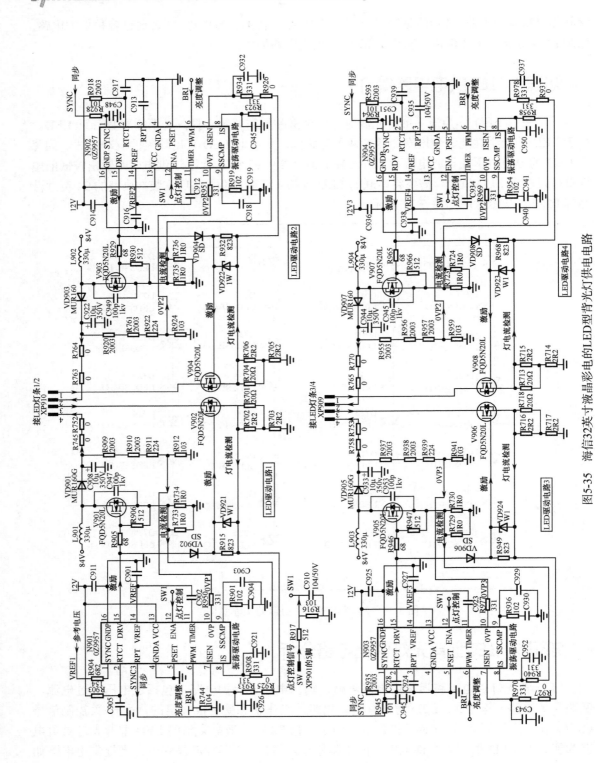

图5-35 海信32英寸液晶彩电的LED型背光灯供电电路

> **提 示**
>
> 通过图 5-35 可以发现，海信 32 英寸液晶彩电 LED 背光灯采用 4 路基本相同的供电电路，所以在介绍原理时仅介绍驱动电路 1 的原理。

1. OZ9957 的实用资料

OZ9957 是凸凹（OZMicro）公司生产的 LED 背光控制专用集成电路，它是单路 LED 驱动芯片，内含振荡器、关断延时定时器、软启动、相移可变调光控制、系统同步控制、过电流和过电压保护等多个模块电路。OZ9957 具有如下特点：工作频率恒定，且工作频率可被外部信号所同步；内置同步式 PWM 亮度控制电路，亮度控制范围宽；具有过电流、过电压和拔灯保护功能。OZ9957 引脚功能和维修参考数据见表 5-4。

表 5-4　OZ9957 的引脚功能和维修参考数据

引　脚	符　号	功　能	对地电压/V
①	SYNC	同步信号输入	4.93
②	RTCT	振荡器工作频率设定	0.63
③	RPT	同步信号输出	1.64
④	GNDA	模拟地	0
⑤	PSET	相位设定，用于多个芯片同时工作控制	0
⑥	PWM	PWM 调光信号输入	3.97
⑦	ISEN	LED 电流检测（用于稳压和 LED 灯条过电流保护控制）	0.50
⑧	IS	开关管工作电流检测信号输入	0.02
⑨	SSCMP	软启动和补偿	1.65
⑩	OVP	过电压保护信号输入	1.42
⑪	TIMER	OCP、OVP、OLP 保护延时设定	4.94
⑫	ENA	点灯控制使能信号输入	1.97
⑬	VCC	工作电压输入	12.06
⑭	VREF	参考电平输出	4.98
⑮	DRV	开关管驱动信号输出	1.32
⑯	GNDP	功率电路接地	0

2. 电源电路

驱动电路 1 的电源电路由芯片 QZ9957（N901）、电源开关管 V901、储能电感 L901、整流管 VD901 为核心构成的升压型开关电源。

遥控开机后，来自微控制器的背光灯开/关电压 SW 加到 N901（OZ9957）的⑫脚，同时电源电路输出的 12V 电压不仅加到 N901 的供电端⑬脚，而且经 R903 对定时电容 C905 充电，在 N901 内部的振荡器的控制下形成振荡脉冲，该脉冲控制触发器形成矩形脉冲，再经放大器放大后从⑮脚输出。当⑮脚输出的激励信号为高电平时，通过 R905 限流，使开关管 V901

导通，此时 84V 电压经储能电感 L901、V901 的 D/S 极、R733、R734 到地构成导通回路，在 L901 两端产生左正、右负的电动势。当⑮脚输出的激励信号为低电平时，V901 截止，流过 L901 的导通电流消失，于是 L901 通过自感产生左负、右正的电动势，该电动势通过整流管 VD901 整流，C908 滤波后，产生的直流电压为 LED 灯串供电。

3. 背光灯供电输出电路

驱动电路 1 的背光灯供电输出电路由开关管 V902、芯片 N901 为核心构成。

当背光灯电源工作后，并且在 N901 的⑮脚输出的激励电压为高电平后，不仅使电源开关管 V901 导通，而且经 VD902 为供电开关管 V902 的 G 极提供触发电压使其导通。V902 导通后，将 LED 灯串的负极与 R701、R702 接通。这样，C908 存储的电压经 R745、R752、R754 限流后，就可以为 LED 灯串供电，使其发光。当⑮脚输出的激励信号为低电平后，V902 截止，LED 灯串熄灭。因 V902 导通/关断的频率极高，所以人眼无法看到其闪烁。

4. 屏幕亮度调整

LED 型液晶屏的亮度调整电路和灯管式液晶彩电一样，屏幕亮度调整也是通过改变背光灯发光强弱实现的。

需要增大屏幕亮度时，微控制器输出的亮度调整信号从芯片 N901 的⑥脚输入，经内部电路处理后，使⑮脚输出的激励信号占空比增大，电源开关管 V901 导通时间延长，储能电感 L901 储存的能量增大，C908 两端电压升高，为 LED 灯串提供的导通电压增大，LED 发光加强，屏幕变亮。反之，需要减小屏幕亮度时，⑮脚输出的占空比减小，V901 导通时间缩短，C908 两端电压减小，LED 灯发光减弱，屏幕变暗。

5. 过压保护电路

LED 型背光灯供电电路的过压保护电路较 CCFL 式逆变器的过压保护电路简单许多，仅设置了取样电路和芯片内的过压保护电路 OVP。当振荡器等电路异常，引起 C908 两端的输出电压升高后，经 R909～R912 取样产生的电压升高。该电压加到 N901 的⑩脚后，N901 内的 OVP 电路动作，关闭⑮脚输出的激励脉冲，V901 截止，C908 两端电压降低到 84V，以免 LED 等元件过压损坏，实现过压保护。

6. 电源开关管过流保护电路

为了防止电源开关管 V901 过流损坏，该电源设置了电源开关管过流保护电路。该电路由取样电路和芯片内的过流保护电路构成。

当电源开关管 V901 因负载重而过流时，过大的电流在取样电阻 R733、R734 两端产生的压降较大，经 R908 限流，C921 滤波，为 N901⑧脚提供的电压超过 0.5V 后，内部的过流保护电路动作，使⑮脚输出的激励信号的占空比减小，V901 导通时间缩短，流过 V901 的电流减小，实现过流保护控制。

7. 供电开关管过流保护电路

为了防止供电开关管 V902 过流损坏，该背光灯供电电路设置了供电开关管过流保护电路。

当流过供电开关管 V902 的 D 极电流增大，在取样电阻 R701～R703 两端产生的压降增大。该电压经 R933 限流，C906 滤波，为 N901 的⑦脚提供的电压超过 0.5V 后，内部的过流保护电路动作，使⑮脚输出的激励信号的占空比减小，V902 导通时间缩短，流过 V902 的电流减小，实现 V902 过流保护控制。

▶ 8. LED 击穿保护电路

每组 LED 串都会产生电流检测信号，芯片 N901 通过检测该信号就可以识别 LED 的工作情况，若检测到 LED 击穿，则进入过流保护状态，以免扩大故障范围。

当 LED 串内的发光管出现击穿短路现象，导致电流增大，超过供电开关管过流保护电路的控制范围，在限流电阻 R745、R752、R754 两端产生的压降超过 0.6V 后，V913 导通。V913 导通后，从它 c 极输出的电压经 VD913 输出给 84V 电源，使 84V 电源停止工作，以免该电源的开关管等元器件过流损坏，实现 LED 击穿的过流保护。

▶ 9. 同步控制电路

该机采用 4 组 LED 灯串，为了确保 4 组 LED 灯串能同时发光，设置了同步控制电路。该电路由 N901 的①、②、③、⑤脚内外电路构成。

该机因 N901 的①、②、③脚外接了振荡器定时元件，所以设定 N901 为背光灯供电电路的主控芯片。当 N901 工作后，由其⑤脚输出的时钟信号加到 N902～N904 的①脚后，就可以控制这 3 块芯片与 N901 同步工作，从而实现同步控制。

技能 1　LED 背光灯供电板关键测量点

下面以图 5-35 所示电路为例介绍 LED 型背光灯供电电路的关键测量点，该电路主要有以下 12 个关键检测点。

▶ 1. 电源电压输出端

在检修灯条不亮或亮度低故障时，通过测量 C908 电压可以判断故障在背光灯电源电路还是在主电源。若 C908 两端电压超过 84V，说明背光灯电源电路正常，故障发生在背光灯供电输出电路；若低于 84V，则说明背光灯电源未工作；若电压为 0，说明主电源没有为背光灯电源提供工作电压。

▶ 2. 背光灯驱动芯片的供电端

在检修灯条不亮故障时，该端是第二个关键检测点。N901（OZ9957）的⑬脚是 VCC 供电端。如果 VCC 电压为 0V，可能问题不是出在背光灯电源电路，而是出在 12V 供电线路上。

▶ 3. 背光灯驱动芯片的激励信号输出端

在检修灯条不亮故障时，该端子是第三个关键检测点，通过检测该端子电压或波形，可以大致确定故障部位。若 N901 的⑮脚电压为零，说明 N901 未工作或异常；若 N901 的⑮脚电压不为零，一般来说，则说明 N901 有激励脉冲输出，故障在电源开关管或供电开关管部分。若有示波器，测量有无驱动信号波形来判断故障部位更直观。

4. 驱动芯片的开关控制信号输入端

在检修灯条不亮故障时，N901 的⑫脚是第四个关键检测点。通过检测该端子的电压，判断是背光灯开关控制（使能）电路异常，还是背光灯供电板异常。若 N901 的⑫脚电压正常，检查 N901 的振荡电路、软启动电路、亮度控制电路、保护电路等；若⑫脚输入的电压异常，检查供电板开/关控制电路。

5. 驱动芯片的亮度控制信号输入端

在检修灯条不亮或亮度低的故障，确认 N901 的⑮脚无激励信号输出或激励信号的占空比较小时，应检测 N901 的⑥脚输入的电压是否正常，若正常，检查 N901 的振荡电路、软启动电路、保护电路等；若⑥脚输入的电压异常，检查亮度控制电路。

6. 电源开关管的 G 极

在检修灯条不亮或亮度低的故障时，若驱动芯片 N901 的⑮脚有激励信号输出，而电源开关管 V901 的 G 极电压为 0V，则应重点检查 R905 与线路是否开路，以及检查 V901 的 G、S 极间是否击穿；若 G 极电压正常，检查 V901。

7. 供电开关管的 G 极

在检修灯条不亮故障时，若背光灯电源输出的电压正常，说明供电开关管 V902 工作异常。此时，测 V902 的 G 极电压为 0V，则应检查 VD902 与线路是否开路，以及检查 V902 的 G、S 极间是否击穿；若 G 极电压正常，检查 V902。

8. 滤波电容 C908 两端电压

在检修灯条开机瞬间亮但随后熄灭的故障时，C908 两端电压是第一个关键检测点。在停止工作前，测 C908 两端电压来判断背光灯电源是否输出电压过高。若电压过高，说明故障是由过压保护电路动作所致，应检查 N701 及其②脚外接的 C905 和 R903；若电压正常，说明背光灯电源正常。

9. 驱动芯片的过压保护信号输入端

在检修灯条开机瞬间亮但随后熄灭的故障时，N901 的⑩脚是第二个关键检测点。在停止工作前，测 N901 的⑩脚来判断高压过压保护电路是否动作。若 N701 的⑩脚电压正常，说明过压保护未动作电路；若电压为保护值，说明过压保护电路动作。

10. 电源电压检测端

在检修灯条开机瞬间亮但随后熄灭的故障时，R912 两端电压是第三个关键检测点。确认过压保护电路动作时，在保护电路动作前，测 R912 两端电压是否到达过压保护值，若是，则检查振荡电路；若不是，检查 R912 是否阻值增大或引脚脱焊。

11. 驱动芯片的电源过流保护信号输入端

在检修灯条开机瞬间亮但随后熄灭的故障时，N901 的⑦脚是第四个关键检测点。在停止工作前，测 N901 的⑦脚电压来判断电源过流保护电路是否动作。若 N901 的⑦脚电压正常，说明电源过流保护未动作；若输入的电压到达保护值，说明电源过流保护电路动作，检查 C908、VD901、V901、R734、R733。

12. 驱动芯片的背光灯过流保护信号输入端

在检修灯条开机瞬间亮但随后熄灭的故障时，N901 的⑧脚是第五个关键检测点。在停止工作前，测 N901 的⑧脚电压来判断背光灯过流保护电路是否动作。若 N901 的⑧脚电压正常，说明背光灯过流保护电路未动作；若输入的电压到达保护值，说明背光灯过流保护电路动作，检查背光灯、V902、R703、R702。

技能 2　LED背光灯供电板常见故障检修

下面以图 5-35 所示电路为例介绍 LED 型背光灯供电电路的故障检修流程。

1. 背光灯都不亮

因为海信 32 英寸二合一板的 LED 背光驱动部分由四组电路构成，不可能同时损坏，所以产生所有背光灯都不亮（黑屏）故障的原因：一是主电源未给背光灯供电板的升压电源电路提供工作电压，二是主电源未给背光灯供电板的控制芯片提供工作电压，三是主板未给背光灯供电板提供点灯信号（开/关信号），四是主板未给背光灯供电板提供正常的亮度控制信号，五是四块驱动板内提供同步信号的的主控板未工作。该故障的检修流程如图 5-36 所示。

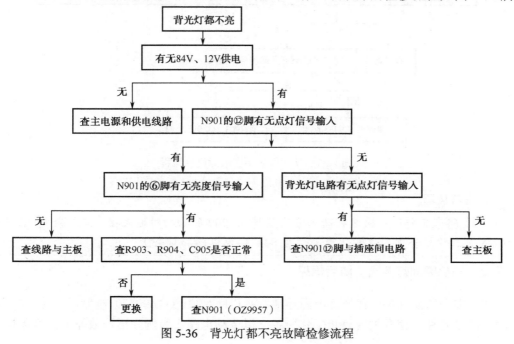

图 5-36　背光灯都不亮故障检修流程

2. 某一灯条不亮

背光灯的某一灯条亮会表现为屏幕上某一区域出现暗块。主要的故障原因：一是驱动芯片没有同步信号输入，二是供电开关电路异常，三是不工作的驱动电路没有点灯信号输入，四是不工作的驱动电路没有亮度信号输入，五是该灯条异常。以驱动电路 3 为例介绍该故障的检修流程，如图 5-37 所示。

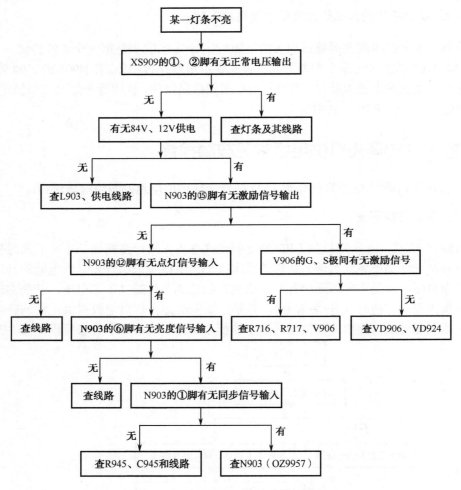

图 5-37　某一灯条不亮故障检修流程

> **方法与技巧**
>
> 驱动电路未工作时，快速判断的方法是将 XS909 的②脚对地短接，若灯条发光，则说明 V906 未工作。否则，说明故障部位在 84V 供电电路和灯条上。

3. 开机瞬间灯条亮，随后熄灭

该故障多因背光灯条、背光灯电源异常，被芯片 N901（OZ9957）检测后启动保护电路，不再输出激励脉冲，使开关管停止工作所致。以驱动电路 1 为例介绍该故障的检修流程，如

图 5-38 所示。

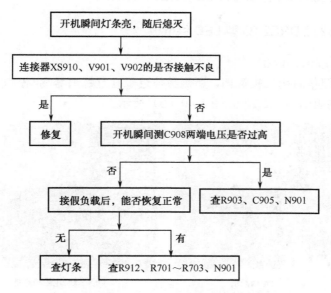

图 5-38　开机瞬间灯条亮，随后熄灭故障检修流程

▶4. 屏幕亮度异常

该故障的主要原因是背光灯供电电路或亮度控制电路异常。以驱动电路 1 为例介绍该故障的检修流程，如图 5-39 所示。

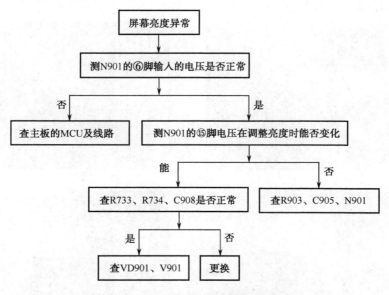

图 5-39　屏幕亮度异常故障检修流程

> 💡 **提示**
>
> 屏幕亮度异常的故障还适用于光栅闪烁的检修。

技能3　典型LED驱动板关键元器件检测

▶ 1. 40-RT3210-DRE2XG 型 LED 供电板

（1）储能电感 L601、L602

测储能电感的阻值时用二极管挡，所测数值近于 0 且蜂鸣器鸣叫，如图 5-40（a）所示；改为 200Ω 挡测它的阻值为 1.2Ω，如图 5-40（b）所示。

（a）二极管挡测量　　　　　　　　　　（b）200Ω电阻挡测量

图 5-40　40-RT3210-DRE2XG 型 LED 供电板储能电感的检测

（2）开关管 Q601（N 沟道场效应管 TK8P250A）

检测逆变管（开关管）时用二极管挡（PN 结导通压降测量挡），测 D、S 极间的正、反向导通压降如图 5-41（a）所示；测 G、S 极间的正、反向导通压降如图 5-41（b）所示。若数值较小或为 0，说明击穿短路。

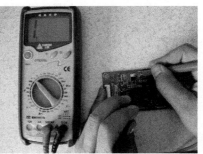

（a）

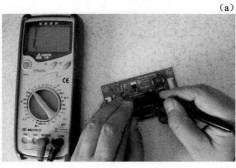

（b）

图 5-41　40-RT3210-DRE2XG 型 LED 供电板开关管的检测

（3）整流二极管 D601

检测整流二极管时用二极管挡，测 D601 正向导通压降如图 5-42（a）所示；测它的反向导通压降如图 5-42（b）所示。若反向数值较小或为 0，说明击穿短路；若正向导通压降较大，说明它的导通性能差。

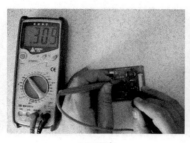 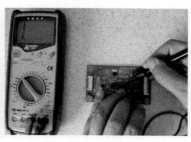

（a）正向　　　　　　　　　　　　　（b）反向

图 5-42　40-RT3210-DRE2XG 型 LED 供电板整流管的检测

（4）输出滤波电容 C604（47μF/250V）//C603（22μF/250V）

测量滤波电容 C604、C603 时用 200μ 电容测量挡，所测的数值如图 5-43 所示；若数值异常，说明 C603 或 C604 电容异常。

图 5-43　40-RT3210-DRE2XG 型 LED 供电板输出滤波电容的检测

2. SAMSUNG SSL320_0E2B 型 LED 供电板

（1）储能电感 L001

测储能电感时用二极管挡，所测数值为 0.9 且鸣叫，如图 5-44 所示。

图 5-44　SAMSUNG SSL320_0E2B 型 LED 供电板储能电感的检测

（2）开关管 Q101（P 沟道场效应管 APM4015P）

检测 Q101 时用二极管挡（PN 结导通压降测量挡），测 D、S 极间的正向导通压降如图 5-45（a）所示；D、S 极间反向导通压降以及其他极间的正、反向导通压降都为无穷大，如图 5-45（b）、（c）所示。若数值较小或为 0，说明击穿短路。

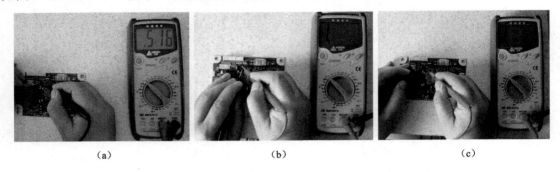

（a）   （b）   （c）

图 5-45　SAMSUNG SSL320_0E2B 型 LED 供电板开关管的检测

（3）开关管 Q103（N 沟道场效应管 APM1101N）

检测 Q103 时用二极管挡（PN 结导通压降测量挡），测 D、S 极间的正、反向导通压降如图 5-46（a）所示；G、S 极间正、反向导通压降如图 5-46（b）所示。若数值较小或为 0，说明击穿短路。

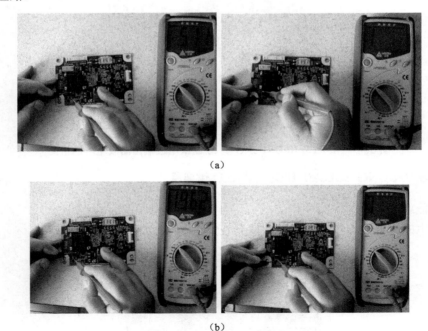

（a）

（b）

图 5-46　SAMSUNG SSL320_0E2B 型 LED 供电板开关管的检测

（4）整流二极管 D101

检测整流二极管时用二极管挡，测 D101 正向导通压降如图 5-47（a）所示；测它的反向导通压降如图 5-47（b）所示。若反向数值较小或为 0，说明击穿短路；若正向导通压降较大，说明它的导通性能差。

（a）正向　　　　　　　　　　　　　（b）反向

图 5-47　SAMSUNG SSL320_0E2B 型 LED 供电板续流二极管的检测

（5）熔断器 F001

检测熔断器时用通断测量挡（二极管挡），所测的数值近于 0，如图 5-48 所示；若数值为 1，说明它熔断。

图 5-48　SAMSUNG SSL320_0E2B 型 LED 供电板熔断器的检测

3.　输出滤波电容 C024（3.3μF/250V）

测量滤波电容 C024 时用 200μ 电容测量挡，所测的数值如图 5-49 所示；若数值异常，说明 C024 电容异常。

图 5-49　SAMSUNG SSL320_0E2B 型 LED 供电板输出滤波电容的检测

思考与练习

一、填空题

1. 液晶彩电背光灯供电电路（_____）和电源电路一样，也是故障率较高的部位。

2. CCFL 灯管的背光灯供电电路主要由_____、_____两部分构成。

3. 来自主板 MCU 电路的背光灯开/关信号 ON/OFF 经 CN 输入高压逆变板，就会控制驱动 IC 内的_____。当 IC 输入的是_____时，_____发光。

4. 在液晶彩电中，亮度调整有两种方式：一种是_____法；另一种是_____法。目前，液晶彩电多采用_____法。

5. 高压逆变电路向 CCFL 背光灯供电并点亮它时，要求_____、_____。在实际应用中，为了防止某只灯管不亮，导致液晶屏上_____，所以逆变板上必须设置一个_____检测电路。当某只或某几只灯管损坏或性能不良时，输出一个_____反馈给背光灯控制芯片，关闭逆变器的高压输出。

6. 当灯管异常，导致_____两端产生的取样电压增大，利用过压/过流比较放大电路处理后，为_____提供保护信号，_____内的保护电路动作，不再输出激励信号，逆变器停止工作，避免了_____等元器件过流损坏，实现过流保护。

7. 当_____异常等原因导致高压变压器输出的电压升高，使取样绕组 L2 产生的_____升高，利用过压/过流比较放大电路处理后，为 IC 提供保护信号，IC 内的保护电路动作，IC 不再输出激励信号，逆变器停止工作，避免了_____等元器件过压损坏，实现过压保护。

8. 长虹 LT32710 型液晶彩电背光灯断路保护电路由_____和_____为核心构成。

9. LED 背光灯供电电路也称背光灯驱动电路，简称_____电路、_____电路，是 LED 背光液晶彩电特有的电路，其功能是输出_____电压。

10. 采用白色 LED 作为液晶屏背光源，一个液晶屏需要_____，甚至需要_____。由于 LED 的_____等参数不尽相同，所以对 LED 采用均流的驱动方式。因每个 LED 的导通电压在导通电流为 20mA 左右时为_____，为了让供电电路输出_____就可以驱动 LED 发光，需要将串联的_____后安装。

11. LED 背光灯供电电路通常由_____、_____、保护电路（包括过_____保护电路）等组成。

12. 海信 32 英寸 LED 液晶彩电采用了 4 组 LED 灯串，为了确保它们能同时发光，设置了_____。当 N901 的①、②、③脚外接了_____元件，N901 就可以独立工作，也就将 N901 设为背光灯供电电路的_____。当_____工作后，由其⑤脚输出的_____加到_____的①脚后，就可以控制这 3 块芯片与 N901 同步工作，从而实现同步控制。

二、判断题

1. 背光灯供电电路在获得供电后，就可以输出点亮背光灯所需的工作电压。　　（　）
2. 背光灯供电电路输出电压越高时，背光灯越亮。　　（　）
3. 背光灯断路保护电路是为了防止某背光灯不发光或发光异常，产生屏幕局部暗区而设置的。（　）
4. 背光灯过流保护电路是为了防止背光灯过流，导致逆变管过流损坏而设置的。　　（　）
5. 背光灯过压保护电路就是为了防止逆变器输出电压过高，导致背光灯过压损坏而设置的。（　）

6. CCFL 型逆变器采用的推挽结构功率变换器和半桥结构的功率变换器构成一样。（   ）

7. CCFL 型逆变器采用的全桥结构逆功率变换器的逆变管都是 N 沟道场效应管。（   ）

8. LED 背光灯供电电路也采用了高压逆变器。（   ）

9. LED 背光灯供电板的开关电源属于升压型开关电源。（   ）

10. 海信 32 英寸 LED 液晶彩电背光灯供电电路采用 4 组电路构成，其中 N901 是主控芯片，只有它工作后，其他 3 块芯片才能工作。（   ）

三、简答题

1. 简述康佳 LC32ES62 型液晶彩电背光灯供电电路的开/关控制、亮度控制电路和保护电路原理。

2. 简述康佳 LC32ES62 型液晶彩电背光灯供电电路关键测量点。

3. 简述康佳 LC32ES62 型液晶彩电灯管始终不发光检修流程。

4. 简述康佳 LC32ES62 型液晶彩电灯管开机瞬间发光，随后熄灭故障的检修流程。

5. 简述海信 32 英寸液晶彩电背光灯供电板上的电源电路、背光灯供电输出电路原理。

6. 简述海信 32 英寸液晶彩电背光灯供电板上的亮度调整、过压保护电路原理。

7. 简述海信 32 英寸液晶彩电的背光灯供电电路关键测量点。

8. 简述海信 32 英寸液晶彩电背光灯都不亮故障的检修流程。

9. 简述海信 32 英寸液晶彩电某一灯条不亮故障的检修流程。

10. 简述海信 32 英寸液晶彩电开机瞬间灯条亮，随后熄灭故障的检修流程。

电源+背光灯供电一体板（LIPS板）故障元件级维修

液晶彩电的电源+背光灯供电板（LIPS 板）因包含的单元电路较多，开关电源与背光灯供电电路之间存在着一定联系，且 LIPS 板受主板的控制的部位也比独立电源板多，往往导致维修人员对故障判断方向不清、关键点把握不准，影响到故障维修的速度和质量。我们只要掌握了 LIPS 板的结构特点、工作原理以及 LIPS 板维修要领后，就能快速、安全地维修 IP 板。

任务1 电源+背光灯供电一体板基础知识

液晶彩电的 LIPS 板根据液晶屏使用的背光灯不同，也分为电源+CCFL 供电板和电源+LED 供电板两种，下面分别进行介绍。

知识1 电源+CCFL供电板的构成

电源+CCFL 供电板整体电路可分为开关电源和逆变器两大部分，所以实物比独立电源板和独立的高压逆变板要复杂一些。下面以长虹 FSP160-3PI01 型 LIPS 板为例进行介绍。

1. 实物构成

长虹 FSP160-3PI01 型 LIPS 板的实物构成如图 6-1 所示。

2. 电路构成

长虹 FSP160-3PI01 型 IP 板由主电源、副电源、待机控制电路、高压逆变电路构成，如图 6-2 所示。

该机电路主要包括四部分：一是以厚膜电路 STR-W6252（U601）为核心组成的副电源，为主板上微控制系统提供+5VSB 供电，为主板小信号处理电路提供主 5V（5VM）供电，还为 PFC 控制芯片、主电源控制芯片提供工作电压；二是以 PFC 控制器 FAN6961（IC120）和开关管 Q120 为核心组成的 PFC 电路，为主开关电源和逆变器升压输出电路提供约 400V（0～400V）工作电压；三是以驱动控制电路 UC3845B（IC150）和大功率 MOSFET 开关管 Q150

为核心组成的主开关电源，不仅为主板电路提供+24V 电压，还为逆变器振荡、推挽驱动电路提供+24V 的电压；四是由振荡驱动控制电路 LX1692IDW（U301）、推挽驱动电路和输出升压电路开关管 Q400、Q410 为核心组成的高压逆变器电路，输出 1000V 左右的交流电压，将液晶屏背光灯点亮。

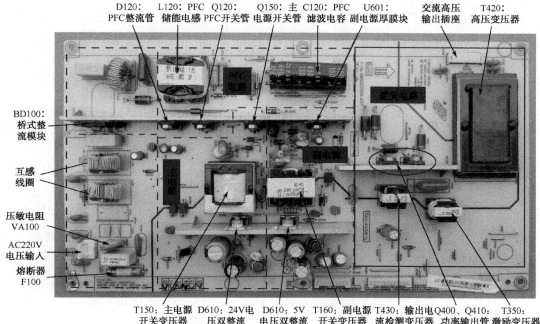

（a）正面

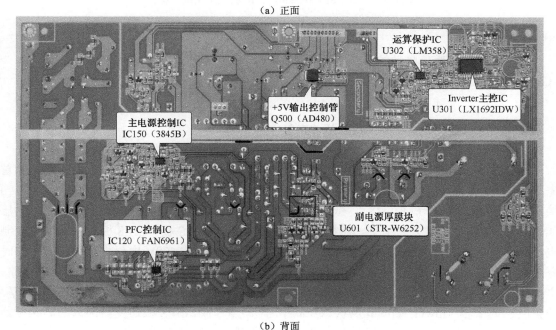

（b）背面

图 6-1　长虹 FSP160-3PI01 型 LIPS 板实物

待/开机采用控制 PFC 控制器 FAN6961 和主电源 PWM 控制器 UC3845B 的 VCC 供电方式。

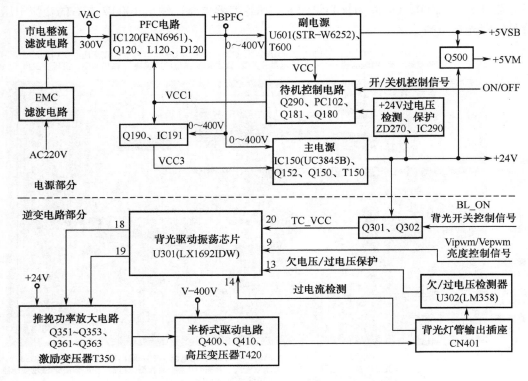

图 6-2　长虹 FSP160-3PI01 型 IP 板电路构成方框图

> **提示**
>
> IP 板常用的背光驱动控制芯片还有 OZ960、OZ964、OZ9925、OZ9926、OZ9938、OZ9939、LX1688、LX6501 等。

知识2　电源+CCFL供电板的基本原理

参见图 6-2，该电路的简要工作流程是：当 220V 市电电压进入 LIPS 板后，副电源首先工作，产生+5VSB 电压供给系统控制电路，微处理器（CPU）及相关电路开始工作；当接收到遥控或键控开机信息后，微处理器发出二次开机指令，主板输出开机控制电压 ON/OFF（一般开机时为高电平，待机时为低电平）送至 LIPS 板；LIPS 板接收到开机控制电压后，内部主电源和 PFC 电路开始工作；PFC 电路产生的+400V 电压供给主电源，同时还供给逆变器高压变换电路；主电源产生+5VSB、+5VM、24V 等电压供给主板相关电路。主板工作后，输出逆变器"打开"控制信号（一般打开时 BL-ON 为高电平，关闭时为低电平）和亮度控制信号 Vipwm/Vepwm 及状态控制信号给 LIPS 板，LIPS 板逆变器部分的高频振荡器开始工作，产生基准的方波信号与主板送来的亮度控制信号一起在振荡器内部进行比较，输出高频信号去控制高压变换电路，在高频变压器和电容的谐振下，产生频率为 30～

100kHz，1000V 以上的电压点亮液晶面板的 CCFL 背光灯。背光灯正常工作时的电压为 600～800V，工作电流为 5～9mA。

LIPS 板的接口（插座）主要有市电输入接口、主板连接接口、背光灯管连接接口（可以是多个）。

LIPS 板与主板连接的接口除了有+5VSB、+5VM（部分机型的 LIPS 板为 12V）、+24V 电压输出端、电源开/关控制信号输入端外，还有背光灯开/关控制信号输入端、亮度调整信号输入端、状态选择信号输入端。

背光灯开/关控制电压一般来自主板上的微控制器（MCU），在 LIPS 板与主板的连接口旁，凡是标注有 BL_ON、EN、ON/OFF（有些 LIPS 板电源的开/关控制信号也标为 ON/OFF，须辨别清楚）等标识的，就是背光灯开/关控制端。液晶彩电工作和进入节能状态时，背光开/关控制端会分别表现为高电平或低电平（常见为高电平启动，多为 3～5V），所以在维修时，该电平可以作为一个判定故障的关键测试点，以此来判定逆变器是否已经被启动。

在 LIPS 板与主板的连接口（插座）旁，凡是标注有 Vipwm/Vepwm、ADJ、DIMP、VBR 等字符的，就是亮度调整端。亮度调整端用来控制逆变电路的输出电流（指平均电流），以改变背光灯的发光强度。亮度调整端一般为 0～5V 的连续可调直流电压或 PWM 脉冲信号，该控制电压一般与逆变电路输出电流成反比，即该控制电压越高，逆变电路输出的电压越低，背光灯发光越弱，屏幕亮度越暗；该控制电压越低，逆变电路输出的电压越高，背光灯发光越强，屏幕亮度越亮。

▶ 任务 2 TCL IPL32L型LIPS板故障检修

TCL IPL32L 型 LIPS 板配的液晶屏有两种型号：一种是 FHD 型号的 CAS_LC320WUE-SAA1 屏，它采用 16 支 CCFL 灯管并联，屏典型工作电流是 112mA，屏单端电压是 1030V，工作频率是 45kHz；点灯电压是 1100V（0℃），点灯时间是 2～3s；另一种是 HD 型号的 CAS_LC320WXE-SBA1 屏，采用 12 支 CCFL 灯管并联，屏典型工作电流是 93mA，屏单端电压是 1020V，工作频率是 63kHz；点灯电压是 1095V（0℃），点灯时间是 2～3s。

知识1 电源电路组成

▶1. 实物构成

TCL IPL32L 型 LIPS 板实物构成如图 6-3 所示。

▶2. 电路构成

TCL IPL32L 型 LIPS 板电路由待机电源、PFC 电路、主电源电路、高压逆变器四部分构成，如图 6-4 所示。

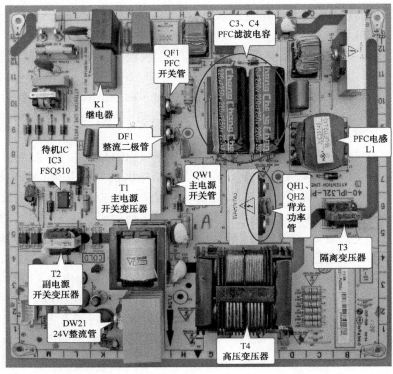

（a）正面

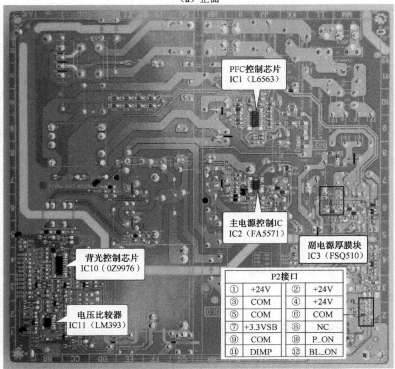

（b）背面

图 6-3　TCL IPL32L 型 LIPS 板实物构成

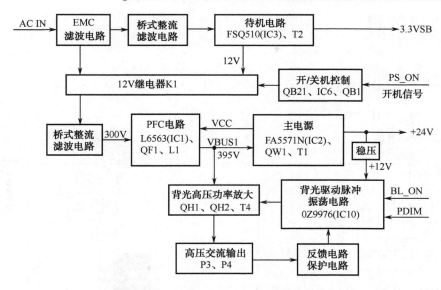

图6-4　TCL IPL32L 型 IP 板电路构成方框图

由厚膜电路 FSQ510（IC3）为核心构成待机电源（副电源），它输出的+3.3V 电压为主板上的系统控制电路（MCU）供电，输出 12V 电压为继电器供电；以 PFC 控制芯片 L6563（IC1）和开关管 QF1 为核心构成 PFC 电路，为主电源和逆变器的逆变输出电路提供约 400V 的工作电压 VBUS1；由驱动控制芯片 FA5571N（IC2）和开关管 QW1 为核心构成主电源，为主板上的负载提供+24V 工作电压，为逆变器驱动芯片 OZ9976（IC10）提供+12V 的工作电压；由逆变器驱动芯片 IC10 和开关管 QH1、QH2 为核心构成背光灯逆变电路，输出 1000V 左右的交流电压，为液晶屏背光灯供电。

待机控制采用继电器切断主电源 AC220V 供电的方式，主电源及其负载停止工作。

知识2　市电输入、PFC电路

TCL IPL32L 型 LIPS 板的市电输入、功率因数校正电路如图 6-5 所示。

1. 市电输入

接通市电后，AC220V 市电经熔断器 F1 输入，利用负温度系数热敏电阻 HT1 限流后，不仅直接送给副电源，而且经开/待机控制电路的继电器 K1 送给 PFC 电路和主电源。VR1 为压敏电阻，市电正常时，VR1 相当于开路，不影响电源电路正常工作；一旦因市电过压、雷电等因素导致 VR1 两端的峰值电压达到 470V 时 VR1 击穿短路，F1 过电流熔断，切断市电市电输入回路，避免了电源的元器件过电压损坏。

2. PFC 电路

TCL IPL32L 型 LIPS 板的功率因数校正电路由 PFC 控制器 L6563（IC1）、开关管 QF1、储能电感 L1、整流二极管 DF1、滤波电容 C3～C5 组成，如图 6-5 所示。

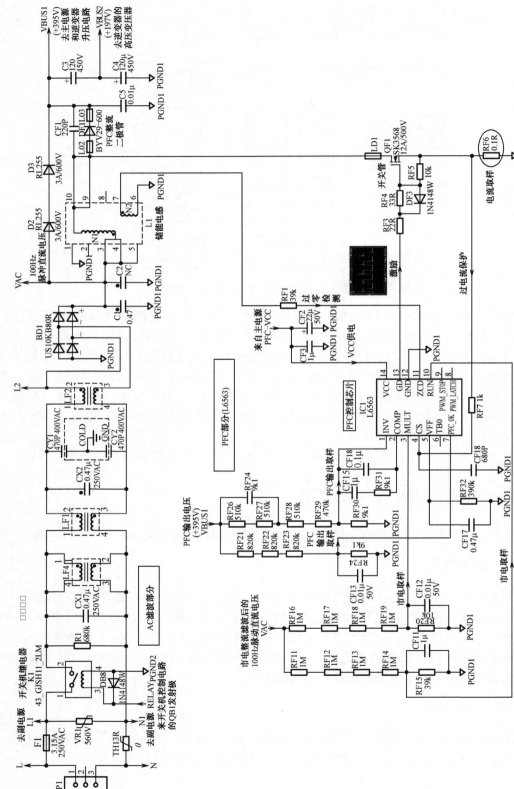

图6-5 TCL IPL32L型LIPS板的抗干扰电路、市电整流滤波电路、PFC电路

（1）L6563 简介

L6563 是一种电流型 PFC 控制器，在过渡模式（TM）下工作。这种基于标准的 TM 核心的 PFC 控制器性能超群，且提供了遥控开关机、过电压保护等附加功能。L6563 不仅含有标准的 TM-PFC 控制器的基本电路（如振荡器、误差放大器、乘法器、PWM 比较器、零电流检测器、控制逻辑和 MOSFET 栅极驱动器等），而且含有输入电压前馈、跟踪升压、保护电路等。L6563 的引脚功能和维修参考数据如表 6-1 所示。

表 6-1 L6563 的引脚功能和维修参考数据

引 脚 号	符 号	功 能	电压/V
①	INV	误差放大器的反相输入端	2.48
②	COMP	误差放大器输出端，该脚与 IVN 连接 RC 补偿网络	6.34
③	MULT	乘法器的主输入端	0.71
④	CS	PWM 比较器输入端	0
⑤	VFF	乘法器的第二输入端	0.84
⑥	TBO	该脚与之地接一个电阻，提供跟踪升压功能。若该功能不用，该脚悬浮	4.35
⑦	PFC-OK	PFC 前馈调整输出电压监控/失效功能端	1.45
⑧	PWM-LATCH	故障信号输出。若该脚不用，应悬空	3.48
⑨	PWM-STOP	故障信号输出。若该脚不用，应悬空	3.45
⑩	RUN	开/关机控制	2.74
⑪	ZCD	过零检测输入	1.94
⑫	GND	接地	0
⑬	GD	驱动输出	1.32
⑭	VCC	电源供电输入，输入电压范围为 10.3～22V	14.41

（2）校正过程

二次开机后，220V 市电电压经 LF1、LF2、CX1、CX2、CY1、CY2 组成的抗干扰电路滤除干扰脉冲后，由全桥 BD1 整流和 C1、C2 滤波得到脉动电压 VAC。该电压不仅经储能电感 L1 加到 PFC 开关管 QF1 的 D 极，而且经 R16～R20 分压，CF12 积分后加到 PFC 控制芯片 IC1 的③脚。待主电源工作后，由其输出的 PFC-VCC 电压加到 IC1 的供电端⑭脚，IC1 开始工作，从⑬脚输出激励脉冲。该脉冲电压通过 RF13、RF4 和 DF3 使开关管 QF1 工作在开关状态。QF1 导通期间，VAC 电压通过 L1 的一次绕组（3-10 绕组）、QF1 的 D/S 极、RF6 到地构成回路，在 L1 两端产生③端正、⑩端负的电动势。QF1 截止期间，L1 通过自感产生③端负、⑩端正的电动势，该电动势通过 DF1 整流，C5 滤波，在 C5 两端产生 400V 左右电压 VBUS1。该电压不仅为主电源和背光灯逆变器供电，而且经 C3、C4 分压产生 VBUS2，为背光灯逆变器供电。这样，经过该电路的控制，不仅提高了功率因数，而且解决了电磁干扰（EMI）和电磁兼容（EMC）的问题。

（3）同步控制

开关管 QF1 工作后，L1 的辅助绕组（7-6 绕组）产生的电动势通过 RF1 加到 IC1 的⑪脚，确保 QF1 在市电过零处导通，以免 QF1 因导通损耗大而损坏，实现导通的同步控制。

（4）稳压控制

稳压控制电路由取样电阻和 IC1（L6563）等元件构成。当市电升高或负载变轻引起 PFC 电路输出电压升高后，VBUS1 升高的电压通过 RF26～RF29 与 RF30 分压，为 IC1①脚提供的取样电压升高，经它内部的误差放大器放大后，使 IC1⑬脚输出的激励脉冲占空比减小，开关管 QF1 导通时间缩短，L1 存储的能量减小，输出电压下降到设置值。反之，稳压控制过程相反。

（5）过电流保护电路

过电流保护电路由 IC1 的④脚内外电路组成，通过 RF7 对开关管 QF1 的 S 极电阻 RF6 两端的电压降进行检测。RF6 两端的电压降反映了 PFC 电路电流的大小，当 RF6 两端的电压降增大，通过 RF7 使 IC1 的④脚电压大于 1.7V 时，IC1 关断 PFC 脉冲输出，QF1 停止工作，达到保护的目的。

（6）PFC 输出电压异常保护

当 PFC 的稳压控制异常，导致 VBUS1 电压升高，经 RF21～RF24 取样，CF13 滤波产生的电压高于 2.5V 时，IC1 将关断⑬脚的激励脉冲，QF1 停止工作，实现过压保护。当 PFC 的稳压控制或 IC1 内部电路异常，导致 VBUS1 电压下降，经 RF21～RF24 取样的电压低于 0.2V 时，IC1 将关断⑬脚输出的激励脉冲，QF1 停止工作，实现欠压保护。

（7）市电电压欠压保护

当市电电压正常时，VAC 经 RF11～RF16 取样，CF11 滤波的电压高于 0.6V，被 IC1 的⑩脚内部电路识别后，IC1 可启动；当市电电压下降，导致 VAC 下降时，取样后为 IC1 的⑩脚提供的电压低于 0.52V 时，IC1 将关断⑬脚输出的激励脉冲，QF1 停止工作，实现欠压保护。

知识3　副电源电路

副电源主要由电源模块 IC3（FSQ510）、开关变压器 T2 为核心构成，如图 6-6 所示。该电源输入市电电压后就会工作，不仅为主板上的控制系统供电，而且为开/待机控制电路供电。

▶1. FSQ510 简介

FSQ510 是一种新型开关电源厚膜电路，内含一个电流模式 PWM 控制器和大功率开关管。其 PWM 控制器设有振荡器、调制器、驱动等电路，采用电流模式调制器，在电源负载空载的情况下具有最小的控制漏极开/关切换的驱动能力。它还设有过电压保护、可恢复短路保护、过热保护等电路。FSQ510 引脚功能和维修参考数据如表 6-2 所示。

▶2. 功率变换

送给副电源的 AC220V 市电电压经 CX3、LF3 组成的抗干扰电路滤除干扰脉冲后，再经 DB1～DB4 全桥整流，CB1 滤波，产生约 300V 左右的直流电压。该电压不仅通过开关变压器 T2 的一次绕组（1-2 绕组）加到电源模块 IC3（FSQ510）的⑦脚，为它内部的开关管供电，而且通过启动电阻 RB1 加到 IC3⑧脚，利用它内部的高压电流源对⑤脚外接电容 CB3 充电。当 CB3 两端达到 VCC 启动电压阀值时，IC3 内的控制电路开始工作，驱动开关管工作在开关状态。开关管导通期间，T2 存储能量；开关管截止期间，T2 的二次绕组输出脉冲电压。其中，4-5 绕组输出的脉冲电压经 RB3 限流、DB6 整流，CB3 滤波后得到约 12V 的直流电压。该电压一方面加到 IC3 的⑤脚，取代启动电路为 IC3 供电；另一方面送往开/待机控制电路中的控制管 QB1，经 QB1 输出后为继电器 K1 供电。7-10 绕组输出的脉冲电压经 DB11 整流，CB11、LB11、CB12 滤波产生 3.3V 待机电压，通过连接器输出，为主板控制系统供电。

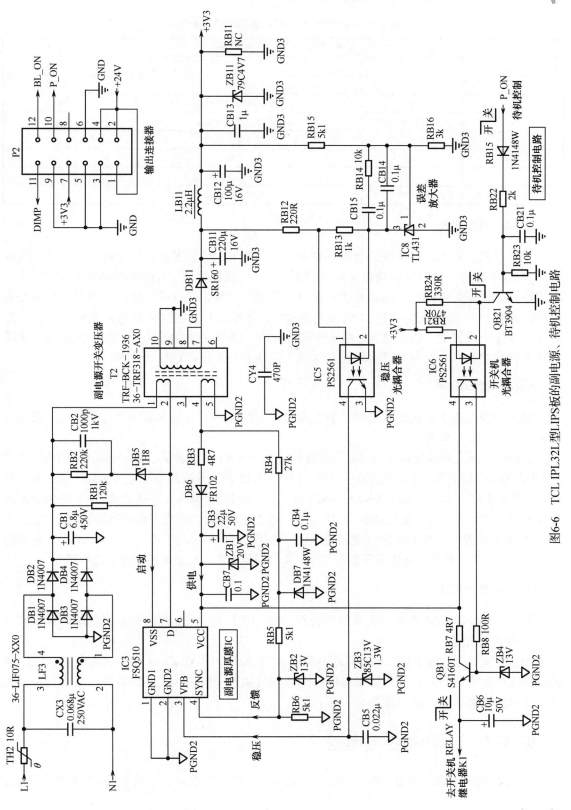

图6-6 TCL IPL32L型LIPS板的副电源、待机控制电路

表 6-2 FSQ510 的引脚功能和维修参考数据

引 脚	符 号	功 能	电压/V
1	GND	接地	0
2	GND	接地	0
3	VFB	稳压控制信号输入	0.82
4	SYNC	同步反馈信号输入	0
5	VCC	工作电压输入	12.17
6	NC	空脚	—
7	D	内部开关管的 D 极	329
8	VSTR	启动电压输入	322

3. 同步控制

开关管截止期间，开关变压器 T2 的 4-5 绕组产生上正、下负的电动势，该电动势通过 RB4 对 CB4 充电，当 CB4 两端电压高于设置值时，电源模块 IC3④脚内的零电流检测器输出控制信号，使开关管截止，以免开关管在 T2 存储的能量未释放前导通，而因导通损耗大而损坏。随着 CB4 通过 RB5 和 IC3 内部电路放电的不断进行，CB4 两端电压逐渐减小，当它两端电压低于设置值，也就是 T2 释放能量结束后，使 IC3 内的开关管才能再次导通，实现了开关管导通的同步控制，该电路通常也被人们称为开关管延迟导通电路。

4. 稳压控制

稳压控制电路主要由精密型误差放大器 IC8（TL431）、光耦合器 IC5（PS2561）及 IC3（FSQ510）为核心构成。

当市电电压升高或负载变引起副电源输出电压升高时，滤波电容 CB11 两端升高的电压通过 RB12 为光耦合器 IC5①脚提供的电压升高，同时 CB12 两端升高的电压通过 RB15、RB16 取样的电压超过 2.5V，再经三端误差放大器 IC8 放大后，使 IC5②脚电位下降。此时，IC5 内的发光二极管因导通电压升高而发光加强，致使 IC5 内的光敏三极管因受光照增强而导通程度加强，将 IC3③脚的电位拉低，被 IC3 内部电路处理后，使开关管导通时间缩短，开关变压器 T2 存储的能量下降，开关电源输出电压下降到正常值，实现稳压控制。反之，稳压控制过程相反。

5. 保护电路

RB2、DB5 和 CB2 组成的尖峰脉冲吸收回路，用于防止 IC3 内的开关管在截止瞬间被过高的反峰电压击穿。

+3.3V 输出端滤波电容 CB11 两端并联了 4.7V 稳压二极管 ZB11 用作过压保护。当副电源的稳压控制电路异常，导致输出电压升高并超过 4.7V 时，ZB11 击穿导通，导致 IC3 内的过电流保护电路启动，副电源停止工作。

知识4 开/待机控制电路

开/待机控制电路主要由 QB21、光耦合器 IC6、控制管 QB1、继电器 K1 等元器件组成。

电路见图 6-5、图 6-6。

1. 开机控制

二次开机后，主板 MCU 发出的开/待机控制信号 P_ON 转为高电平。该控制电压经 DB15、RB22、RB23 分压限流后使 QB21 导通。QB21 导通后，使光耦合器 IC6 的②脚电位下降，它内部的发光二极管因流过导通电流而发光，使光敏三极管因受光照而导通，它 e 极输出的电压从 IC6 的③脚输出，利用 RB8 在 ZB4 两端建立基准电压，使 QB1 导通。QB1 导通后，从它 e 极输出的 12V 电压经 CB6 滤波后，为图 6-5 内的继电器 K1 线圈供电，使它内部的触点闭合。此时，市电电压通过 K1 的触点为 PFC、主电源供电，PFC 电路和主电源及其负载相继工作，进入开机状态。

2. 待机控制

当电源板收到的 P_ON 信号转为低电平时，QB21 截止，光耦合器 IC6 相应截止，QB1 无正向偏置电压而截止，12V 供电无法通过 QB1 输出，继电器 K1 的触点断开，切断 PFC 电路和主电源的 AC220V 供电，整机负载停止工作，进入待机状态。

知识 5　主电源电路

TCL IPL32L 型 LIPS 板的主电源由驱动控制芯片 IC2（FA5571）、开关管 QW1、开关变压器 T1、光耦合器 IC4、误差放大器 IC7 为核心组成，如图 6-7 所示。该电源为主板提供+24V 电压，为高压逆变电路提供+12V 电压。

1. FA5571N 简介

FA5571N 是一块具有良好待机性能的开关电源控制芯片。其特点是：准谐振开关电源控制功能，良好的待机性能，内置高压启动电路，直接驱动开关管，完善的保护功能，外围电路简单。FA5571N 的引脚功能和维修参考数据如表 6-3 所示。

2. 功率变换

二次开机后，VBUS1 电压经开关变压器 T1 的一次绕组（1-3 绕组）加到开关管 QW1 的 D 极，同时市电电压经 DW1 整流，RW1、RW2 限流，加到 IC2 的⑧脚（高压输入端），利用 IC2 内的高压恒流源对⑥脚外接的 CW15 进行充电。当 CW15 两端的电压达到启动阀值后，PWM 进入工作状态，从 IC2 的⑤脚输出脉冲信号，通过 RW5、DW3、RW6 使驱动 QW1 导通和截止，QW1 的脉冲电流在开关变压器 T1 的各个绕组产生感应电压。此时，5-6 绕组产生的感应电压经 RW4、RW11 限流，再经 DW11、CW11 整流滤波后输出 15V 电压。该电压一路经 DW12 为 FA5571N 的⑥脚提供启动后的 VCC 工作电压；另一路经 QW11、ZW11 稳压，形成 PFC-VCC 电压，为 PFC 控制芯片供电，使 PFC 电路进入工作状态。7-10 绕组输出的脉冲电压通过 DW21 全波整流，CW21～CW23、LW1 组成的 π 形滤波器滤波后，产生 24V 直流电压，该电压经 QW31、ZW31、DW31、RW31 等组成的 12V 稳压器稳压产生 12V 电压，为逆变器控制芯片 IC10 等负载供电。

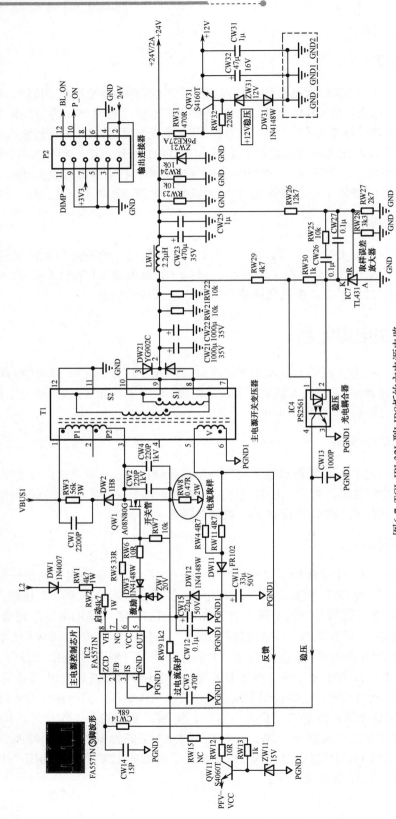

图6-7 TCL IPL32L型LIPS板的主电源电路

表 6-3 FA5571N 的引脚功能和维修参考数据

引 脚 号	符 号	功 能	对地电压/V
①	ZCD	零电流检测输入	2.22
②	FB	稳压反馈电压输入	0.54
③	IS	电流采样输入	0.09
④	GND	接地	0
⑤	OUT	驱动脉冲输出	1.52
⑥	VCC	电源供电输入	14.48
⑦	NC	空脚	0.09
⑧	VH	高压输入	117

3. 稳压控制

稳压控制电路由误差放大电路 IC7、光耦合器 IC4 及 FA5571N 内部电路为核心构成。

当负载变轻等原因引起主电源输出电压升高后，CW22 两端升高的电压通过 RW29 为 IC4①脚提供的电压升高，同时 CW23 两端升高的电压经 RW26 和 RW27 取样后的电压超过 2.5V，通过三端误差放大器 IC7 放大后，使 IC4②脚电位下降，IC4 内的发光二极管因导通电压增大而发光加强，IC4 内的光敏三极管因受光照加强而导通程度加大，将 IC2②脚电位拉低，被 IC2 内的误差放大器等电路处理后，使 IC2⑤脚输出的激励脉冲占空比减小，开关管 QW1 导通时间缩短，T1 储存能量减少，主电源输出的电压下降到规定值。当主电源输出电压下降时，稳压控制过程相反。

4. 保护控制

（1）过电流保护

FA5571N 的③脚是过电流保护检测输入端，对开关管 QW1 的漏极电流进行检测。

RW8 是接在 QW1 的 S 极与地之间的取样电阻。当负载异常等原因导致 QW1 漏极电流增大，在 RW8 上产生的电压降增大，该电压经 RW9 加到 IC2③脚，③脚的电压达到保护启动设定值时，内部过电流保护电路启动，关闭⑤脚输出的驱动脉冲，开关管 QW1 停止工作，避免了过电流损坏，实现过电流保护。

（2）过电压保护电路

为了防止输出电压高给负载带来危害，在+24V 输出端对地并联了 27V 稳压二极管 ZW21。当主电源的稳压控制电路异常，导致 ZW21 两端电压达到 27V 后，它击穿导通，使 IC2 内的过电流保护电路动作，开关管 QW1 停止工作，避免了 QW1 和负载元件过电压损坏。

知识6 背光灯供电电路

TCL IPL32L 型 LIPS 板的背光灯供电电路由芯片 OZ9976（IC10）和 2 个半桥模块 QH1、QH2 为核心构成的，如图 6-8 所示。其中，OZ9976 为核心的振荡、控制、驱动、保护电路；QH1、QH2 和高压变压器 T4 等组成的功率变换电路。

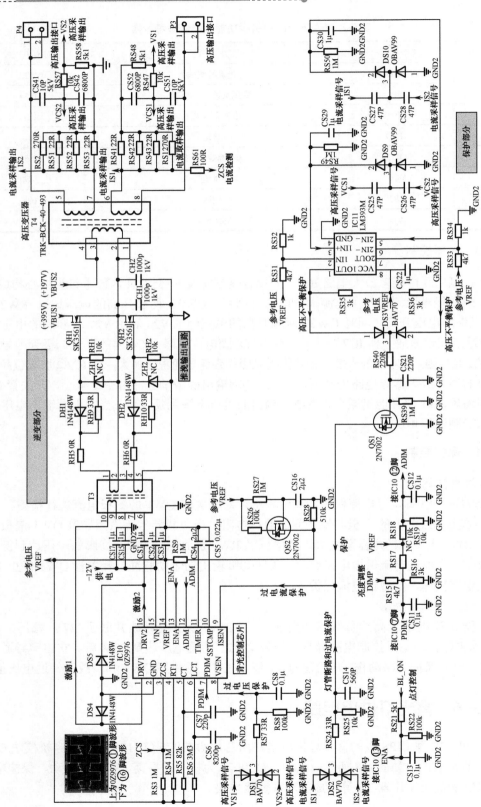

图6-8 TCL IPL32L型LIPS板的背光灯供电电路

1. OZ9976 简介

OZ9976 是凸凹公司推出的一种 CCFL 背光灯驱动芯片。它内部设有振荡器、PWM 电路、灯管开路保护、过电流保护、过电压保护电路等电路。OZ9976 的引脚功能和参考电压数据如表 6-4 所示。

表 6-4　OZ9976 的引脚功能和维修参考数据

引 脚 号	符 号	功 能	电压/V
①	DRV1	驱动信号输出 1	5.85
②	GND	接地	0
③	ZCS	零电流开关	0
④	RT1	振荡器外接定时电阻	3.12
⑤	CT	振荡器外接定时电容	0.22
⑥	LCT	电阻和电容器设置的低频振荡器	0.24
⑦	PDIM	PWM 调光输入	1.56
⑧	VSEN	过电压/过电流保护检测输入	1.51
⑨	ISEN	灯电流检测输入	0.84
⑩	SSTCMP	变压器输出过电流/过电压检测和 PWM 调光极性设置	4.88
⑪	TIMER	定时器外接定时电容，用于点灯时间控制	1.65
⑫	ADIM	模拟调光输入	2.46
⑬	ENA	使能端	2.48
⑭	VREF	5.0V 参考电压	4.94
⑮	VIN	工作电压输入	12.06
⑯	DRV2	驱动信号输出 2	5.91

2. 驱动脉冲形成电路

PFC 电路输出的 VBUS1 电压加到逆变管 QH1 的 D 极，为功率管供电，同时主电源输出的 12V 电压经 CS15、CS17 滤波后加到 IC10（OZ9976）的⑮脚，为它供电。IC10 内部的基准发生器输出的 5V 电压不仅为它内部电路供电，还从⑭脚输出。5V 基准电压经 CS3 滤波后，通过 RS4、RS5、CS7 和 IC10 的④、⑤脚内的振荡器通过振荡在 CS7 两端产生锯齿波电压。该电压控制 PWM 电路输出两个对称的矩形脉冲激励信号。二次开机后，IC10⑬脚（使能端）加上高电平控制电压，IC10 就会从①、⑯脚输出两个对称且极性相反的驱动信号。

3. 高压形成电路

高压形成电路主要由逆变管 QH1、QH2 和高压变压器 T4 等构成。

IC10（OZ9976）①、⑯脚输出的驱动信号经 T3 耦合，利用 RH5、RH6、RH9、RH10 加到逆变管 QH1、QH2 的 G 极，使它们轮流导通。QH2 截止、QH1 导通期间，供电电压 VBUS1 经 QH1 的 D/S 极、T4 的一次绕组和 C4 到地构成导通回路，使 T4 的一次绕组产生①脚正、④脚负的电动势，于是 T4 的二次绕组产生下正、上负的电动势，为背光灯供电；QH1 截止、

QH2 导通期间，VBUS2 两端电压通过 T4 的一次绕组、QH2 的 D/S 极到地构成导通回路，使 T4 的一次绕组产生④脚正、①脚负的电动势，于是 T4 的二次绕组产生上正、下负的电动势，经 P3、P4 为背光灯供电，将它点亮。

QH2 两端并联的 CH1、CH2 是谐振电容。T4 输出电压的大小还与它们容量大小有关。

4. 背光灯开/关控制电路

背光灯能否点亮受芯片 IC10（OZ9976）⑬脚（使能端，或叫背光灯开/关控制端）输入的电压控制。二次开机时，微控制器输出的背光灯开/关控制信号 BL_ON 为高电平，经 RS21、RS22 分压限流，再经 CS13 滤波后，加到 IC10 的⑬脚，被 IC10 检测处理后，它的①、⑯脚才能输出激励脉冲，高压变压器 T4 能够输出高压脉冲，背光灯才能发光。待机时，控制信号 BL_ON 变为低电平，使 IC10 的⑬脚输入的电压为低电平，此时，IC10 无激励脉冲输出，T4 不能输出高压脉冲电压，背光灯熄灭。这样，通过对 IC10 的⑬脚控制，就可以实现背光灯点亮和熄灭的控制。

5. 亮度调整电路

亮度调整电路由 IC10（OZ9976）⑦脚内外电路构成。主板微控制器输出的背光灯调光控制信号 DIMP 经 RS15、RS16 分压限流，CS11 滤波后加到 IC10⑦脚。通过改变 IC10⑦脚输入电压的大小，就可以改变 IC10①、⑯脚输出激励脉冲占空比的大小。当占空比大时，功率管 QH1、QH2 导通时间延长，高压变压器 T4 输出脉冲电压增大，背光灯发光变强，屏幕变亮。反之，若 IC10 的①、⑯脚输出的激励信号的占空比减小时，T4 输出电压减小，背光灯发光变弱，屏幕变暗。

6. 保护电路

（1）LM393 的实用维修资料

LM393 由两个独立的、高精度电压比较器组成，失调电压低，最大输入失调电压为±3mV。LM393 引脚功能和维修参考数据见表 6-5。

表 6-5　LM393 引脚功能和维修参考数据

引　脚	符　号	功　能	参考电压/V
①	OUT A	输出 A	0.01
②	IN A-	反向输入 A	0.85
③	IN A+	同向输入 A	0.06
④	GND	接地端	0
⑤	IN B+	同向输入 B	0.28
⑥	IN B-	反向输入 B	0.85
⑦	OUT A	输出 B	0.01
⑧	VCC	电压电压	4.94

（2）灯管过压保护

灯管过压保护电路由 IC10⑧脚（VSEN）内部电路、DS1 及电压取样电路构成。当高压变压器 T4 输出的高压经 CS41、CS42 和 CS51、CS52 分压，得到取样电压 VCS2、VCS1 和 VS1、VS2。VS1、VS2 先经 DS1 内的两个二极管半波整流，再经 RS7、CS8 平滑滤波后产生检测电压 VSEN，送给 IC10⑧脚。当 IC10 内的振荡器或谐振电容异常导致 T4 输出电压增大，使 VSEN 电压大于 2.75V 时，IC10⑪脚向外接定时电容 CS4 充电达 3V，IC10 关闭①、⑯脚输出的激励脉冲，逆变电路进入过压保护状态。

（3）过电流保护和灯管开路保护

该电路由 IC10（QZ9976）⑨脚内部电路、DS2 及电流取样电路构成。背光灯电流在两组取样电阻（RS2、RS51～RS53 和 RS1、RS41～RS43）两端产生取样电压 IS2 和 IS1。IS2 和 IS1 电压均分两路送：一路送 DS2，进行过电流/欠电流保护检测；另一路分别经 CS27、CS28 耦合后合并在一起，送 DS10 进行电流不平衡保护检测。IS2 和 IS1 分别经 DS2 内的二极管半波整流，再经 RS24、CS14 积分后送 U10⑨脚。当背光灯异常，导致取样电压 IS1 和 IS2 增大，使 IC10⑨脚电压超过 1.5V 并持续超过 1s，IC10⑪脚向外接定时电容 CS4 充电达 3V，IC10 关闭①、⑯脚输出，逆变器停止工作，实现过流保护。

当灯管全部开路，不能形成取样电压 IS1 和 IS2，会导致 IC10⑨脚电压过低（小于 0.5V）时，IC10 判断灯管开路，关闭①、⑯脚输出的激励信号，逆变器停止工作，实现灯管开路保护。

 提　示

OZ9976⑨脚还有浪涌电流调整功能，即背光稳定功能，当电流增大时，通过调整谐振频率，来稳定背光。

（4）高压不平衡保护、高压插座松脱保护

该电路由 IC10⑨脚内部电路、QS1、IC11、DS9 及电压取样电路构成。

正常时，T4 输出电压经 CS41、CS42 和 CS51、CS52 分压形成的采样电压 VCS2、VCS1 大小相等、相位相反。VCS2、VCS1 这两个高压采样信号分别经 CS25、CS26 耦合后叠加，经 DS9、CS29 整流滤波得到的直流电压近于 0，加到电压比较器 IC11 同相输入端③脚的电压（为 0V）比反相输入端②脚低，IC11①脚输出为低电平，高压不平衡保护电路不起作用。当高压插座松脱等原因导致两路高压输出的电压不平衡时，则 VCS2、VCS1 两个采样电压不相等，经 DS9、CS29 整流滤波得到的直流电压也会变大，由 IC11 比较放大使它的①脚输出高电平电压。该高电平电压经 DS3、RS40 加到 QS1 的 G 极，使 QS1 导通，将 U10⑨脚电压拉低，电路进入保护状态。

（5）灯管电流不平衡保护

该电路由 IC10⑨脚内部电路、QS1、IC11、DS10 及电流取样电路构成。

背光灯工作时的电流从高压变压器 T4 上边绕组高端流出，经灯管到变压器下边绕组低端流入，从下边变压器高端流出，经 RS1、RS41～RS43 到电源地，此时产生左正右负电压（IS1 为正电压），电流又从电源地经 RS2、RS51～RS53 到上边绕组低端，此时产生左负右正电压（IS2 为负电压）。平时由于电流是平衡的，所以 IS1、IS2 两个电压幅度大小相等，相位相反，经 CS27、CS28 相加的结果为 0，经 DS10 整流，CS30 滤波得到的电压为 0，加到电压比较器 IC11 同相端⑤脚的电压（为 0V）比反相端⑥脚低，比较器⑦脚输出为低电平，电流不平衡保护电路不起作用。灯管老化或接触不良等原因引起两个电流不相等时，相差的电压经 DS10、CS30 整流滤波，经 IC11 比较后使它的⑦脚输出为高电平电压。该高电平电压经 DS3、RS40 使 QS1 的 G 极为高电平，QS1 导通，将 U10⑨脚电压拉低，U10 进入灯管电流不平衡保护状态。

技能 1　故障维修技巧

▶1. 强制 LIPS 板单独工作的方法

脱机维修电源部分时，强制驱动电源部分的方法：首先，用导线短接 LIPS 板上连接器 P2 的开/待机控制端⑩脚、+3.3VSB 电压输出端⑦脚；其次，为了观察和便于检修，可在 +3.3VSB、+24V 电压输出端接上假负载。

独立维修背光灯供电电路时，强制逆变器工作的方法：首先，将连接器 P2 的点灯控制端⑫脚与⑦脚短接；其次，将 P2 的亮度调整端⑪脚与⑦脚短接；最后，在高压输出端 P3、P4 之间接上假负载。

▶2. 高压逆变器解除保护方法

对于高压逆变电路启动后很快就进入保护状态故障，可通过解除逆变器保护电路的方法，确认是某种原因造成保护电路动作，还是保护电路本身出现故障。

逆变器控制芯片 IC10（OZ9976）⑪脚为点灯时间限制，当外接电容 CS4 上充得电压大于 3V 时，IC10 执行保护动作，关闭驱动脉冲输出。去保护（解除过电压、过电流、灯管开路等所有保护）时，只需用导线将 IC10⑪脚对地短接即可。

解除过电压保护的方法是：将 IC10（OZ9976）⑧脚电压限制在保护动作电压（2.75V）以下，一般是将该脚对地短接即可。实际维修时尽可能不采取解除过压保护的方法，以免逆变管等元器件过压损坏。

解除过电流、灯管开路保护的方法：将 OZ9976⑨脚电压限制在 0.5～1.5V 范围内。若 OZ9976⑨脚电压偏低（某只背光灯管开路或失效，或电流不平衡，或高压不平衡），可将该脚通过一只电阻（阻值在 10～27kΩ 之间选择）接到 3.3V 电源上，同时断开 RS40；若该脚电压偏高（过电流），可将该脚通过一只电阻接地。

技能 2　常见故障检修流程

▶1. 副电源始终无电压输出

副电源无电压输出，说明副电源电路未工作或其负载电路异常。该故障的检修流程如图 6-9 所示。

> **⚠ 注　意**
>
> 开关管 QW1 击穿后，还应检查尖峰脉冲吸收回路的 RW3、CW1 和 DW2 是否正常，以免更换后的开关管再次损坏。

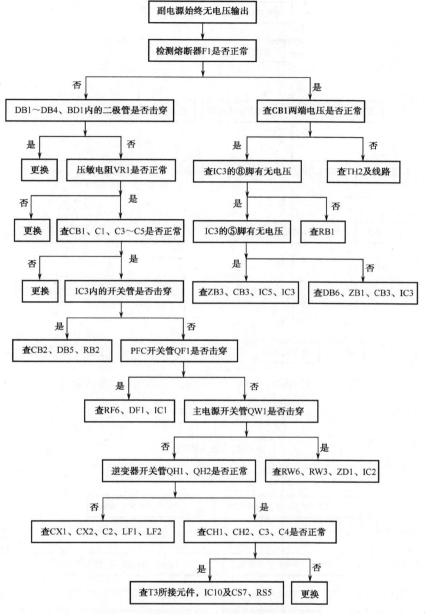

图 6-9 副电源始终无电压输出故障检修流程

2. 副电源能启动，但不能正常工作

副电源能启动，但不能正常工作，说明副电源电路或其负载异常，当然保护电路异常也会产生该故障。该故障的检修流程如图 6-10 所示。

3. 遥控开机后，主电源不工作

遥控开机后主电源不工作，说明待机控制电路或主电源电路异常。该故障的检修流程如图 6-11 所示。

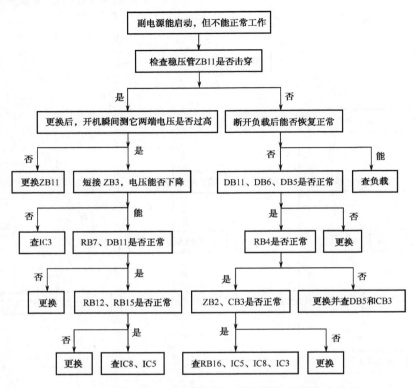

图 6-10　副电源能启动，但不能正常工作的故障检修流程

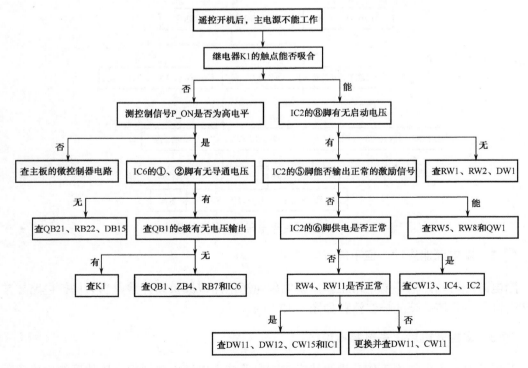

图 6-11　遥控开机后，主电源不工作的故障检修流程

4. 主电源正常，PFC 不工作

主电源正常，但 PFC 电路不工作，说明 PFC 电路或其供电电路异常。该故障的检修流程如图 6-12 所示。

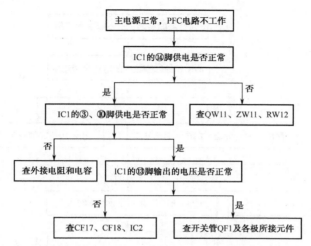

图 6-12　主电源正常，但 PFC 电路不工作的故障检修流程

5. 主电源正常，但逆变器不启动

主电源正常，但逆变器不启动，说明背光灯供电控制电路、逆变器电路异常。该故障检修流程如图 6-13 所示。

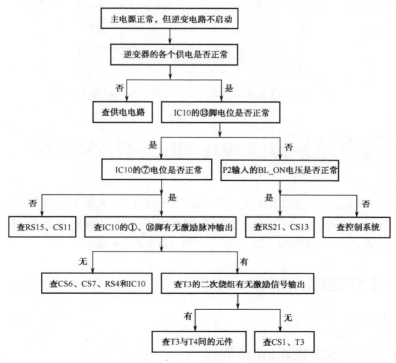

图 6-13　主电源正常，但逆变器不工作的故障检修流程

6. 逆变器能启动，但工作异常

逆变器能启动，但工作异常，说明逆变器异常或负载异常。该故障的检修流程如图6-14所示。

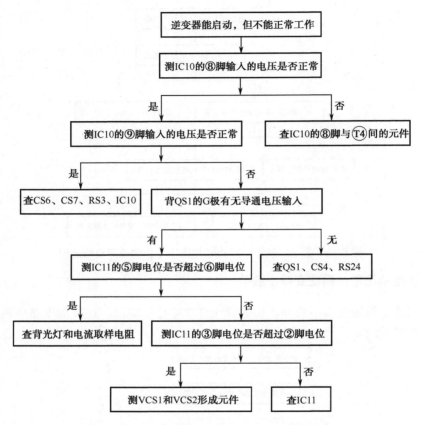

图6-14 逆变器能启动，但工作异常故障检修流程

任务3 海信2031型LIPS板故障检修

海信2031型LIPS板是专为LED背光源液晶电视设计的，主要应用在海信LED32T28KV、LED32T29P、LED37T28KV 等多种型号的液晶彩电中。该电源组件输出电压：5V/0.8A、12V/2A；LED灯条的供电电压为120～200V/60～120mA（4路）。

知识1　电路组成

1. 实物构成

海信2031型LIPS板实物如图6-15所示。

V810：PFC开关管，出现短路故障时熔断器F801烧断，开路时PFC电压低（仅有300V）

V839、V840：主电源开关管，一旦损坏，就会导致主电源无输出，或偏高或偏低等

T831：主电源开关变压器，一旦损坏，会导致12V、84V无输出或输出异常，或带负载能力差

XP910：背光灯供电输出连接器，内接LED驱动电路1、2，外接LED灯条

C848 84V滤波

L901

电路板型号标识 RSAG、820、2031

L920

L903

C810、C812 PFC滤波电容

L904

XP909

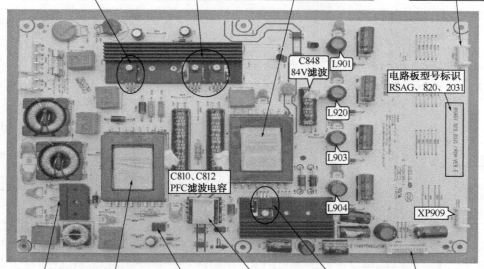

VB801：全整流桥块，易发生内部二极管击穿故障，烧断F801或限流电阻RT801

T832：PFC储能电感，一旦损坏，会导致PFC电压偏低或带负载能力差

N503（A6059H）：副电源厚膜电路，一旦损坏，会导致副电源无5V电压输出，F801熔断等故障

T901：副电源开关变压器，一旦损坏，会导致5V无输出或偏低等

VD852：12V整流二极管，一旦损坏，就会导致无输出或带负载能力差等

XP901：供电、控制接口，连接主板。易发生接解不良故障，从而导致无供电，供电异常，开关机不受控等

（a）正面元件分布

VB831（BH-10）：开关机VCC供电控制晶体管，一旦损坏，会异致开机时PFC控制芯片N801和主电源驱动控制芯片N802无供电电压，不能开机

V901～V908（FQD5N20L）：8只LED驱动电路MOSFET开关管，每路驱动电路用两只管。它们在0Z9957输出的PWM脉冲信号驱动下工作在开关状态，将84V供电提升到130～180V，将LED背光灯点亮

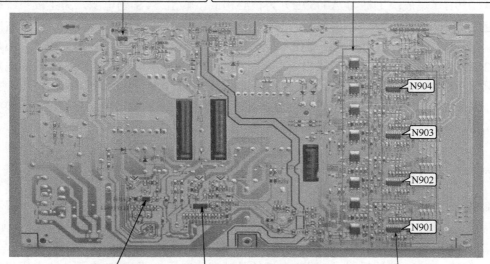

N904

N903

N902

N901

N801（33262）：PFC振荡驱动芯片，一旦损坏，会异致PFC电压低（仅有300V左右），电源带负载能力差

N802（NCP1396AG）：主电振荡驱动芯片，一旦损坏，会导致主电源无12V、8V电压输出，或输出电压异常或带负载能力差

N901～N904（0Z9957）：4块LED驱动芯片（每路用1块）。某一片损坏，会导致与之对应的背光灯不亮

（b）背面元件分布

图6-15　海信2031型LIPS板实物构成

▶2. 电路构成

海信 2031 型 LIPS 板整体电源包括开关电源与 LED 背光灯供电电路两大部分，其构成的方框图如图 6-16 所示。

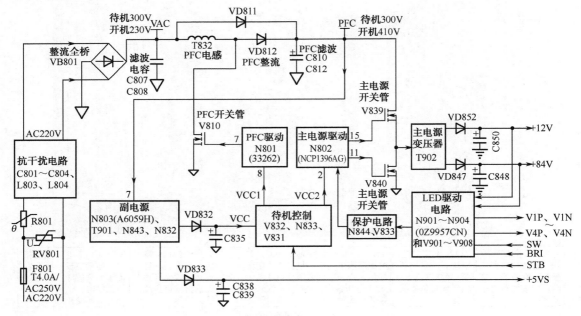

图 6-16 海信 2031 型 LIPS 板电路构成

300V 形成电路将 220V 交流市电整流得到 300V 左右电压，送到 PFC 电路。副电源采用 STR-A6059H（集成块上标为 A6059H）为核心构成，输出 5VS 副电源，为主板系统控制电路（包括 CPU、遥控接收器和按键电路等）提供+5V 待机电压，同时输出 18V 左右的电压 VCC，给 PFC 电路及主电源电路提供工作电压。PFC 电路控制器采用 MC33262（芯片上标为 33262）为核心构成，开机后输出 400V 左右的 PFC 电压，送到副电源和主电源电路。主电源采用 NCP1396A 为核心构成，输出 84V（根据 LED 灯的差异会有所不同）电压，为 LED 驱动电路供电，同时输出 12V 电压，为主板的负载供电。LED 驱动电路采用四片 OZ9957 为核心构成，输出四路电压，为 LED 灯串供电。

知识2　市电滤波、300V供电电路

海信 2031 型 LIPS 板的抗干扰电路、300V 电压形成电路、PFC 电路如图 6-17 所示。

接通电源后，220V 市电电压通过电源熔断器 F801 输入，送到由 C801、L803、C802～C804、L804 构成的抗干扰电路，滤除市电中的高频干扰脉冲后，由 VB801 桥式整流，C807、L805、C808、C811 滤波后形成 300V 左右的脉动直流电压（即 VAC 电压，该电压待机时约为 300V，开机时为 250V 左右）。VAC 电压除了为 PFC 电路供电，还送给副电源的欠电压保护检测电路。

RV801 是压敏电阻，用于防止市电过压和防雷电保护；RT801 是负温度系数热敏电阻，用于限制 C810、C812 初始充电产生的大电流。

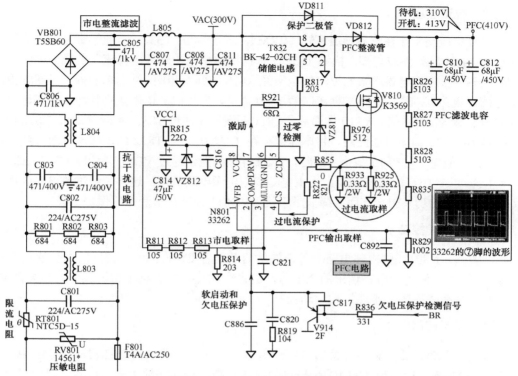

图 6-17　海信 2031 型 LIPS 板抗干扰电路、300V 电压形成电路、PFC 电路

知识 3　PFC电路

海信 2031 型 LIPS 板的 PFC 电路由 PFC 控制芯片 N801（33262）、开关管 V810、储能电感 T832、整流管 VD812、滤波电容 C810、C812 等组成。电路见图 6-17。

1. 33262 简介

33262 是 PFC 电路专用集成控制芯片，它工作于临界导通模式（CRM）。33262 内含 2.5V 基准电压源、PWM 电路、逻辑电路、定时器、乘法器、锁存器、零电流检测器、过电压比较器、欠电压锁定电路和快速启动电路等。33262 引脚功能和维修参考数据见表 6-6。

表 6-6　33262 的引脚功能和维修参考数据

引　　脚	符　　号	功　　能	电压/V
①	VFB	反馈检测输入，用于稳压控制和过电压保护	2.63
②	COMP	软启动，外接补偿电路	1.71
③	MULTIN	脉动电压检测信号输入	1.47
④	CS	过电流检测信号输入	0.02
⑤	ZCD	过零检测信号输入	3.95
⑥	GND	接地	0
⑦	DRV	驱动脉冲输出	2.10
⑧	VCC	供电脚。供电范围为 8.75～18V，启动电压为 13.25V	14.56

2. 校正过程

本机 PFC 电路工作在临界导通模式（CRM），芯片 N801（33262）的⑤脚是零电流检测输入端，通过 R817 接 T832⑤脚，检测 T832 工作时的电感电流即外电源流入负载的电流。二次开机后，开/关机控制电路送来的 VCC1 电压经 R815 加到 N801 的供电端⑧脚，且⑤脚检测到 T832 电感电流为 0V 时，将内部的 RS 触发器置 "1"，产生的高电平激励脉冲从⑦脚输出，经 R921 使开关管 V810 导通。V810 导通后，C811 两端电压通过 T832 的 1-8 绕组、V810 的 D-S 极、R933 和 R925 构成导通回路，将电能储存在 T832 中。当 T832 的电感电流增大到一定值时，⑦脚输出低电平，V810 截止。此时，T832 存储的能量通过 VD812 整流，C810、C812 滤波，产生约 410V 的直流电压 PFC，为主电源和副电源电路供电。这样，经过该电路的控制，不仅提高了电源的功率因素，而且降低了干扰。VD811 为开机浪涌电流保护二极管。

3. 软启动控制

开机瞬间，N801②脚内部电路对外接的软启动电容 C886 充电，使②脚电位逐渐升高，被 N801 检测后，使驱动电路输出的激励脉冲的占空比逐渐增大到正常，避免了开关管 V810 在通电瞬间过激励损坏，实现了软启动控制。

4. 稳压控制电路

在市电升高或负载变轻引起输出电压升高后，经分压电阻 R826～R828、R835 和 R829 取样后，C892 滤波后，为 N801①脚提供的电压升高，经误差放大器放大后，最终使 N801 ⑦脚输出的激励脉冲的占空比减小，开关管 V810 导通时间缩短，T832 存储能量减小，输出电压下降到设置值。反之，控制过程相反。

5. 过电流保护

N801 的④脚是过电流检测输入端，当开关管 V810 漏极电流过大，在 R925、R933 两端形成的电压较高时，该电压通过 R855、R822 加到 N801④脚，从而使它内部的过电流保护电路动作，关闭⑦脚脉冲信号输出，以免 V810 过流损坏，从而实现过电流保护控制。

6. 欠电压保护

N801②脚是软启动端，除外接软启动电容 C886，可以完成软启动功能外，还接有欠电压保护电路。欠电压保护电路由三极管 V914、R836 等构成。当市电电压过低或副电源输出的 V_{CC} 电压过低时，经电阻分压取样后获得的检测电压 BR（参见图 6-18）为低电平，通过 R836 使 V914 导通，将 N801 的②脚电位拉为低电平，被 N801 检测后无激励信号输出，V810 停止工作，实现欠压保护。

知识 4　副电源电路

海信 2031 型 LIPS 板的副电源电路由厚膜电路 N803（A6059H）、开关变压器 T901、三端误差放大器 N843、光耦合器 N832 等构成，如图 6-18 所示。该电源不仅输出+5VS 电压，为主板上的微处理器控制系统供电，而且输出+18V 左右的电压，经开/关机电路控制后，为 PFC 驱动控制电路和主电源振荡控制电路提供工作电压 VCC1 和 VCC2。

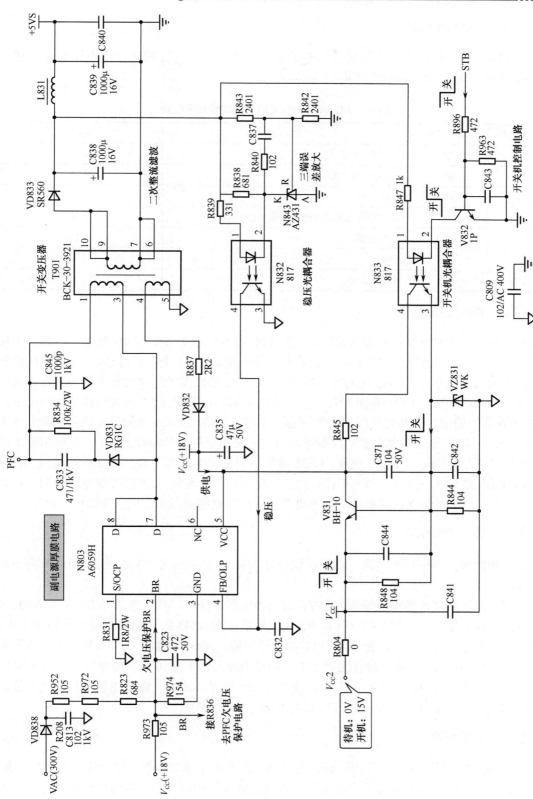

图6-18 海信2031型LIPS板副电源和开关机控制电路

▶ 1. A6059H 简介

A6059H 是一种体积小、功耗低的开关电源厚膜电路，内置振荡控制电路和开关管。A6059H 的引脚功能和维修参考数据如表 6-7 所示。

表 6-7　A6059H 的引脚功能和维修参考数据

引 脚 号	符 号	功　　能	电压/V
①	S/OCP	开关管的 S 极	0.01
②	BR	欠压检测信号输入	6.29
③	GND	接地	0
④	FB/OLP	稳压控制信号输入/过载保护信号输入	0.91
⑤	VCC	工作电压输入	16.05
⑥	NC	空脚	—
⑦、⑧	D	开关管 D 极	待机：300；开机：395

▶ 2. 功率变换

PFC 端电压通过开关变压器 T901 的一次绕组（1-3 绕组）加到 N803 的⑦、⑧脚，不仅为开关管供电，而且通过内部的高压恒流源对⑤脚外接的 C835 充电，当 C835 上的电压达到芯片要求的启动电平时，N803 内的控制电路开始工作，输出激励脉冲使开关管工作在开关状态。开关管导通期间，T901 存储能量；开关管截止期间，T901 的二次绕组输出脉冲电压。此时，9-6 绕组输出的脉冲电压经 VD833 整流，C838、L831、C839 滤波后形成+5V 电压（即+5VS 电压），该电压为主电路板的控制系统供电，使整机处于待命状态；4-5 绕组输出的脉冲电压经 R837 限流、VD832 整流、C835 滤波后得到 18V 电压。18V 电压分两路输出：一路加到 N803 的⑤脚，作为它稳定工作时的工作电压；另一路经开/关机控制电路中的三极管 V831 控制后，为 PFC 驱动控制电路和主电源振荡控制电路提供工作电压 VCC1、VCC2。

▶ 3. 稳压控制电路

副电源的稳压控制电路是由三端误差放大器 N843、光耦合器 N832 及 N803④脚内部电路构成。

当市电电压升高或负载变轻引起+5VS 输出端电压升高时，升高电压经 R839 为 N832①脚提供的工作电压升高，同时经 R843、R842 分压后，为 N843 的 R 极提供的取样电压升高，在 N843 内部进行比较放大，使得 N832②脚电压下降，N832 内的发光二极管因工作电流增大而发光加强，内部的光敏三极管因受光加强而导通增强，将 N803④脚的电位拉低，经 N803 内的误差放大器、PWM 等电路处理后，使开关管导通时间缩短，输出电压下降到正常值。若副电源输出电压下降时，稳压过程与上述相反。

▶ 4. 保护电路

A6059H 的①脚内接开关管的 S 极，也是内电路的过电流检测端，通过电阻 R831 接地。当电流过大，①脚电压达到保护设定值时，内部过流保护电路启动，副电源停止工作，以免开关管过流损坏。

A6059H 的②脚是掉电、欠电压检测输入端。该脚外接 VAC 电压检测分压电阻和 V_{CC}（+18V）辅助电源电压检测电路，当检测电路产生的检测电压值降到电路设计的阈值时，电路保护，停止工作。电阻 R952、R972、R823、R974 组成 VAC 电压检测电路，当交流市电电压降低，VAC 电压随之降低，产生的取样电压值也下降。电阻 R973 和 R974 组成+18V 电压检测电路，副电源负载加重或者其他原因引起+18V 辅助电压下降，产生的取样电压值也下降。

由 VD831、C833、R834 组成的尖峰脉冲吸收回路，用于吸收 N803 内置开关管截止时，开关变压器 T901 的一次绕组产生的尖峰脉冲，以免 N803 被过高的尖峰脉冲击穿损坏。

知识 5　待机控制电路

海信 2031 型 LIPS 板的待机控制电路采用控制 PFC 驱动块和主电源振荡驱动块供电有无电压的方式。待机控制电路由 V832、N833、V831 等组成。

主电源输出的 V_{CC} 电压（约 18V）除了为 N803 供电，还输出给待机控制电路中 V831 的 c 极。待机时，主板送来开/待机控制信号 STB 为低电平，V832 截止，光耦合器 N833 截止，V831 也截止，V831 无 $V_{CC}1$ 电压输出。此时，PFC 电路和主电源不工作，它们的负载因无供电而停止工作，整机处于待机状态。二次开机后，STB 信号为高电平，通过 R896、R963 分压限流后使 V832 饱和导通，使 N833 内的发光二极管、光敏三极管相继工作，N833 的③脚输出的电压控制 V831 导通，从它的 e 极输出 $V_{CC}1$ 电压。该电压不仅为 PFC 驱动块供电，而且经 R804 产生 $V_{CC}2$ 电压，为主电源芯片供电，它们工作后，整机负载开始工作，进入开机状态。

知识 6　主电源电路

海信 2031 型 LIPS 板的主电源电路由振荡驱动集成块 N802（NCP1396AG），光耦合器 N840（817），误差放大器 N842（AZ431），半桥式推挽电路 V839、V840，开关变压器 T831 等构成，如图 6-19 所示。其作用是将 PFC 电路输出的+410V 左右直流电压变换为+12V、+84V 等稳定的直流电压。

▶ 1. NCP1396AG 简介

NCP1396AG 是安森美半导体公司推出的一款内置上桥端与下桥端 MOSFET 驱动电路的高性能谐振模式控制器，包括一个最高 500kHz 的压控振荡器。该芯片的工作频率范围宽，为 50～500kHz，并可外部设置最低开关频率，且精度高；可调整的无反应时间可以帮助解决上方与下方晶体管相互传导的问题，同时确保一次端开关在所有负载情况下的零电压转换（ZVS），轻松实现跳周期模式来改善待机能耗以及空载时的工作效率；具备多重（过热、过电压等）保护功能，保护特色是可以立即关断，也可以加一时段延迟。NCP1396AG 的引脚功能和维修参考数据见表 6-8。

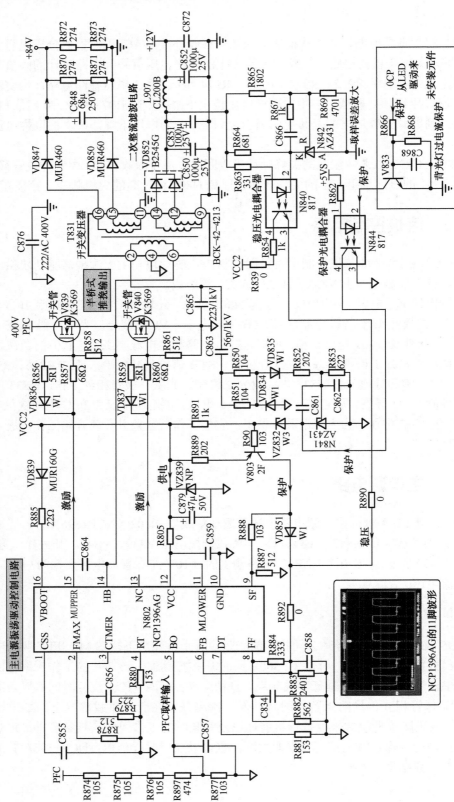

图6-19 海信2031电源、LED背光驱动板主电源电路

表 6-8 NCP1396AG 的引脚功能和维修参考数据

引 脚	符 号	功 能	电压/V
①	CSS	软启动持续时间设置	3.68
②	FMAX	最高频率偏移量设置	0.68
③	CTIMER	定时器时间设置	0.11
④	RT	定时器振荡最低频率设置，外接电阻	2.01
⑤	BO	掉电、欠电压检测信号输入	1.44
⑥	FB	稳压控制电压输入	2.54
⑦	DT	空载时间设置，外接电阻	1.29
⑧	FF	快速故障检测	0.37
⑨	SF	慢速故障检测	0.09
⑩	GND	接地	0
⑪	MLOWER	低端（下桥臂）驱动脉冲输出	6.78
⑫	VCC	电源供电输入	14.89
⑬	NC	空脚	—
⑭	HB	半桥输出	180
⑮	MUPPER	高端（上桥臂）驱动脉冲输出	182
⑯	VBOOT	为高端放大电路提供电压	185

2. 功率变换

二次开机后，待机控制电路输出的 VCC2 电压加到 N802（NCP1396AG）的⑫脚，N802 开始工作，从⑮、⑪脚输出频率相同、相位相反的开关激励信号，去控制上桥臂开关管 V839 和下桥臂开关管 V840 轮流导通和截止。VD839、C864 组成自举升压电路。当 V839 导通的时候，V840 截止，此时 PFC 电路输出的 380V 电压经 V839、T831 的 2-6 绕组、C865 到地构成回路不仅对 C865 充电，而且使 2-6 绕组产生⑥脚正、②脚负的电动势。在 V839 截止、V840 导通的时候，C865 存储的电压经 T831 的 2-6 绕组、V840 构成的回路放电，使 2-6 绕组产生②脚正、⑥脚负的电动势。这样，T832 的二次绕组就会感应出需要的脉冲电压。其中，11-15、11-16 绕组输出的脉冲电压经 VD847、VD850 全波整流，C848 滤波得到+84V 电压，为 LED 背光灯驱动板供电；9-12、9-14 绕组输出的脉冲电压经 VD852、VD847 全波整流，C850～C852、L901 滤波得到+12V 电压。+12V 电压一路为 LED 背光灯的驱动电路供电；另一路为主板的负载供电。

3. 稳压控制电路

为了确保主电源输出电压的稳定，设置了由三端误差放大器 N842、光耦合器 N840、芯片 N802 为核心构成的稳压控制电路。

当负载变轻引起+12V 输出电压升高时，经 R865、R869 分压后为 N842 控制端（R）提供的电压升高，被 N842 比较放大后，使光耦合器 N840 的②脚电位下降，N840 内的发光二极管因导通电压增大而发光加强，它内部的光敏晶体管因受光照加强而导通加强，从 N840 ③脚输出的电压增大。该电压经 R894、R892 送入 N802 的⑥脚，被 N802 内的误差放大器、调制器处理后，使 N802⑮、⑪脚输出的激励脉冲占空比减小，开关管 V839 和 V840 的导通时间缩短，T831 存储的能量下降，主电源输出的电压下降到设置值。当+12V 电压降低时，稳压控制过程相反。

4. 保护电路

为了防止电源出现过电压工作情况，NCP1396A 设计了两个保护控制引脚，分别是⑧脚和⑨脚。⑧脚为快速故障检测端，当故障反馈电压达到设定的阈值时，N802 立即关闭⑮脚和⑪脚的激励输出信号，半桥式推挽输出电路停止工作。⑨脚为延迟保护控制端，当故障时反馈电压达到设定的阈值时，N802 内部计时器启动，延迟一定时间后控制芯片内部电源管理器进入保护状态。两个保护控制引脚的检测信号来自功率输出过电压保护电路。该电路由 C863、VD835、VD834、N841、VZ832、V803 等组成。当电路出现异常，输出电压升高时，通过以上电路使⑧、⑨脚这两个保护检测端电压上升，N802 内部的激励电路被关闭，激励信号停止输出，主电源也就不再工作，完成过电压保护。

知识7 LED背光灯供电电路

海信 2031 型 LIPS 板的 LED 背光灯供电电路与图 5-35 所示电路基本相同，不再介绍。

技能1 故障维修方法

1. 脱机维修方法

海信 2031 型 LIPS 板可以脱机后下独立维修，维修时只要把开/待机控制电路中的三极管 V832 的 c、e 短接，电源板就处于开机状态，主电源就会有电压输出。

由于 OZ9957 具有 LED 灯条断路保护功能，因此，维修 LED 驱动电路时，必须每路接一只假负载（假负载可以采用 25W/220V 的白炽灯）。同时，由于 LED 驱动电路需要主板送来点灯控制启动电压（SW）和调光控制信号（RBI）才能正常工作，因此可用一只 10kΩ 左右的电阻将 XP901 的 SW 输入端与副电源的+5VS 输出端相连接，为 OZ9957 的⑫脚点灯控制使能端（ENA）提供一个高电平；用一只 27kΩ 左右的电阻将 XP901 的 RBI 输入端与副电源的+5VS 输出端相连接，为 OZ9957 的⑥脚 PWM 调光信号输入端提供一个固定的控制电压，如图 6-20 所示。

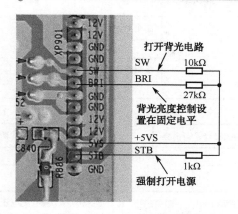

图6-20　强制打开电源+LED供电电路的方法

2. LED背光灯驱动电路维修方法

电源+LED供电的LIPS板与电源+CCFL供电的LIPS板相比，开关电源部分的故障检查思路及方法基本相同，不同之处主要是在背光灯供电电路（背光灯驱动电路）上。维修时，可采用对比检测法判断故障部位，即通过测量各路的LED背光灯控制芯片、电压输出电路、保护电路的关键检测点的对地电压、电阻，然后比较测量结果，通常是相差较大测试点的相关电路发生故障。

> **！注意**
>
> 　　严禁在脱开过电压保护控制电路的情况下，将电源板接入电视机测试，以免输出电压过高时，可能会导致主板和屏驱动电路损坏。因此，建议维修时接假负载，确认输出电压正常后，再连接负载试机。

技能2　常见故障检修流程

1. 副电源始终无电压输出

该故障的主要原因：一是该机无市电电压输入或市电电压异常，二是300V欠压保护电路异常，三是副电源未工作。该故障检修流程如图6-21所示。

> **！注意**
>
> 　　副电源厚膜电路A6059H内的开关管击穿，除了要检查尖峰脉冲吸收元件C833、R834、VD831外，还要检查A6059H①脚所接的电阻R831是否连带损坏；若PFC开关管V810击穿，应检查S极所接的R933、R925是否连带损坏，G极回路中的VD811、R921是否正常，还要检查300V供电的VB801是否性能差，以及C807、C808、C811是否容量不足，以免更换后的元器件再次损坏；若主电源开关管V839、V840击穿，应检查它们G极回路中的VD836、R856、VD837、R859是否开路或性能不良，R857、R860的阻值是否变大，以及电源控制芯片NCP1396AG是否损坏，以免更换后的元器件再次损坏。

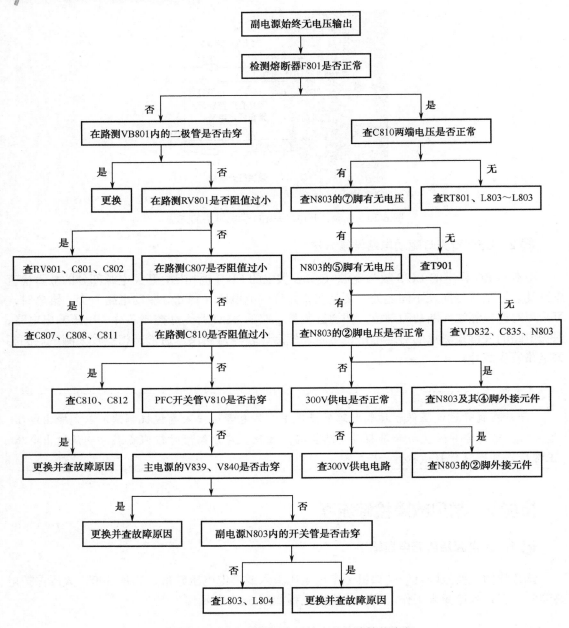

图 6-21 副电源始终无电压输出的故障检修流程

2. 副电源能启动，但不能正常工作

副电源能启动，但不能正常工作，说明副电源的供电电路、稳压控制电路、保护电路异常，或者是负载电路有问题。该故障的检修流程如图 6-22 所示。

3. 副电源正常，但 PFC 电路不工作

该故障的主要原因：一是待机控制电路异常，二是 PFC 电路异常，三是欠压保护电路异常，四是负载异常。该故障检修流程如图 6-23 所示。

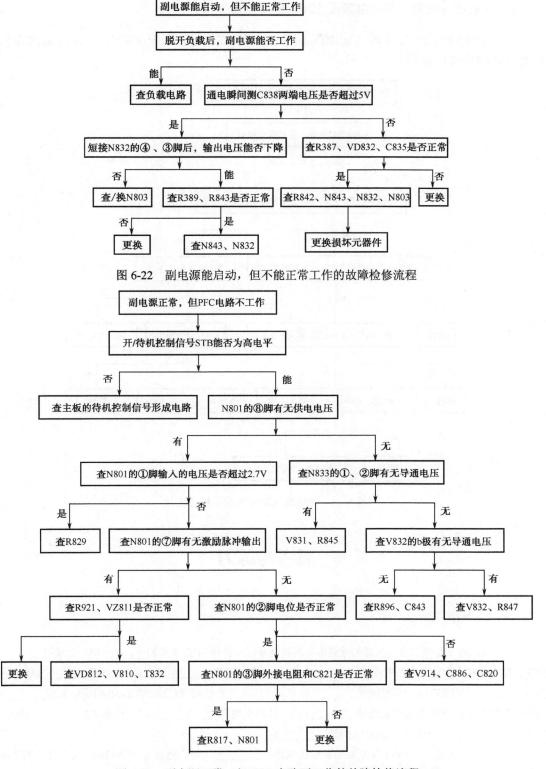

图 6-22 副电源能启动，但不能正常工作的故障检修流程

图 6-23 副电源正常，但 PFC 电路不工作的故障检修流程

4. 开机信号正常，但主电源无 12V、84V 输出

引起主电源无 12V、84V 输出的原因有：一是 PFC 电压低于 370V，二是主电源异常。该故障的检修流程如图 6-24 所示。

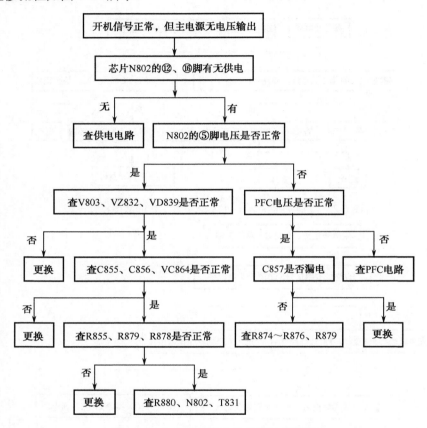

图 6-24　主电源无输出的故障检修流程

思考与练习

一、填空题

1. TCL IPL32L 型二合一板配的液晶屏有两种型号：一种是 FHD 型号的_____屏，它采用_____支 CCFL 灯管并联，屏典型工作电流是_____mA，屏单端电压是_____V，工作频率是_____kHz；点灯电压是_____V（0℃），点灯时间是_____s；二是 HD 型号的 CAS_LC320WXE-SBA1 屏，采用_____支 EEFL 灯管并联，屏典型工作电流是_____mA，屏单端电压是_____V，工作频率是_____kHz；点灯电压是_____V（0℃），点灯时间是_____s。

2. 海信 2031 电源、LED 背光驱动板输出电压：_____（待机电压），12V/2A；LED 灯条的驱动电压为_____（4 路）。

二、简答题

1. 简述 TCL IPL32L 型二合一板副电源的工作原理。
2. 简述 TCL IPL32L 型二合一板待机控制电路原理。
3. 简述 TCL IPL32L 型二合一板背光灯开关控制原理。
4. 简述 TCL IPL32L 型二合一板强制启动的方法。
5. 简述海信 2301 型电源、LED 背光灯驱动板的构成。
6. 简述海信 2301 型电源、LED 背光灯驱动板摘板维修方法。

主板故障元件级维修

主板是也叫主控板、信号处理板，它是液晶彩电内功能最多的电路板，所以结构复杂、元器件众多。该板除了低压电源、晶振、高频调谐器（或高频、中频信号处理组件）、多功能芯片（主控芯片）、帧存储器的引脚容易脱焊或故障率高一些外，其他电路因工作电压低、电流小，故障率较低。

任务 1　典型主板的构成

主板是也叫主控板、信号处理板，它的功能是最多的，不仅可以接收信号、选择信号、视频解码、格式变换、伴音信号放大，而且还是整机的控制中心，所以电路结构复杂、元器件众多。

技能 1　典型主板实物图解

图 7-1 所示是 LG LP91A EAX56856906（0）型主板（信号处理、控制板）的实物图解。该电路上没有伴音功放电路。

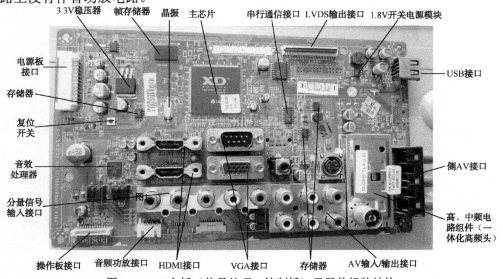

图 7-1　LG 主板（信号处理、控制板）元器件组装结构

技能 2 典型主板电路构成

创维 8G20 的机芯主电路构成如图 7-2 所示。

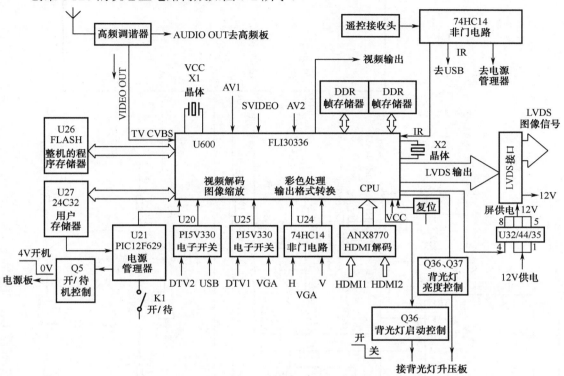

图 7-2 创维 8G20 的机芯电路构成

任务 2 高、中频电路故障检修

液晶彩电的高、中频电路和 CRT 彩电的功能是一样的，也是将来自有线电视的电视信号处理为视频信号和伴音中频信号。液晶彩电采用的高、中频电路主要有两种结构：一种是高频调谐器（俗称高频头）、中频电路采用分离结构；另一种是高频电路与中频电路组合在一个组件内，构成一体化高频、中频电路组件。因其外形和高频头一样，所以许多维修人员俗称它为一体化高频头。

知识 1 典型高频、中频电路

分离式高、中频电路构成和原理与大部分 CRT 彩电一样，所以它的故障检修方法参考电子工业出版社出版的《彩色电视机故障分析与检修项目教程》（孙立群主编）一书，本任务以长虹 LS15 机芯液晶彩电为例介绍组合型高、中频电路的工作原理与故障检修方法。该电路由高、中频电路组件 TMI4-C22I1RW（U8）为核心构成，如图 7-3 所示。其中，TMI4-C22I1RW 的引脚功能如表 7-1 所示。

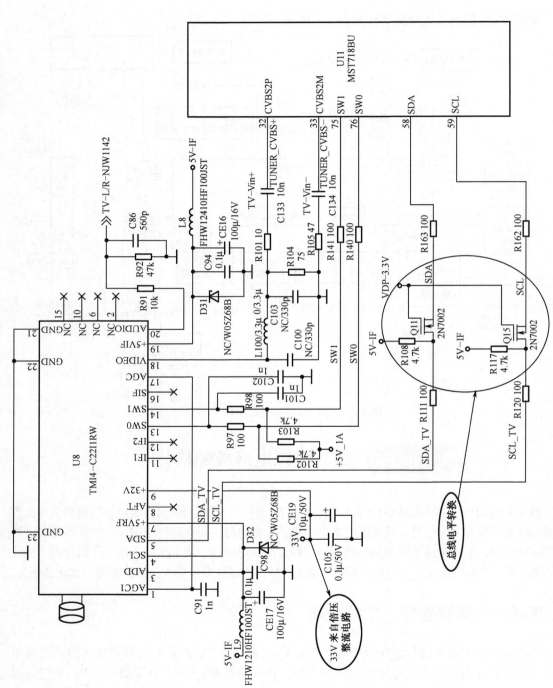

图7-3　长虹LS15机芯液晶彩电高、中频电路

表 7-1　高频、中频电路组件 TMI4-C22I1RW 的引脚功能

引脚	符号	功　能
①	AGC1	高放增益自动控制电压输入
②、⑥、⑩、⑮	NC	空脚
③	ADD	用于设置高频电路的地址，该机接地
④	SCL	I²C 总线时钟信号输入
⑤	SDA	I²C 总线数据信号输入/输出
⑦	+5VRF	高频电路 5V 供电
⑧	AFT	悬空
⑨	+32V	调谐电路 33V 供电
⑪	IF1	中频信号 1 输出，未用，悬空
⑫	IF2	中频信号 2 输出，未用，悬空
⑬	SW0	频段控制信号 0 输入
⑭	SW1	频段控制信号 1 输入
⑯	SIF	伴音中频信号输出
⑰	AGC	高频 AGC 控制电压输出
⑱	VICEO	TV 视频信号输出
⑲	+5VIF	中频电路 5V 供电
⑳	AUDIO	TV 音频信号输出

▶ 1. 供电与信号处理

5V 电压一路经 L9、CE17、C98 滤波后，加到 U8（TMI4-C22I1RW）的⑦脚，为它内部的高频电路供电；另一路经 L8、CE16、C97 滤波后，加到 U8 的⑲脚，为它内部的中频电路供电。同时 33V 电压经 CE19、C105 滤波后，加到 U8 的⑨脚，为它内部的调谐电路供电。U8 的各个电路获得供电后开始工作。

高频头 U8 在 U11 的控制下，在其内部将有线电视线或天线送来的射频信号经频道选择、高频放大、混频产生中频信号。中频信号再经中频放大，以及伴音鉴频和视频解调，从 U8 的⑳脚输出 TV 伴音音频信号，从 U8 的⑱脚输出 TV 视频信号。TV 视频信号经 L100、R101、C133 输出到 U11（MST718）的㉜脚，做进一步处理。TV 音频信号经 R91 送到音效处理集成电路 NJW1142，进行音频效果处理。

▶ 2. 选台、AFT 控制

多功能芯片 U11 内的微控制器 MCU 通过 I²C 总线控制 U8 进行频段、频道切换，以完成选台控制。当 U8 内部输出的图像中频信号偏离 38MHz 时，中放通道输出的 AFT 控制信号通过总线送给 MCU，MCU 马上通过 I²C 总线控制 U8 内高放、本振电路的频率，让输出的图像中频信号回到 38MHz，这样就能使输出的图像中频信号稳定在 38MHz。

由于 U11 内的微控制电路采用 3.3V 供电，而 U8 内的数字电路采用 5V 供电，所以为了

保证微控制电路与 U8 正常通信，设置了总线电平转换电路。该电路由场效应管 Q11、Q15 为核心构成。

U11⑱、⑲脚的总线信号经 R163、R162 加到 Q11、Q15 的 D 极，利用 Q11 和 Q15 进行电平转换后，再经 R111、R120 加到 U8 的⑤、④脚。这样，MCU 就可以通过总线系统对 U8 进行控制，从而完成选台等功能。

3. 伴音制式切换控制

高、中频电路组件 U8 的⑬、⑭脚为伴音制式切换控制，控制信号来自 U11（MST718）的⑮、⑯脚，伴音制式与控制信号的关系如表 7-2 所示。

表 7-2　长虹 LS15 机芯液晶彩电伴音制式与控制信号的关系

	D/K 制式	I 制式	B/G 制式	M 制式
SW0	0V	0V	3.3V	3.3V
SW1	0V	3.3V	0V	3.3V

知识 2　调谐电压形成电路

由于液晶彩电的电源电路不像 CRT 彩电的电源电路一样能输出 105～150V 的直流电压，最高的输出电压为 24V，而调谐电路的工作电压为 33V。因此，需要通过调谐电压形成电路将 12V、24V 电压变换为 33V，来满足调谐电路正常工作的需要。目前，液晶彩电采用的调谐电压形成电路主要有倍压整流式、自激式开关电源、他激式开关电源三种。下面分别介绍。

 提示

33V 供电形成电路多设置在高频头外部，仅少部分的液晶彩电高频头内置 33V 电压形成电路，此类高频头无 33V 供电端子。

1. 倍压整流、稳压供电方式

下面以长虹 LS15 机芯液晶彩电高频调谐电压形成电路为例介绍倍压整流、稳压供电方式。电路如图 7-4 所示。

（1）电压变换

倍压整流电路由模块 U3（AP3003-ADJ），整流管（双二极管）D6、D8，C34 构成。稳压电路由 D7 和 R26 构成。当模块 U3②脚输出的激励信号 PWM 为低电平时，24V 电压经 R107、R25、R30 和 R32 限流，利用 D6、D8 内的左侧二极管对 C34 充电，在 C34 两端建立上负、下正的电压。当 U3②脚输出约 24V 电压时，该电压与 C34 所充的电压叠加后，再经 D6、D8 内的右侧二极管整流，通过 C40 滤波得到 45V 直流电压。45V 电压经 R26 限流、D7 稳压，形成了 33V 调谐电压。

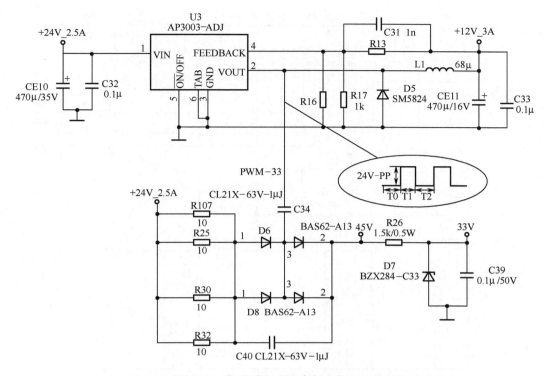

图 7-4　长虹 LS15 机芯液晶彩电高频头的 33V 电源电路

（2）典型故障分析

a. 没有 33V 供电：若 D6 的②脚对地有 45V 电压，检查稳压管 D7、电容 C39 是否击穿，若击穿，更换即可；若正常，检查 R26 是否阻值增大或开路；若是，更换并检查负载是否漏电；若负载正常，更换 R26。测 D6 的②脚对地无 45V 电压，说明倍压整流电路异常。此时，检查整流管 D6、D8 是否正常，若不正常，更换即可；若正常，检查电容 C34、C40 是否正常，若异常，更换即可；若正常，检查限流电阻 R107、R25、R30、R32。

b. 33V 供电热机后不稳：首先，查看该供电电路的元件引脚有无脱焊现象，若有，补焊后即可排除故障；若没有，说明元器件热稳定性能差。此时，测 D6 的②脚对地电压是否正常，若正常，代换检查 D7、C39；若代换无效，则更换 R26。测 D6 的②脚对地电压不稳定，说明倍压整流电路异常。此时，代换检查整流管 D6、D8 后，若 45V 供电恢复正常，说明 D6 或 D8 异常；若无效，代换检查电容 C34、C40；若仍无效，则检查限流电阻 R107、R25、R30、R32。

2. 自激开关电源供电方式

下面以海信 TLM3737 型液晶彩电的高频调谐电压形成电路为例介绍自激式开关电源供电方式。电路见图 7-5。该机的高频电路和中频电路采用的是分离结构。

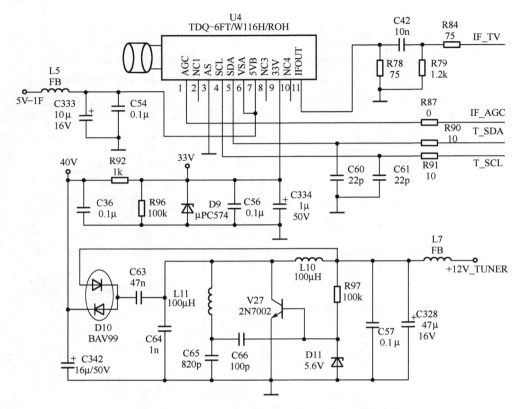

图 7-5　海信 TLM3737 型液晶彩电高频头的 33V 电源电路

（1）电压变换

12V 电压经 L7、C328、C57 滤波后，不仅通过 L10 加到振荡管 V27 的 c 极，而且通过 R97 限流，为 V27 的 b 极提供导通电压使它导通。V27 导通后，它的 c 极电流使 L10 产生左负、右正的电动势，致使 L11 产生下正、上负的感应电动势，该电动势通过 C66、V27 的 be 结、C64 构成的正反馈回路使 V27 饱和导通。V27 饱和导通后，它的 c 极电流减小，由于电感内的电流不能突变，所以 L10 产生反相的电动势，此时 L11 产生的反相电动势使 V27 截止。V27 截止后，L10 产生的电动势通过 C63 耦合，D10 内的下二极管整流，C342 滤波产生 40V 直流电压。随着 L10 释放能量，L10 和 L11 再次产生反相电动势，致使 V27 再次导通，重复以上过程，V27 工作在振荡状态。D11 用作 V27 过激励保护。

该电源工作后，C342 两端的 40V 直流电压经 R92 限流，D9 稳压后产生 33V 调谐电压，再经 C334 和 C56 滤波后，为高频头 U4 的调谐电路供电。

（2）典型故障检修

a. 没有 33V 供电：首先，测 C36 两端有无 40V 电压，若有，检查稳压管 D9、电容 C56 和 C334 是否击穿，若击穿，更换即可；若正常，检查 R92 是否阻值增大或开路；若是，更换并检查负载是否漏电；若负载正常，更换 R92。测 C36 两端无 40V 电压，说明自激振荡电路异常。此时，测振荡管 V27 的 b 极有无导通电压，若没有，在路检查 V27 的 be 结、稳压管 D11 是否击穿，若正常，检查启动电阻 R97 是否阻值增大即可；若 V27 的 b 极有导通电压输入，检查正反馈电容 C66 是否容量不足，若不足，更换即可；若正常，检查 C63 和电感

L10、L11。

b. 33V 供电热机后不稳：首先，查看振荡管 V27、电感 L10、电阻 R97 等元件的引脚有无脱焊现象，若有，补焊后即可排除故障；若没有脱焊的元件，说明有元件异常。此时，测 C36 两端电压是否稳定，若稳定，代换检查稳压管 D9、电容 C56 和 C334，若恢复正常，说明它们的热稳定性差；若无效，则更换 R92。测 C36 两端电压不稳定，说明自激振荡电路异常。此时，代换 V27、D11 后能否恢复正常，若能，说明 V27、D11 热稳定性能差；若无效，检查 C66、C63、D10 和 L10 即可。

3. 他激开关电源供电方式

下面以创维型液晶彩电的高频调谐电压形成电路为例介绍他激式开关电源供电方式。电路如图 7-6 所示。

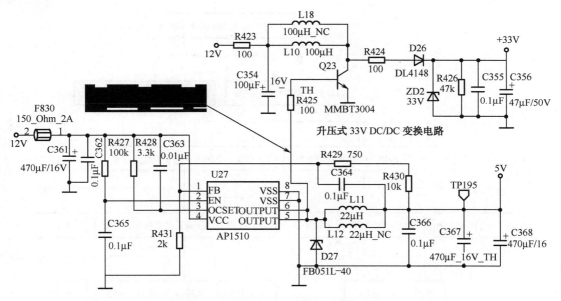

图 7-6　创维液晶彩电的 33V 电源电路

（1）电压变换

12V 电压为模块 U27 供电后，U27 内部的开关电源开始工作，不仅在 C367 两端产生 5V 直流电压，而且从 5 脚输出 PWM 脉冲经 R425 限流，使开关管 Q23 工作在开关状态。Q23 导通期间，12V 电压经 L10、Q23 到地构成导通回路，在 L10 两端产生左正、右负的电动势；Q23 截止后，L10 通过自感产生右正、左负的电动势，该电动势通过 R424 限流，D26 整流，C355、C355、C356 滤波，ZD2 稳压，在 C356 两端产生 33V 调谐电压，为高频头的调谐电路供电。

（2）典型故障检修

a. 没有 33V 供电：首先，在路检查 ZD3、D26、Q23 和 R424 是否正常，若不正常，更换即可；若正常，检查 R425、C356 是否正常，若不正常，更换即可；若正常，检查 L10、C355。

b. 33V 供电热机后不稳：首先，察看 D26、ZD2、R424、Q23 的引脚是否脱焊，若是，补焊后即可排除故障；若未脱焊，代换检查 Q23、ZD2，若 33V 供电恢复正常，说明 Q23、ZD2 异常；若代换无效，则代换检查 D26、C356、L10 后，若 33V 供电恢复正常，说明 D26、C356、L10 异常；若无效，代换检查 R424、R423。

技能 1　高、中频电路常见故障检修流程

▶ 1. TV 无图无声，AV 正常

该故障的主要原因：一是高、中频电路组件或其供电异常，二是控制系统异常。该故障的检修流程如图 7-7 所示。

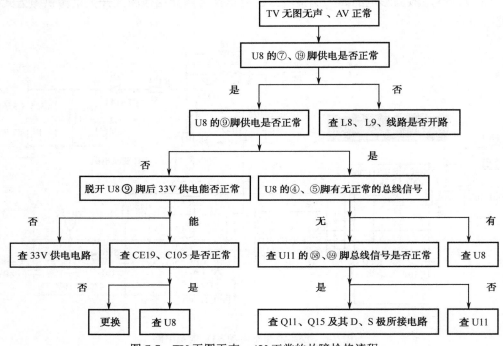

图 7-7　TV 无图无声、AV 正常的故障检修流程

▶ 2. 图像不清晰，雪花噪点大

此故障的主要原因：一是有线电视信号异常，二是 AGC 电路异常，三是高、中频电路组件异常，四是视频信号输出电路异常。该故障的检修流程如图 7-8 所示。

▶ 3. 部分频道无图像

部分频道无图像的故障原因：一是总线数据错乱，二是调谐器供电电路异常，三是高、中频信号处理组件 U8 内部异常。该故障的检修流程如图 7-9 所示。

▶ 4. 逃台

逃台故障主要原因：一是高频调谐电路异常，二是 33V 供电电路热稳定性差。该故障的检修流程如图 7-10 所示。

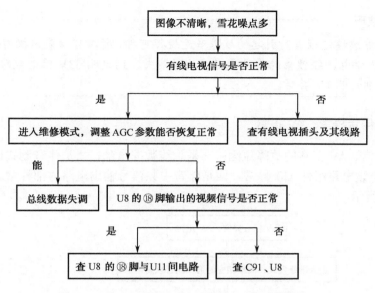

图 7-8　图像不清晰，雪花噪点大故障检修流程

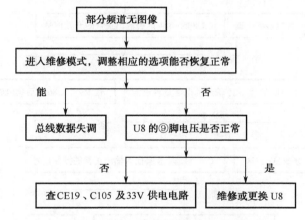

图 7-9　部分频道无图像的故障检修流程

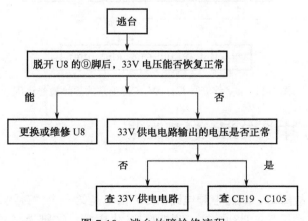

图 7-10　逃台故障检修流程

📖 **方法与技巧**

　　由于元器件热稳定性差时引起的故障多无规律可循，所以可以采用机内的 24V 电源直接为 U8 的⑨脚供电，经搜索的节目稳定，故障消失，则说明 33V 供电电路异常；若逃台故障仍出现，则说明 U8 异常。

▶ **5. TV 伴音异常、AV 正常**

　　TV 伴音异常、AV 正常的故障原因：一是总线数据错乱，二是伴音制式切换控制电路异常，三是高、中频电路组件 U8 异常，四是伴音中频信号输出电路内部异常。该故障的检修流程如图 7-11 所示。

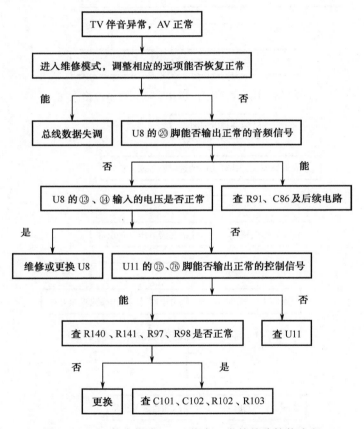

图 7-11　TV 伴音异常，AV 伴音正常的故障检修流程

技能 2　高、中频电路关键测量点

▶ **1. 5V 供电**

　　维修无图、无声故障时，高、中频电路的 5V 供电是第一个关键测量点。参见图 7-3，一体化高频头（高、中频组件）U8 的⑦、⑲脚为 5V 供电端，⑦脚为高频电路供电端，⑲脚为

中频电路供电端。若⑦脚无供电，则高频电路不工作，无中频信号输出；若⑲脚无供电，则中频电路不能工作，无视频、音频信号输出。

▶ 2. 调谐电压

维修无图、无声故障时，高频、中频电路的 33V 供电是第二个关键测量点。参见图 7-3，测 U8 的⑨脚有无 33V 供电，若有，说明它内部的调谐电路不能工作，导致高频电路不能输出中频信号；若没有 33V 供电，则检查 33V 供电形成电路。

▶ 3. 视频信号输出

维修无图、无声（被静噪）故障时，视频输出端子是第三个关键测量点。参见图 7-3，正常时高、中频电路组件 U8 的⑱脚输出 1Vpp 的视频信号，如图 7-12 所示。若⑱脚无视频信号输出，说明 U8 内的高、中频电路异常。

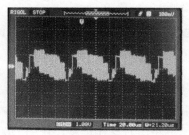

视频信号

图 7-12　U8 输出的视频信号波形

> **提 示**
>
> 若没有示波器，也可以测量 U8 的⑱脚电压来判断有无视频信号输出，因视频信号是负极性信号，所以有视频信号输出时要比无信号输出时电压下降 0.5V 左右。

▶ 4. RF-AGC 电压

维修图像若出现雪花噪点大的故障时，RF-AGC 电压是关键测量点。参见图 7-3，高、中频电路组件 U8 的①脚是 RF-AGC 电压输入端子。正常时，①脚电压无信号输入时为 4.1V，有信号输入后降为 2V 左右，若 C91 漏电或 U8 内部电路异常，导致①脚输入电压过低时，则会使高放电路处于低增益放大状态，也就会产生图像清晰度差的故障。而①脚电压为 0，则会产生无图像的故障。

▶ 5. I²C 总线

维修无图、无声故障时，I²C 总线也是关键测量点。参见图 7-3，高、中频电路组件 U8 的④、⑤脚是 I²C 总线的时钟线和数据线，正常时 U8 的④、⑤脚电压都为 4.7V 左右，并且在搜索选台时⑤脚电压是抖动的。④、⑤脚的信号波形如图 7-13 所示。

6. 音频信号输出

维修图像正常、无声故障时，音频输出端子是关键测量点。参见图 7-3，正常时高、中频电路组件 U8 的⑳脚应输出音频信号，如图 7-14 所示。若⑯脚无视频信号输出，说明 U8 内的伴音鉴频电路异常。

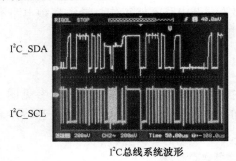

I²C_SDA

I²C_SCL

I²C总线系统波形

图 7-13　U8 的④、⑤脚总线信号波形

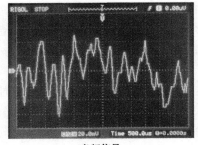

音频信号

图 7-14　U8 输出的音频信号波形

7. 伴音制式控制电压

维修伴音失真故障时，高频、中频电路输入的伴音制式控制电压是关键测量点。参见图 7-3，正常时高、中频电路组件 U8 的⑬、⑭脚输入的电压在不同伴音制式时能按表 7-2 变化。若不能变化，检查外部控制电路；若变化正常，说明 U8 内部电路异常。

任务3　视频信号接口、视频解码电路故障检修

知识1　外部视频信号接口电路识别

液晶彩电的背部和侧面通常都有较多的信号输入/输出接口，除有普通彩电所有的射频信号输入、AV 音视频输入（有多路）、S-视频输入、AV 音视频输出接口外，一般还有分量输入、VGA、HDMI、USB 接口等，如图 7-15 所示。

HDMI（High－Definition Multimedia Interface）又称高清晰度多媒体接口，HDMI 接口是首个支持在单线缆上传输，不经过压缩的全数字高清晰度、多声道音频和智能格式与控制命令数据的数字接口。HDMI 接口输入的是数字视频和音频信。它用于连接有 HDMI 接口的 AV 设备，如机顶盒、蓝光 DVD 机、高清硬盘播放器和数字电视机等。

VGA/SVGA 信号输入接口属于微型计算机（PC 机）15 针接口。液晶彩电采用的 VGA/SVGA 端口和微型计算机的相同。该接口除了输入 RGB 三基色信号，还输入行、场同步信号，所以采用该输入方式不受彩色制式影响，并且信号不需要经 Y/C 分离和彩色解码处理，所以图像的清晰度得到最大的提高。

USB 接口用于连接 USB 存储设备，如 U 盘、USB 移动硬盘等。

Y/Pb/Pr 分量输入用于连接机顶盒、DVD 机、高清硬盘播放器等具有分量输出的音视频设备。

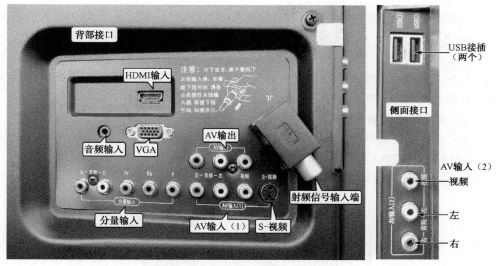

图 7-15　液晶电视机的外部接口

知识 2　AV/S端子接口、视频解码电路

1. AV/S 端子信号接口电路

（1）AV/S 端子信号输入接口电路

长虹 LS26 机芯液晶彩电的 AV/S 端子信号输入电路由超级芯片 U39（MST6M15）和外接元件构成，如图 7-16 所示。

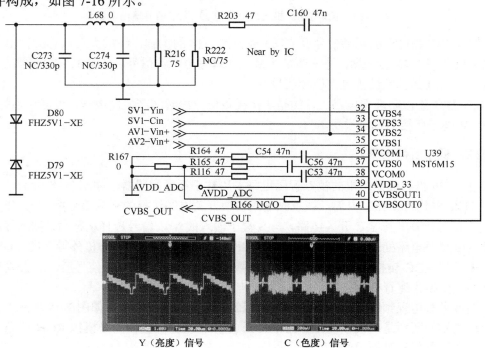

Y（亮度）信号　　　　C（色度）信号

图 7-16　长虹 LS26 机芯液晶彩电 AV/S 端子信号输入电路

来自 AV1、AV2 端子的机外视频信号输入到 U39 的㉞、㉟脚；从 S 端子输入的机外亮度信号 Y、色度信号 C 加到 U39 的㉜、㉝脚。

㉞、㉟脚输入的视频信号和机内视频信号都输入到视频信号切换电路，在 U39 内置的 MCU 控制下，就可以对输入的视频信号进行切换。被选择的视频信号不仅送给视频解码电路作解码处理，而且从㊶脚输出。

（2）AV 端子信号输出电路

长虹 LS26 机芯液晶彩电的 AV 端子信号输出电路由超级芯片 U39（MST6M15）、放大器 U48（FMS6143）为核心构成，如图 7-17 所示。

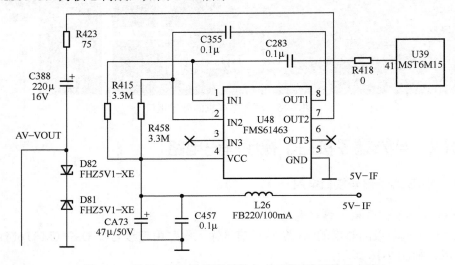

图 7-17　长虹 LS26 机芯液晶彩电 AV 端子信号输出电路

芯片 U39㊶脚输出的视频信号经 C283 耦合到 U48 的①脚，经放大后从⑧脚输出，再利用 C355 耦合到 U48 的②脚，进一步放大后从⑦脚输出。该信号经 R423、C388 耦合到 AV 输出端子，为外部视频设备提供视频信号源。

D82、D81 组成防静电电路。目的是防止插拔信号线瞬间产生高电压，可能会损坏 U48、U39 或 AV 端子所接的视频设备。

▶ 2. 视频解码电路

长虹 LS26 机芯液晶彩电的视频解码电路采用数字视频解码器，如图 7-18 所示。

在 U39（MST6M15）内部，被视频输入切换开关电路选择的视频信号经 Y/C 分离电路产生 Y/C 信号，输出到 Y/C 开关电路，与 S 端子输入的 Y/C 信号选择切换后，被选择的 Y/C 信号经色度解调电路处理后产生 YUV 信号输出到 YUV 开关电路，与机外输入的 YUV 信号切换后输出到 ADC 转换电路，将模拟信号转换为 10bit 的数字 YUV 信号后，送去隔行电路将扫描格式变换为逐行扫描格式。

早期液晶彩电视频解码电路采用的是模拟解码电路，该电路构成如图 7-19 所示。它与数字视频解码器的区别是：模拟视频解码电路无 A/D 转换器，输出的是模拟 RGB 信号。图中波形是接收彩条信号时测得的。

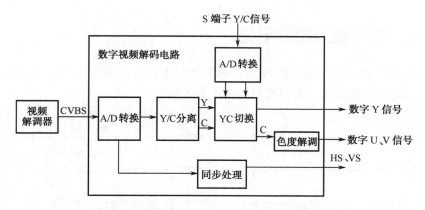

图 7-18 长虹 LS26 机芯液晶彩电视频解码电路

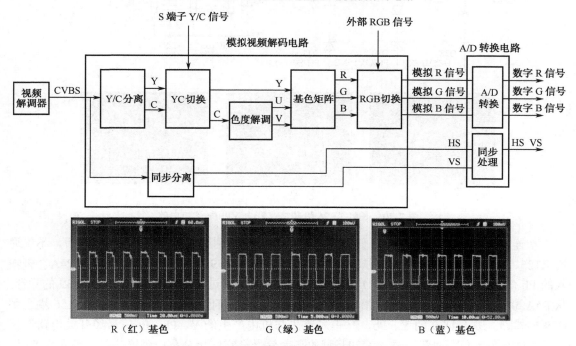

图 7-19 典型模拟视频解码电路构成方框图

此类解码器的信号流程是：由视频解调器输出的彩色全电视信号 CVBS 一路送到同步分离电路，由该电路产生行、场同步信号；另一路经 Y/C 电路分离后产生亮度信号 Y 和色度信号 C，与 S 端子输入的 Y、C 信号进行切换，被选择后的 Y 信号送到基色矩阵电路；被选择的 C 信号通过色度解码电路产生 U、V 色差分量信号，色差信号与亮度信号通过基色矩阵电路产生模拟的 R、G、B 三基色信号。该基色信号与外部输入的 RGB 三基色信号通过切换后输出到 A/D 转换电路，由该电路转换为数字 RGB 信号，再送到 A/D 转换电路转换为数字信号。

 提示

早期液晶彩电的 A/D 转换电路是独立电路。常见的 A/D 转换芯片是 MST9885、AD9883、AD9884、TDA8752、TDA8759 等。

知识 3　YPbPr输入接口电路

长虹 LS26 机芯液晶彩电的 YPbPr 信号输入接口电路以超级芯片 U39（MST6M15）和外接元件构成，如图 7-20 所示。图中波形是接收彩条信号时测得。

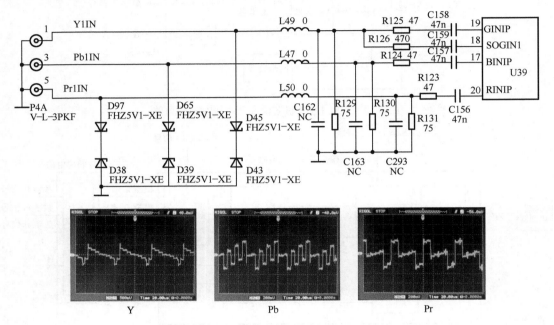

图 7-20　长虹 LS26 机芯液晶彩电 YPbPr 接口电路

从连接器 P4A①脚输入的 Y 信号经电感 L49 滤波，利用 R129 进行阻抗匹配后，不仅通过 R125、C158 耦合到 U39 的⑲脚，而且通过 R126、C159 加到 U39 的⑱脚。从 P4A③脚输入的 Pb 信号经 L47 滤波，利用 R130 进行阻抗匹配后，通过 R124、C157 耦合到 U39 的⑰脚。从 P4A⑤脚输入的 Pr 号经 L50 滤波，利用 R131 进行阻抗匹配后，通过 R123、C156 耦合到 U39 的⑳脚。进入 U39 的 Y、Pb、Pr 信号首先与机内产生的 Y、Pb、Pr 信号经开关电路选择后，再进行色差信号处理。进入 U39⑱脚的亮度信号经它同步分离电路产生行、场同步信号，以便 U39 内的 MCU 识别出机外输入的 YPbPr 信号的格式，确定变频电路的运行速度。另外，行同步信号还跟踪 ADC 电路的转换取样时钟，确保 ADC 电路将模拟 Y、Pb、Pr 信号转换为数字 YUV 信号。

D97、D38、D65、D39、D45、D43 组成了防静电电路。目的是防止插拔信号线瞬间产生高电压，可能会导致 U39 或 P4A 端子所接的视频设备过压损坏。

知识 4　VGA接口电路

长虹 LS26 机芯液晶彩电的 VGA 输入接口电路如图 7-21 所示。图中波形是接收刮条信号时测得的。

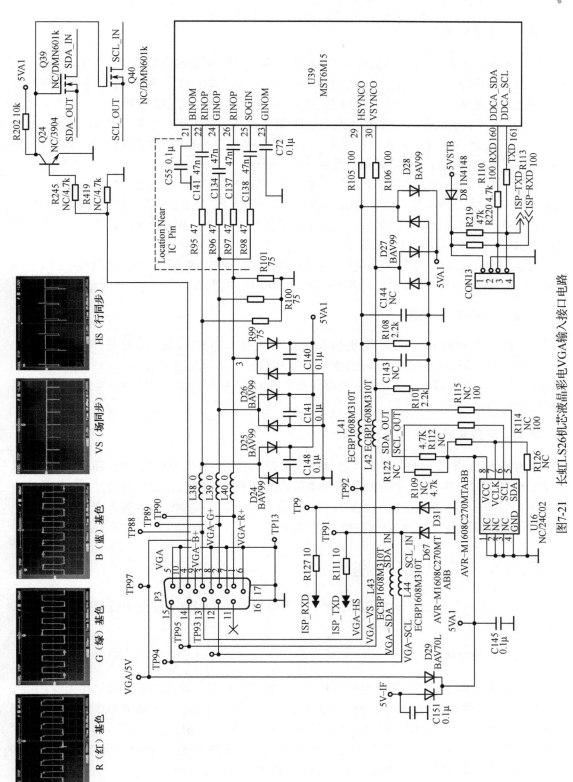

图7-21 长虹LS26机芯液晶彩电VGA输入接口电路

1. 信号流程

来自电脑的 R、G、B 基色信号从 VGA 连接器 P3①~③脚输入到主板。其中，R 信号经 R101 进行阻抗匹配后，通过 R97、C137 耦合到 U39 的㉖脚；G 信号经 R100 进行阻抗匹配后，不仅通过 R96、C134 耦合到 U39 的㉔脚，而且通过 R98、C138 加到 U39 的㉕脚。B 信号经 R101 进行阻抗匹配后，通过 R95、C141 耦合到 U39 的㉒脚。进入 U39 的 R、G、B 信号经 A/D 转换器转换为数字 R、G、B 信号，送给切换电路与机内产生的数字 R、G、B 信号进行选择，被选择的信号送给变频电路作进一步处理。

同时，P3 的⑭、⑬脚输入的行、场同步信号 VGA-HS、VGA-VS 通过 L41、R105、L42、R106 加到 U39㉙、㉚脚，用于 U39 内的 MCU 识别出来自 PC 机 RGB 信号的分辨率和刷新率，以确定变频电路的运行速度。另外，行同步信号还跟踪 ADC 电路的转换取样时钟，以便将模拟 RGB 信号转换为数字 RGB 信号。

D24、D25、D26 组成了钳位电路。目的是将 R99~R101 两端最大电压钳位到 5.4V，以免插拔信号线瞬间产生的高电压可能会损坏 U39 或 PC 机主板。

2. SOG SEP 功能

U39 还具有 SOG SEP 功能。若电脑未通过 VGA 接口输出行、场同步信号，而采用了 SOG 输出方式，即将同步信号复合在绿信号 G 进行传输。G 信号及同步信号经 C138 耦合到 U39 的㉕脚。利用㉕脚内部的 SOG SEP 电路将复合在 G 信号上的行、场同步信号分离出来，供后续电路使用。

3. 即插即用控制

该机设置了 VGA 信号即插即用存储器（早期产品采用外置存储器 U16 后，后期产品该存储器设置在 U39 内部）。当该机作为终端显示器与 PC 机连接后，PC 机通过 I²C 总线读取 U39 中存储的基本信息后，就可以完成对该机身份的确认，控制显卡为该机提供 RGB 基色信号和行场同步信号，从而实现即插即用控制。

知识 5 HDMI接口电路

长虹 LS26 机芯液晶彩电的 HDMI 输入接口电路如图 7-22 所示。图中波形是在接收彩条信号时测得的。

1. 信号流程

HDMI 设备输出的三个通道 TMDS 数字信号经连接电缆传输到该机的 HDMI 接口 P7 上，通过 P7 的①脚和③脚、④脚和⑥脚、⑦脚和⑨脚（分别为 2 通道、1 通道和 0 通道）输入到主板，再通过 R133、R138~R141、R137 输入到 U39 的③、④、⑥~⑨脚，同时 HDMI 设备输出的 TMDS 时钟信号也经 P7 的⑩、⑫脚输入后，再经 R155、R157 加到 U39 的①、②脚上，U39 输入的 TMDS 信号被送到它内部的 HDMI 接收处理电路。

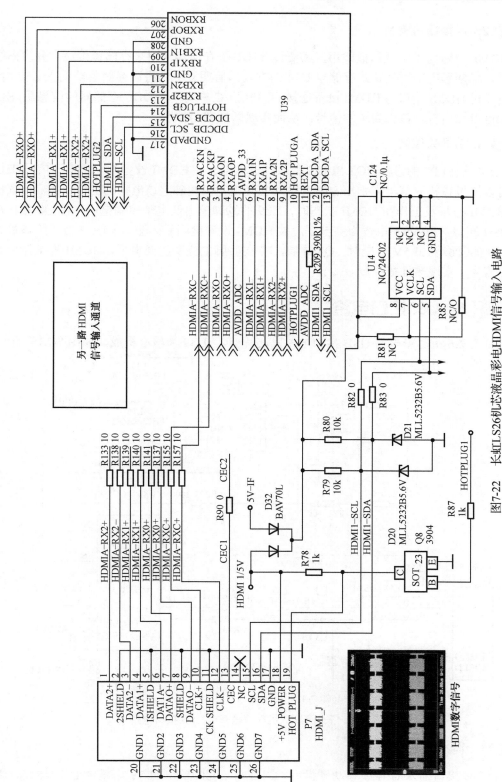

图7-22 长虹LS26机芯液晶彩电HDMI信号输入电路

2. 即插即用控制

HDMI 电路为了实现即插即用，需要设置 DDC 存储器，用来存储该机最大分辨率等基本信息，早期彩电采用外置式存储器 U14 的方式，后期彩电都将该存储器设置在 U39 内部。当该机通过 HDMI 接口与 HDMI 设备连接后，利用 I^2C 总线读取 DDC 存储器的信息后，HDMI 设备就可以输出符合该机要求的信号，从而实现即插即用控制。

3. 热插拔控制

HDMI 接口 P7 的⑲脚 HOT PLUG 是从该机输出送往 HDMI 设备的一个检测信号，HDMI 设备可以通过该检测信号识别出 HDMI 的连接情况，以便确定该电路的工作状态。当该机需接收 HDMI 信号及工作在 HDMI 状态时，U39 的⑩脚输出低电平控制电压，使 Q8 截止，致使 HDMI 端口 P7 的⑲脚电位为高电平，被 HDMI 设备检测后，输出 HDMI 信号给该机。反之，U39 的⑩脚输出 5V 电压时，Q8 导通，P7 的⑲脚电位变为低电平，HDMI 设备停止输出 HDMI 信号，实现热插拔控制。

知识 6　USB 接口电路

长虹 LS26 机芯彩电的 USB 接口电路以芯片 U4、U39 为核心构成，如图 7-23 所示。

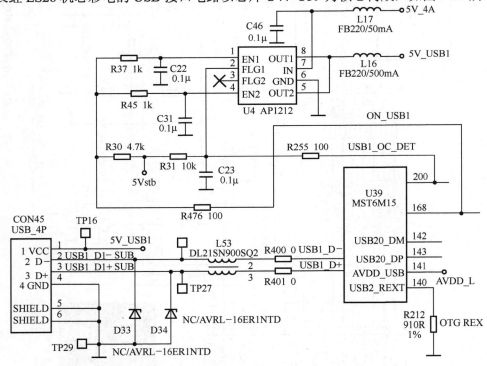

图 7-23　长虹 LS26 机芯液晶彩电 USB 接口电路

1. 信号流程

当 USB 接口插入 U 盘或移动硬盘后，U4 的⑤、⑧脚输出的 5V 电压经 CON45 的①脚为 U 盘或移动硬盘供电，使它们的内部电路得电后开始工作。它们工作后，从 CON45 的②、

③脚输入两路相位相反的串行数据信号 D+、D-，经 L53、R400、R401 加到 U39 的⑭⑫、⑭③脚。USB 信号通过 U39 内的串行转并行电路处理，产生 8bie 并行视频数字信号和音频数字信号。数字视频信号送给后面的变频电路做进一步处理，数字音频信号经解码后送给 U39 内部的音效电路做进一步处理。

U39 的⑭⑩脚是 USB 处理单元的偏置电路，U39 的⑭①脚是 USB 处理单元的供电端子，该电压来自稳压器 U38。

▶ 2. 使能控制

U39 的⑯⑧脚是 USB 的使能控制端子。只有⑯⑧脚电位为高电平（高阻态）时，5V 供电利用 R30、R37、R45 为 U4 的①、④脚提供高电平电压，U4 的⑤、⑧脚可以输出 5V 电压，USB 电路才能工作；若⑯⑧脚电位为低电平（低阻态），通过 R476 将 R30 的下端电位拉为低电平，使 U4 的①、④脚的电位变为低电平，于是 U4 的⑤、⑧脚无 5V 电压输出，USB 电路不工作。

▶ 3. 过流保护

U39 的⑳⑩脚是 USB 电路过流保护信号输入端子。当 USB 电路正常时，U4 的②脚输出高电平，通过 R255 加到 U39 的⑳⑩脚，U39 的⑯⑧脚输出高电平电压，U4 可以输出 5V 电压，USB 电路继续工作。若 USB 电路异常使 U4 过流时，U4 内的过流保护电路动作，从②脚输出低电平保护信号，该信号加到 U39 的⑳⑩脚后，U39 的⑯⑧脚输出低电平信号，使 U4 的⑤、⑧脚无 5V 电压输出，USB 电路停止工作，以免过流损坏。

技能1 视频信号接口、视频解码电路常见故障检修流程

▶ 1. AV 无图像

通过故障现象分析故障发生在 AV 输入接口、AV/TV 切换电路、视频解码电路。该故障的检修流程如图 7-24 所示。

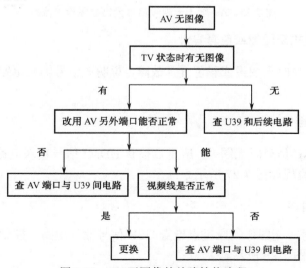

图 7-24 AV 无图像的故障检修流程

> **提示**
>
> 　　早期部分液晶彩电的视频解码电路采用了单独芯片（如 SAA7117AH）和外围元件构成，对于此类彩电，如果接收电视信号和 AV 信号时都无图像，可从 VGA 或 HDMI 端口输入信号，若图像正常，说明故障在视频解码电路；若仍无图像，则故障部位在视频解码后级电路。

　　另外，部分液晶彩电的视频解码电路异常还会产生图像对比度差、彩色异常等故障。

2. AV 端子无视频信号输出

　　通过故障现象分析故障发生在 AV 视频输出放大电路、AV 视频输出接口电路。该故障的检修流程如图 7-25 所示。

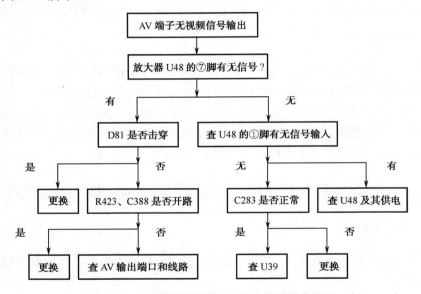

图 7-25　AV 端子无视频信号输出故障检修流程

3. YPbPr 模式无图像或色彩异常

　　当输入 YPbPr 信号时无图像或彩色异常故障，说明该信号输入电路异常。该故障的检修流程如图 7-26 所示。

4. HDMI 无图像

　　当接收标准 HDMI 信号时无图像，应重点检查 HDMI 信号输入电路、控制电路、主芯片 U39。该故障的检修流程如图 7-27 所示。

5. USB 无图像

　　当接收 USB 信号时无图像，应重点检查 USB 信号输入电路、控制电路、主芯片 U39。该故障的检修流程如图 7-28 所示。

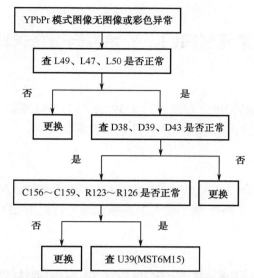

图 7-26 长虹 LS26 机芯液晶彩电 YPbPr 无图像、色彩异常的故障检修流程

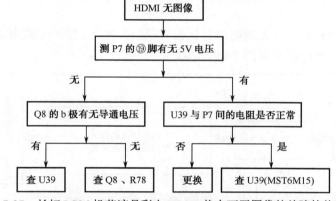

图 7-27 长虹 LS26 机芯液晶彩电 HDMI 状态下无图像的故障检修流程

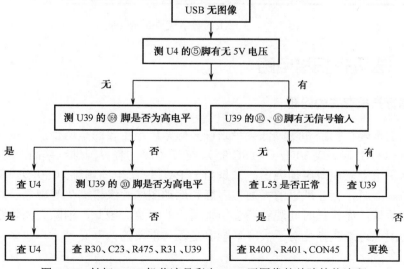

图 7-28 长虹 LS26 机芯液晶彩电 USB 无图像的故障检修流程

技能 2　外部视频信号接口、视频解码电路关键测量点

1. 供电

维修 TV、AV 无图像故障时，超级芯片 U39 的 AVDD-MPLL、AVDD-ADC 供电端子是第一个关键测量点。只有确认供电正常后，才能检查其他电路。

2. 信号输入端

芯片 U39 的 AV/S 端子、VGA、YPbPr、HDMI、DVI 信号输入端子是第二个关键测量点。其中，AV/S 端子、VGA、YPbPr 端子输入的是模拟信号，而 HDMI 和 DVI 端子输入的数字信号。

任务 4　液晶彩电数字视频信号处理电路故障检修

液晶彩电的数字视频信号处理电路包括去隔行扫描电路、图像缩放电路、输出接口电路，它们的构成与它们之间的关系如图 7-29 所示。

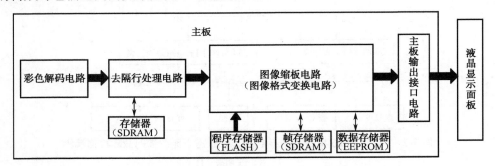

图 7-29　主板上的数字视频处理电路

知识 1　去隔行扫描电路

1. 隔行扫描存在的问题

传统彩电由于隔行扫描和场频低会带来许多问题，最主要的是两个：一是由于隔行扫描的帧频为 25Hz（PAL 制）或 30Hz（NTSC 制），低于人眼的临界闪烁频率而产生的行间闪烁，尤其在大屏幕彩电上表现得更加突出；二是由于 PAL 制彩电的场频为 50Hz，所以在显示平均亮度较高的画面时，存在严重的大面积闪烁和运动图像边缘模糊化等现象。这些问题不仅会降低图像的质量，而且长时间观看还会伤害用户的眼睛。因此，消除大面积图像闪烁、行间闪烁、运动图像边缘模糊化对于大屏幕彩电是极为重要的。

▶ 2. 隔行扫描问题的解决

随着数字技术和大规模集成电路技术的发展，可利用数字技术和大规模存储器将一行或一场信号重复使用，来解决低场频、隔行扫描产生的大面积图像闪烁和行间闪烁的问题。

▶ 1. 场频不变的逐行扫描方式

场频不变的逐行扫描方式就是利用大容量的帧存储器，将两场隔行扫描的奇数场信号和偶数场信号，交替镶嵌地写入动态存储器，合成一帧完整图像再逐行读出，从而在场频不变的情况下使行扫描线数变为 1250 线，如图 7-30 所示。

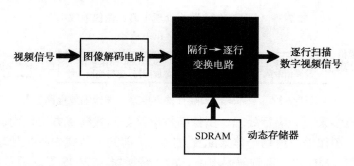

图 7-30　隔行—逐行扫描变换示意图

▶ 2. 提升场频的逐行扫描方式

提升场频的逐行扫描方式也有 525 行/60Hz 和 625/60Hz 等多种形式。由于该方式不仅可减轻行间闪烁现象，而且还可以减轻大面积行间闪烁现象，所以液晶彩电主要采用此类去隔行扫描处理方式。

知识 2　图像缩放处理电路

由于液晶彩电液晶屏的分辨率是固定的，而液晶彩电可以接收多种信号源的信号，其中 VGA、DVI、HDMI、USB 等接口输入信号的分辨率是可变的，所以需要通过缩放电路（Scaler 电路）将不同分辨率的信号转换为固定分辨率的信号。

图像缩放的基本原理是：第一步，利用输入模式检测电路检测输入信号的基本信息，计算出需要校正信号的水平、垂直方向像素的比例；第二步，对输入的信号采取输入或抽取后，在 FLASH 存储器配合下，再插入需要插入的像素或抽出多余的像素，最终处理为液晶屏需要的像素数量。

Scaler 电路输出信号有两种形式：一种为并行输出 TTL 电平的数字 R、G、B 信号，送往后续的 LVDS 接口电路；另一种为直接输出 LVDS 信号。

知识3　典型的去隔行、图像缩放电路方案与分析

1. 典型的去隔行、图像缩放电路方案

液晶彩电去隔行处理、图像缩放电路的配置方案主要有两种：一种是分离式的，即去隔行处理电路和图像缩放电路都采用单独的集成电路，如图 7-31 所示；另一种是一体式的，即去隔行处理电路和图像缩放电路集成在一起，如图 7-32 所示。

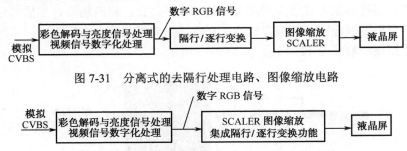

图 7-31　分离式的去隔行处理电路、图像缩放电路

图 7-32　一体式的去隔行处理电路、图像缩放电路

早期液晶彩电多采用去隔行处理、图像缩放电路分离式配置方案，而新型液晶彩电都采用了去隔行处理、图像缩放电路一体式配置方案。目前的一体式去隔行处理、图像缩放电路多与系统控制电路（MCU）、视频解码电路、A/D 转换器、LVDS 发送器等电路集成在一起，构成了功能强大的全功能芯片（超级芯片）。

随着数字技术的发展，涌现出各种不同的去隔行频技术，相应出现了去隔行、图像缩放专用芯片，常见的芯片有美国像素科技（pixelworks）生产的 PW1232/PW113、捷尼公司生产的 FLI2300/FLI2310、FLI8532 等。

2. 典型去隔行、图像缩放电路

下面以长虹 LS26 机芯液晶彩电的去隔行、图像缩放电路（变频电路）为例介绍一体式去隔行、图像缩放电路原理与故障检修方法。该电路是以超级芯片 U39（MST6M15）和帧存储器 U12（HY5DU2B1622ET-4）为核心构成，如图 7-33 所示。

U39 的⑭～⑩③脚输出的行、列地址信号 MADR0～MADR11，经 3 个电阻排 R26～R28 输出给 U12 的㉘～㉜脚、㉟～㊶脚。U39 的⑪②、⑪③、⑪⑤、⑪⑥、⑪⑧～⑫①、⑫③、⑫④、⑫⑥、⑫⑦、⑫⑨～⑬②脚输出的数据信号 DATA0～DATA15，经 5 个电阻排 RP29～RP33 加到 U12 的⑬、⑪、⑩、⑧、⑦、⑤、④、②、㊺、㊽、㊻、⑤⑦、⑤⑥、⑤④脚。U39 的⑨③脚输出的写入数据指令 WEZ 通过 R493 加到 U12 的㉑脚。U39 的⑧⑧脚输出的行地址选择信号 RASZ 经 R491 加到 U12 的㉓脚，U39 的⑨②脚输出的列地址选择信号 CASZ 经 R492 加到 U12 的㉒脚。U39 的⑧⑦、⑧⑥脚输出的 BA0、BA1 加到 U12 的㉖、㉗脚，用于选择 U12 内存储区的控制。U39 的⑩⑨、⑬⑤脚输出的数据保护信号 DQM0、DQM1 经 R496、R498 加到 U12，U39 的⑪⑩、⑬④脚输出的数据字节控制信号 MDQS0、MDQS1 经 R495、R499 加到 U12。MDQS0、MDQS1 控制 DQ0～DQ7，MDQS1 控制 DQ8～DQ15。当 U39 和 U12 进行正常的数据交换后，就会实现图像信号的去隔行、图像缩放功能。

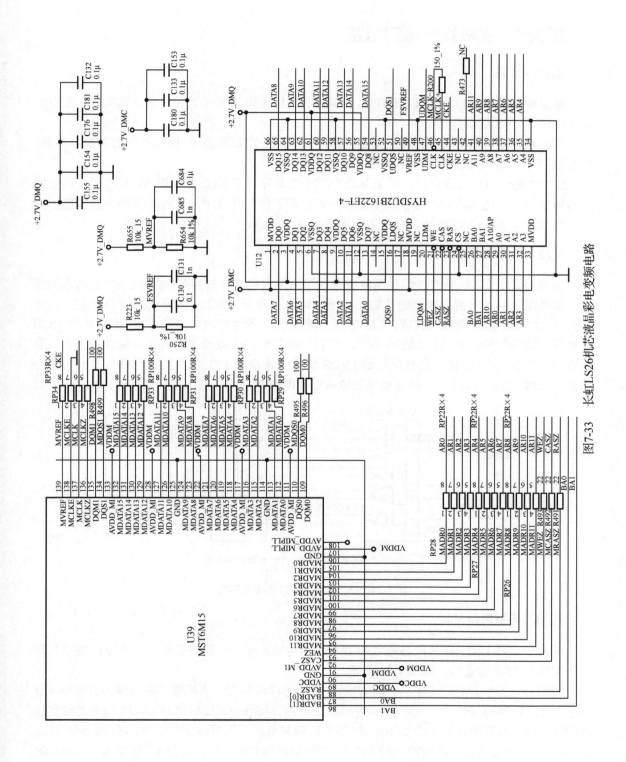

图7-33 长虹LS26机芯液晶彩电变频电路

知识 4 主板输出接口电路

1. 分类

液晶板与主板接口有 TTL、LVDS、RSDS、TMDS 和 TCON 五种方式，其中，最常用的是 TTL 和 LVDS 接口。

TTL 接口是一种并行总线接口，用来驱动小屏幕的 TTL 液晶屏，根据不同的面板分辨率，TTL 接口又分为 48 位或 24 位并行数字显示信号。

LVDS 是一串行总线接口，用来驱动 LVDS 液晶屏，与 TTL 接口相比，LVDS 接口有更高的传输率（可达 GB/s），更低的电磁辐射和电磁干扰，并且用于传输数据的传输线也远少于 TTL 接口，所以 LVDS 接口是目前应用最广泛的接口。

2. 构成与原理

在液晶彩电中，利用 LVDS 电路将视频电路的缩放电路与液晶面板的 TCON 电路连接起来。参见图 7-34，它由主板上的 LVDS 信号 LVDS 发送器（发送电路）液晶面板上的 LVDS 接收器（LVDS 接收电路）构成。LDVS 发送器将来自图像缩放电路的 TTL 电平并行 RGB 信号和时钟信号转换成串行 LVDS 信号，再利用柔性电缆或双绞线将信号传输给液晶屏上的 LVDS 接收器，LVDS 接收器将串行的 LVDS 信号再转换为 TTL 电平的并行信号送给时序控制器 TCON 电路，就可以驱动显示屏的液晶重现图像。

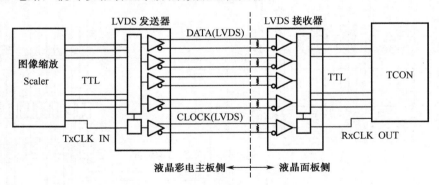

图 7-34 LVDS 接口电路构成方框图

3. 典型电路分析

下面以长虹 LS26 机芯液晶彩电的 LVDS 信号输出电路为例进行介绍，该电路是以超级芯片 U39 为核心构成的，如图 7-35 所示。

超级芯片 U39 从 ⑰～⑱、⑱⑥～⑲脚输出 12 对 LVDS 信号。当配套的液晶屏为普通屏（分辨率为 1336×768）时，⑰、⑰、⑱⑥～⑲脚悬空，而仅将⑭～⑱脚输出的 LVDS 信号送给逻辑 TCON 电路。当选用分辨率为 1336×768 的普通液晶屏时，则 U39 的 ⑰、⑰、⑱⑥～⑲脚不输出 LVDS 信号，而仅将⑭～⑱脚输出的 LVDS 信号送给 TCON 电路。当选用分辨率为 1920×1080 的高清液晶屏时，则将 U39 输出的 12 对 LVDS 信号送给 TCON 电路。当选用刷新率为 120Hz

或 240Hz 的高清液晶屏时，则不将 U39 输出的 12 对 LVDS 信号送给 TCON 电路，而是需要通过单独设置的变频电路将刷新率升高为液晶屏需要的刷新率后，再送给 TCON 电路。

U39 引脚	引脚号	信号
GP10M[1]HDMI_CEC	201	R160_100 OPC–EN
GPIOM[O]	200	
GND	199	
VDDP	198	VDDP
LVBOM	197	R7–RX00
LVBOP	196	R6–RX00+
LVB1M	195	R5–RX01–
LVB1P	194	R4–RX01+
LVB2M	193	R3–RX02–
LVB2P	192	R2–RX02+
LVBCKM	191	R1–RXOG –
LVBCKP	190	R0–RXOG+
LVB3M	189	G7–RX03 –
LVB3P	188	G6–RX03+
LVB4M	187	G5–RX04–
LVB4P	186	G4–RX04+
GND	185	
VDDP	184	VDDP
LVAOM	183	R3–RXE0–
LVAOP	182	G2–RXE0+
LVA1M	181	G1–RXE1–
LVA1P	180	G0–RXE1+
LVA2M	179	B7–RXE2
LVA2P	178	B6–RXE2+
LVACKM	177	B5–RXEC–
LVACKP	176	B4–RXEC+
LVA3M	175	B3–RXE3–
LVA3P	174	B2–RXE3+
LVA4M	173	B1–RXE4 –
LVA4P	172	B0–RXE4+
VDDC	171	VDDC
GND	170	

图 7-35 长虹 LS26 机芯液晶彩电 LVDS 信号输出电路

知识 5 液晶屏身份设置电路

许多品牌的液晶屏都可以两种或多种主板配套使用，但由于不同液晶屏驱动电路的供电可能不同，所以许多主板具有液晶屏身份设置电路。下面以长虹 LS26 机芯的液晶屏身份设置电路为例进行介绍，该电路由 U39 的⑦⑨脚内外电路构成，如图 7-36 所示。通过是否安装 R372、R373 来改变 U39 的⑦⑨脚电位，就可以实现液晶屏身份的设置。

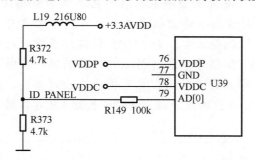

图 7-36 长虹 LS26 机芯液晶彩电液晶屏身份设置电路

当 R372、R373 都接入电路时，3.3V 电压经 R372 与 R373 分压后，再经 R149 为 U39 的 ⑦脚提供 1.5V 电压，被 U39 内的 MCU 识别后输出控制信号使 U39 输出的 LVDS 信号满足 120Hz 液晶屏的使用。当不安装 R373 时，3.3V 电压经 R372、R149 为 U39 的 ⑦脚提供 3.3V 电压，被 U39 内的 MCU 识别后输出控制信号使 U39 输出的 LVDS 信号满足全高清液晶屏的使用。当不安装 R372 时，U39 的 ⑦脚无电压输入，电位为 0，被 U39 内的 MCU 识别后输出控制信号使 U39 输出的 LVDS 信号满足普通液晶屏的使用。

技能 1　数字视频处理电路常见故障检修

▶ 1. 黑屏

该故障说明背光灯供电电路、视频电路、微控制器电路异常。该故障的检修流程如图 7-37 所示。

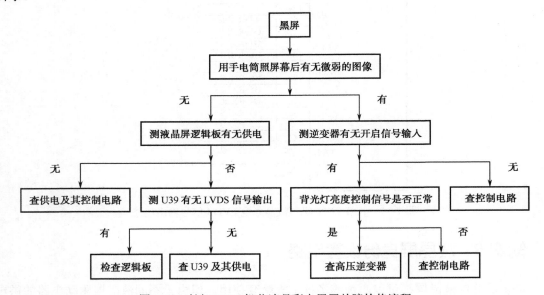

图 7-37　长虹 LS26 机芯液晶彩电黑屏故障检修流程

📖 方法与技巧

若是黑屏（灰屏），用手电筒照射液晶屏，若不能看到暗淡的图像，如图 7-38 所示，说明主板可能没有向液晶屏输出图像信号，可用示波器在主板与液晶面板的接口处检查 LVDS 信号的波形是否正常。若 LVDS 的波形正常，此时应检查高压板及液晶面板是否有故障；若 LVDS 信号中没有图像信号输出时，应着重检查主板图像处理电路。因 LVDS 信号输出脚的直流电压在有无信号输出时不同，所以若没有示波器，也可以通过测量 LVDS 信号输出脚电压进行判断，长虹 LS26 机芯的 LVDS 信号输出脚电压如表 7-3 所示。

图 7-38 用手电筒判断液晶屏有无图像信号输入示意图

表 7-3 长虹 LS26 机芯 LVDS 信号输出引脚电压

脚名		RXE0-	RXE0+	RXE1-	RXE1+	RXE2-	RXE2+	RXEC-	RXEC+	RXE3-	RXE3+
电压/V	无信号	1.45	1	1.44	1.02	1.4	1.05	1.21	1.26	1.3	1.16
	有信号	1.28	1.16	1.28	1.18	1.31	1.2	1.21	1.26	1.38	1.13

2. 花屏

引起花屏故障的主要原因：一是视频处理电路异常，二是帧存储器异常，三是逻辑板异常，四是更换了不配套的液晶屏，五是更换了不配套的主板。该故障的检修流程如图 7-39 所示。

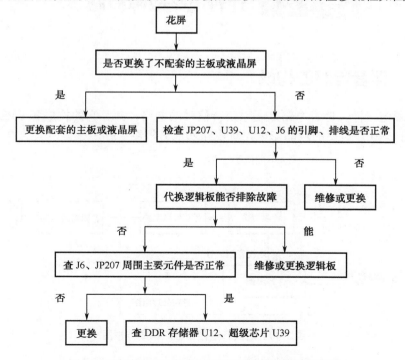

图 7-39 长虹 LS10 机芯液晶彩电花屏故障检修流程

提 示

　　数字视频处理电路不良或出现引脚发生虚焊是引起花屏的主要原因之一。

技能2　数字视频电路关键测量点

▶1. 供电

　　检修黑屏（或灰屏、白屏）故障时，数字视频处理电路的供电是第一关键测量点。数字视频电路通常采用多组供电电压，若电压不正常，则查供电电路。

提 示

　　超级芯片的数字视频电路供电电压一般有3.3V、2.5V、1.8V等几种。供电电路的DC/DC型电源较易出现故障。

▶2. 信号输出

　　检修黑屏故障时，LVDS信号输出脚是第二个关键测量点，不仅可以通过测量信号波形确认它是否正常，也可以通过测量有无信号时的电压进行判断。

▶任务5　伴音电路故障检修

知识1　伴音电路的构成

　　和CRT彩电一样，伴音电路是还原声音信号的电路，并且它的构成和CRT彩电的伴音电路相同。图7-40是典型的液晶彩电伴音电路构成方框图。

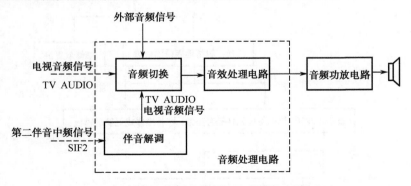

图7-40　液晶彩电伴音电路构成方框图

下面对方框图作简单说明：

（1）伴音解调器（鉴频器）：伴音解调器的作用是从第二伴音中频调频信号 SIF2 中解调还原出音频信号。伴音解调器都是集成在中频信号处理芯片或液晶超级芯片内部。而大部分液晶彩电将中频信号处理芯片安装在高、中频信号处理组件（俗称一体化高频头）内。

（2）音频功放电路：伴音功放电路的作用是对音频信号进行功率放大，以激励扬声器重现电视伴音。液晶彩电都采用了集成电路型功放电路。

（3）TV/AV 音频切换电路：TV/AV 音频切换电路的作用是对机内伴音信号和机外输入的伴音信号进行切换。

（4）音效处理电路：音效（音频效果）处理的作用是调节音量、高音、低音、平衡、立体声、环绕声、重低音等。音效电路多和伴音解调、TV/AV 切换电路集成在一起。

知识 2　典型伴音电路分析与检修

下面以海信 TLM3737 型液晶彩电音频信号处理电路为例介绍液晶彩电伴音电路故障检修。

1. 音频小信号处理电路

海信 TLM3737 型液晶彩电的音频小信号处理电路由超级芯片 MST9U88L（U8）为核心构成，如图 7-41 所示。

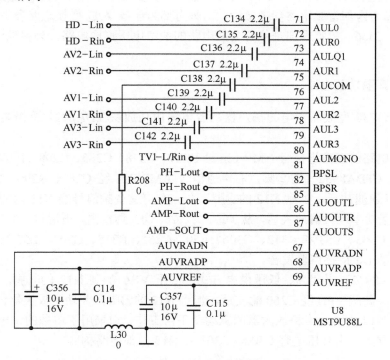

图 7-41　海信 TLM3737 型液晶彩电音频小信号处理电路

（1）MST9U88L 内的音频小信号处理电路简介

MST9U88L 可支持两路伴音中频 SIF 输入，内含解调功能，外部无须增加任何音频解码芯片就可实现丽音解调和立体声处理功能；MST9U88L 最多可支持 4 路立体声（L/R）和一路单声道输入，其中单声道主要用于 TV 状态；对于 HDMI 信号，可支持采样频率为 32kHz、44.1kHz、48kHz；在输出方面，它内置了音频 DAC 转换器和一个线性输出电路，一路重低音输出电路；在音效处理方面，具有音量、平衡、低音、高音、静音、均衡器、假立体声和环绕声等控制功能。

（2）音频切换及音效处理电路

TV、AV/S 端子、VGA、HDMI 的音频信号通过电容 C134～C137、C139、C140 耦合，再从超级芯片 U8（MST9U88L）的⑦～⑭脚、⑯～⑲脚输入。U8 首先对输入的信号进行识别，若是调频信号 FM，则先通过 A/D 电路将模拟信号转换为数字信号，然后通过解调形成数字音频信号；若是丽音信号 NICAM 信号，则不需要进行 A/D 转换，直接通过 NICAM 解码电路解码后，产生丽音数字音频信号。而其他音频信号经 U8 内部输入选择电路切换后，再经 A/D 变换电路变换为数字音频信号。该数字音频信号和 TV 数字音频信号（含丽音音频信号）在 I²C 总线的控制下进行切换，被选择后的音频信号通过高音/低音/音调控制、左右声道平衡控制、音量控制等处理后，再通过 U8 内的 D/A 转换电路变换为模拟音频信号。模拟音频信号经缓存放大后，第一路从㉛、㉜脚输出 PH-Lout、PH-Rout 信号，送给耳机功放电路；第二路从㉟、㊱脚输出 APM-Lout、APM-Rout 信号，送给扬声器功放电路；第三路从㊲脚输出 APM SOUT 信号，送给 AV 输出端子，为外部设备提供音频信号。

U8 的㊲脚为内部音频电路参考接地；㊳脚内部为伴音 A/D 变换电路参考电压，外接滤波电容 C114、C356；㊴脚内部是伴音公共电路的参考电压形成电路，外接滤波电容 C357、C115。

2. 扬声器功放电路

海信 TLM3737 型液晶彩电的扬声器功放电路由功放块 TDA8932 及相关元件组成，如图 7-42 所示。

来自音效电路的左声道信号 AMP-Lin 经 R287、C278、C285、C208、R288 低通滤波后，加到功放 N12（TDA8932）的②脚；右声道信号 AMP-Rin 经 C282、R290、R291、C289、C285、C299 低通滤波后，加到 N12 的⑮脚。左、右声道音频信号经 N12 内的前置放大器放大，再经全桥型功率放大器放大后，从（⑲、㉒、㉗、㉚）脚输出，再通过 R313、C297、L51、C268、R316、C303、L53 和 R312、C306、L50、C261、R315、C302、L52 组成的低通滤波器滤波后，驱动 L、R 扬声器发音。

N12（TDA8932）采用高、低压供电方式，低压 VPA 加到 N12 的⑧脚，为它内部的前置放大器供电；高压 VPB 经 C260 滤波后，加到 N12 的㉔脚，为功率放大器供电。

为了确保 N12 内的上半桥放大器的驱动器正常工作，它采用了单独的供电电路。该电路采用自举升压方式，由升压电容 C300、C301 和 N12 内部电路构成。

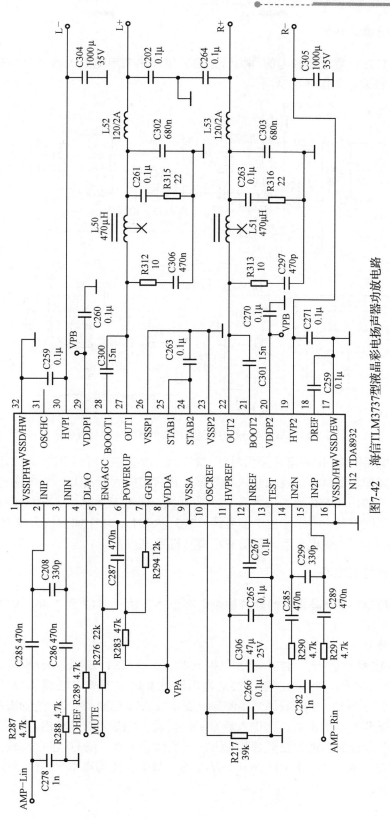

图7-42 海信TLM3737型液晶彩色电扬声器功放电路

3. 耳机功放电路

海信 TLM3737 型液晶彩电的耳机音频功放电路由双声道放大器 LM833MX（N11A、N11B）为核心构成，如图 7-43 所示。

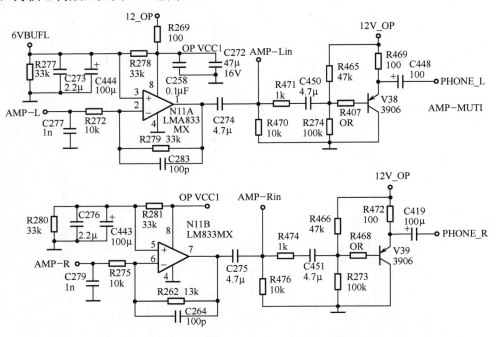

图 7-43 海信 TLM3737 型液晶彩电耳机音频功放电路

来自音效电路的 L、R 声道音频信号经 C277、C279 滤波，再经 R272、R275 输入到 N11A 的反相输入端②脚和 N11B 的反相输入端⑥脚，经它们放大后从①、⑦脚输出。①脚输出的信号经 C274、R471、C450 加到放大器 V38 的 b 极，通过 V38 放大，再经 C448 耦合后，驱动左声道耳机发出声音；⑦脚输出的信号经 C275、R474、C451 加到放大器 V39 的 b 极，通过 V39 放大，再经 C419 耦合后，驱动右声道耳机发出声音。

4. 静音控制电路

海信 TLM3737 型液晶彩电的静音控制电路由伴音功放 N12 和 V36、V15、V16、C292 等元件构成，如图 7-44 所示。

（1）遥控静音

当按下遥控器"静音"键时，由主控芯片 U8（MST9U88L）⑱脚输出的静音信号 AMP-MUTE 为低电平，使 V36 截止，5V 电压通过 R453、隔离二极管 D25、R318 和 R284 分压限流后使 V15 导通。V15 导通后，使扬声器功放 N12（TDA8932）的⑤脚电位为低电平。N12 的⑤脚电位变为低电平后，它进入静音工作模式，N12 无信号输出，扬声器不能发音，从而实现遥控静音控制功能。在静音状态下，再次按静音键，则 U8 的⑱脚输出高电平电压，通过 R454 使 V36 导通，致使 V15 截止，N12 的⑤脚电位变为高电平，N12 恢复信号输出，扬声器开始发音。

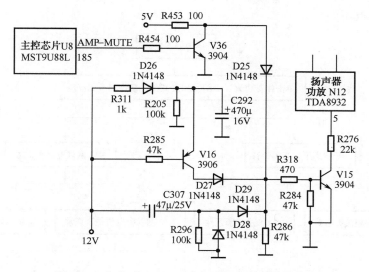

图 7-44　海信 TLM3737 型液晶彩电静音控制电路

（2）开机静音

该机的开机静音控制电路由 C307、D29、V15 等元件组成。开机瞬间，由于 12V 电压通过 C307 和 R296 构成的回路为 C307 充电，充电电流在 R296 两端产生由高到低的电压，该电压经 D29 隔离，再经 R318 和 R284 分压后使 V15 导通，如上所述，扬声器在开机瞬间不能发音，以免出现开机噪声。C307 充电结束后，解除对 V15 的控制，扬声器开始发音，实现开机静音控制。

（3）关机静音

该机的关机静音控制电路由 V16、D26、C292、R205、D27 等元件组成。该机工作期间，12V 电压一路通过 R285 加到 V16 的 b 极；另一路通过 R311 和 D26 对 C292 充电。由于 C292 两端电压低于 V16 的 b 极电压，所以 V16 截止。关机瞬间，由于 12V 供电消失，所以 V16 的 b 极电位下降，使 V16 导通，此时 C292 两端存储的电压为 V16 供电，从 V16 c 极输出的电压经 D27、R318 使 V15 导通，如上所述，扬声器停止发音，实现关机静音控制。

技能1　伴音电路常见故障检修

▶ 1. 扬声器无伴音

扬声器无伴音故障说明伴音信号处理电路、静噪控制电路、微控制器异常。该故障的检修流程如图 7-45 所示。

 提　示

　检查供电电路时，不能忽略对 C300、C301、C265、C306 的检查。

▶ 6. 耳机右声道无伴音

耳机右声道无伴音故障说明耳机、耳机插孔、音效处理电路、功放电路异常。该故障的检修流程如图 7-46 所示。

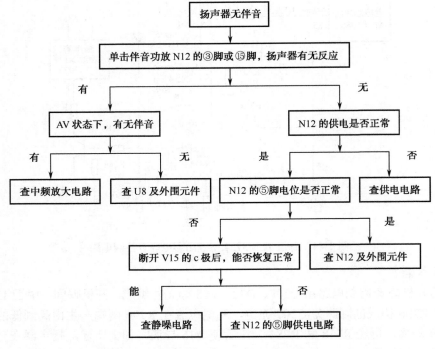

图 7-45　扬声器无伴音的故障检修流程

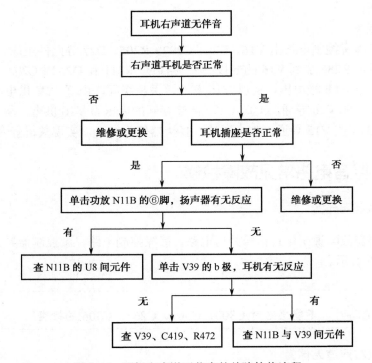

图 7-46　耳机右声道无伴音的故障检修流程

技能2　伴音电路关键测量点

1. 供电

检修无伴音故障时，伴音功放、伴音解调器的供电是第一关键测量点。对于采用全桥式功率放大器的自举升压电路也是重点。对于采用数字电路的还应检查数字电路的供电。

2. 信号输入

检修无伴音故障时，伴音功放信号输入端是第二个关键测量点，通过检测伴音功放输入端信号波形或为它输入干扰信号，判断伴音功放是否正常。

3. 静噪控制

检修无伴音故障时，伴音功放的静噪控制电压输入端是第三个关键测量点，通过检测伴音功放静噪信号输入端电压，判断静噪电路是否正常。

4. 振荡脉冲

检修无伴音故障时，数字型伴音功放的振荡端是第四个关键测量点，通过检测振荡脉冲波形或电压是否正常，可以判断伴音功放的振荡器是否正常。

任务6　微控制器电路故障检修

知识1　微控制器电路的构成与作用

液晶彩电的微控制器电路是由微控制器（MCU）、数据存储器（E^2PROM）、程序存储器（FLASH 存储器 ROM）、操作键电路、遥控接收电路、检测信号输入电路、控制信号输出电路、微控制器基本工作条件电路等构成的单片机控制系统。典型的液晶彩电的典型微控制器电路构成方框图如图 7-47 所示。

1. 微控制器

微控制器由中央微控制器 MCU（或称微处理器 CPU）、随机存储器 RAM、只读存储器 ROM、寄存器、定时器/计数器、中断控制系统、输入/输出接口（I/O）电路等构成。

MCU 通过接收遥控器、操作键，以及检测电路检测的信号后，根据需要通过 I^2C 总线或端口输出控制信号，使负载进入需要的工作状态。

RAM 存储器用于存储 MCU 运行过程中产生的数据、信息。

ROM 存储器用于存储器 MCU 正常工作所需要的固定不变的程序。

定时器也叫时序信号发生器，它提供 MCU 周期所需的时序信号，并利用这些时序信号进行定时，有条不紊地取出一条指令并执行这条指令。

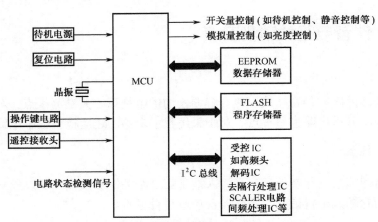

图 7-47　典型液晶彩电微控制器电路构成方框图

计数器是为了保证程序能够连续地执行下去，也就是 MCU 必须通过计数器来确定下一条取指指令的地址。

> **提示**
>
> 若 MCU、RAM、ROM、寄存器、定时器/计数器异常，会导致 MCU 不能工作，不仅会产生整机不开机的故障，还会产生有时能开机、有时不能开机的故障，甚至工作紊乱的故障。

输入/输出接口电路异常大多会产生某些功能失效的故障，但个别情况下也会产生整机不工作或工作异常的故障。

2. 数据存储器

数据存储器采用的是电可擦写只读存储器，英文缩写为 EEPROM，多被写为 E^2PROM，是用户更改数据的只读存储器（ROM），可以通过施加高电压来擦除和重编程（重写）。该存储器主要用来存储液晶彩电可以修改的数据（维修模式），以及用户调整后的屏幕亮度、对比度等数据。

> **提示**
>
> 若 E^2EPROM 异常时，不仅会产生不能开机的故障，还会产生有时能开机、有时不能开机的故障，或者会产生工作异常的故障。

> **方法与技巧**
>
> 该存储器异常许多情况是内部数据发生变化，对于这种情况，多可通过维修模式修改数据或重新复制数据进行修复。

3. 程序存储器

程序存储器采用的是 FLASH ROM 存储器，FLASH ROM 也叫闪存，它是一种比 E^2PROM 性能更好的电可擦写只读存储器。该存储器主要用来存储控制软件和屏显图案等信息。

> **提示**
>
> 若 FLASH ROM 异常，多会产生不开机故障。损坏后，通常需要更换相同的存储器才能排除故障。

▶ 4. 遥控接收器

遥控接收器也叫红外接收器，俗称遥控接收头或接收头，它一般是由接收、放大、解调三部分电路构成的。它的功能是将红外遥控器发出的红外遥控信号进行接收、放大、解调后，为MCU 提供可以处理的数据操作信号，MCU 再通过总线或相应的端口输出控制信号，使液晶彩电工作在用户需要的状态，实现遥控操作控制。液晶彩电常用的遥控接收器如图 7-48 所示。

图 7-48　遥控接收器实物

> **提　示**
>
> 遥控接收头异常后，多会产生不能接收遥控信号的故障，但如果它的供电端子内部电路对地短路，则会导致电源电路进入过流保护状态，从而产生不能开机或整机不工作的故障。

▶ 5. 操作键电路

液晶彩电采用的操作键电路都是电压模拟型控制电路。它由轻触开关和精密型分压电阻构成。在接通每个开关时，MCU 的操作键输入端就会输入一个电压值不同的操作信号，MCU将电压与存储器内固化的电压/功能数据比较后，就可以识别出用户的操作信息，再通过总线或相应的端口输出控制信号，使液晶彩电工作在用户需要的状态，实现手动操作控制。

> **提　示**
>
> 操作键电路异常通常会产生的故障：一是操作键开路，产生受该键控制功能失效的故障；二是触点粘连或漏电，产生不能开机的故障；三是开机后进入保护性待机状态；四是进入连续操作状态。

▶ 6. 基本工作条件电路

微控制器电路要想正常工作，都必须满足供电、复位信号和时钟信号正常的 3 个基本条件。

（1）供电

电源电路输出的 3.3V 或 5V 电压经电容滤波后，加到 MCU 供电端 V_{CC}，为 MCU 内部电路供电。

> **提　示**
>
> 若 MCU 没有正常的供电电压，它就不能工作，会产生不能开机的故障。当 V_{CC} 电压不足，会产生有时能开机、有时不能开机，甚至工作紊乱的故障；而 V_{CC} 电压高不仅会导致 MCU 工作紊乱，还可能会导致 MCU 等元器件过压损坏。

（2）复位电路

液晶彩电的 MCU 采用了低电平复位和高电平复位两种复位方式。采用低电平复位方式的液晶彩电，复位电路在通电瞬间为 MCU 的复位端 RESET 提供一个 0～3.3V 或（0～5V）的低电平复位信号，使它内部的寄存器、存储器复位后开始工作。复位后，RESET 端子电压为 3.3V 或 5V。

采用高电平复位方式的液晶彩电，复位电路在通电瞬间为 MCU 的复位端 RESET 提供 3.3～0V（或 5～0V）的高电平复位信号，使它内部的寄存器、存储器复位后开始工作。复位后，RESET 端子电压为 0V。

> **提 示**
>
> 若微控制器 MCU 没有复位信号输入，MCU 不能工作，会产生不能开机的故障。当复位信号异常时，会产生有时能开机、有时不能开机，甚至工作紊乱的故障。

复位信号是否正常，最好采用示波器进行检测，若没有示波器也可以采用模拟、电压检测、器件代换等方法进行检测。

> **方法与技巧**
>
> 由于复位时间极短，所以通过测电压的方法很难判断微处理器是否输入了复位信号，而一般维修人员又没有示波器，为此可通过简单易行的模拟法进行判断。对于采用低电平复位方式的复位电路，在确认复位端子电压为 5V 时，可通过 120Ω 电阻将 MCU 的复位端子 RESET 对地瞬间短接，若 MCU 能够正常工作，说明复位电路异常；对于采用高电平复位方式的复位电路，在确认复位端子电压为低电平时，可通过 120Ω 电阻将 MCU 的 RESET 端子对 5V 电源瞬间短接，若 MCU 能够正常工作，说明复位电路异常。

（3）时钟振荡电路

微处理器 IC1 获得供电后，它内部的振荡器与 OSC1、OSC2 端外接的晶振 X1 和移相电容 C3、C4 通过振荡产生时钟信号作为系统控制电路之间的通信信号。

> **提 示**
>
> 若时钟电路异常不能形成时钟信号，微控制器 MCU 不能工作，会产生不能开机的故障。当时钟信号异常时，会产生有时能开机，有时不能开机，甚至工作紊乱的故障。怀疑时钟振荡电路异常时，最好采用代换法对晶振、移相电容进行判断。

知识2 典型微控制器电路分析

下面以长虹 LS15 机芯液晶彩电微控制器电路为例介绍液晶彩电的微控制器电路工作原理。该电路主要由 U11（MST718）、U12（PS25LV020）、U13（24LC32）等构成，如图 7-49 所示。其中 U11 内置微控制器 MCU，U12 为 FLASH 存储器，存储了整机的各种控制程序，U13 为用户存储器，存储了用户控制信息。在 U11 内部的 MCU 及外部电路的配合下，本系统完成整机的程序运行及全部控制功能。

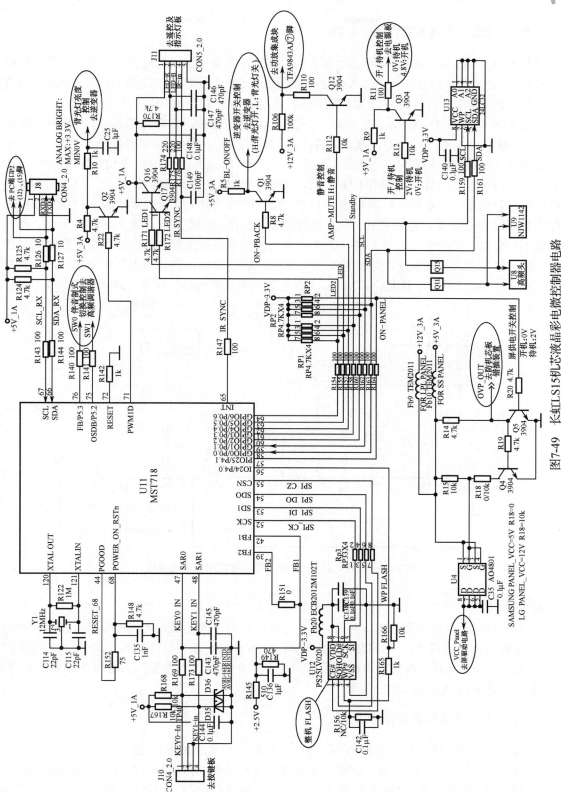

图7-49 长虹LS15机芯液晶彩电微控制器电路

1. MCU的基本工作条件电路

参见图7-49、图7-50，当用户接通该机电源时，开关电源就会输出5V-STB电压（实际为5.3V左右），5V-STB电压经二极管D4降压得到5V电压，不仅加到U11㉟、⑱脚，为它内部的MCU供电，而且经U1、U2稳压分别得到2.5V、3.3V电压。

参见图7-49，U11内的MCU获得5V供电后，它内部的时钟振荡器与⑳、㉑脚外接的晶振Y1和移相电容C114、C115通过振荡产生12MHz振荡信号。该信号经分频后，为MCU提供对相关电路进行控制时的基准信号。同时，2.5V电压通过R145、R149分压产生1.2V电压，该电压加到U11的㊴脚和㊷脚，U11内部的MCU在(72)脚外接的R142，以及时钟脉冲的作用下开始第一次复位，同时检测U11㊴、㊷脚的供电电压及用户存储器U13和FLASH存储器U12是否正常。检测期间，红、绿双色指示灯同时闪烁发光，发光颜色为黄色。当检测到U11㊴脚、㊷脚的供电和U12、U13正常及内部电路完成复位后，绿色指示灯熄灭，仅红色指示灯发光，同时从U11㊹脚输出5V电压，表明复位正确。该电压经R152返回U11的(68)脚，使MCU进行二次复位。MCU二次复位结束后输出待机指令，该机进入待机状态。

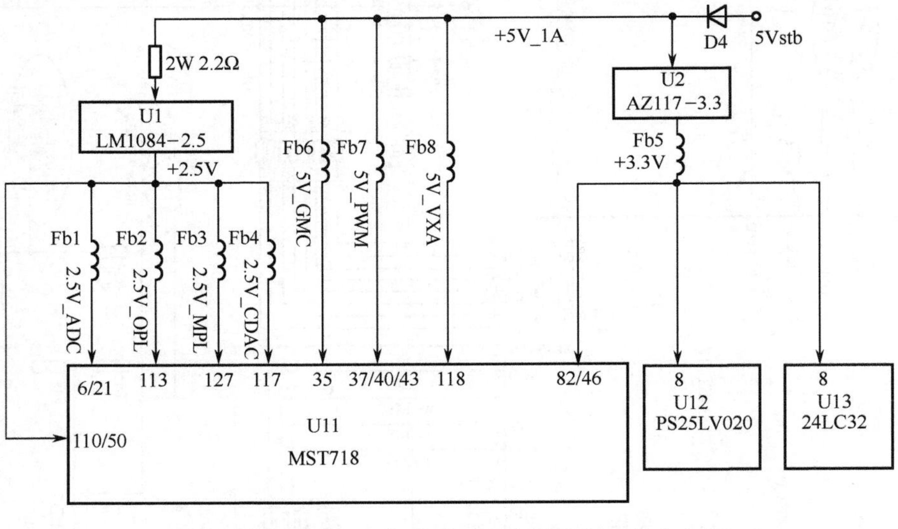

图7-50　长虹LS15机芯液晶彩电微控制器供电电路

提 示

若U11㊹脚输出的复位电压异常，说明MCU内部一次复位失败，造成MCU内部一次复位失败的主要原因有：一是U11的㉟、⑱脚无5V供电；二是U11㊴脚、㊷脚供电不正常；三是U11⑳脚、㉑脚外接时钟晶振异常；四是用户存储器U13异常；五是程序存储器U12异常；六是U11内部的MCU异常。

2. I^2C总线系统与存储器

长虹LS15机芯的MCU电路共有三组I^2C总线，可实现如下功能：

第一组总线占用U11的(52)～(56)脚，该组总线与FLASH存储器U12（PS25LV020）连接，完成与U12的数据交换，该机芯彩电无论在开机还是待机状态下，U11都要从U12中调取相应的控制程序，使该机按照厂家所设定的程序运行。

第二组总线占用 U11 的⑱、⑲脚，该组总线一路与用户存储器 U13（24LC32）连接，完成用户数据的写入与读取，关机时，U11 将关机前的各种状态（如亮度、音量、对比度、色饱和度等）数据存放到 U13 中，开机时，U11 从 U13 中读取相关数据，恢复关机前的工作状态；另一路通过 Q11、Q15 与高频/中频信号处理组件 U8、音效处理 U9（NJW1142）连接，完成 U8 工作状态及高音、低音、平衡、环绕声、立体声的控制。

第三组总线占用 U11 的⑯、⑰脚，该组总线与机内插座 J8、机外 VGA 端口 P2 连接，该组总线主要用于软件升级，该机芯彩电在出厂前，厂家通过机内插座 J8 与 MCU 相连接，再通过 MCU 对 FLASH 存储器 U12 进行程序写入操作；电视机出厂后，若需要更新电视机的软件，在不拆机的情况下，将厂家提供的专用写程设备通过 VGA 端口与 MCU 相连接，就可以对 U12 进行程序写入，简化了软件升级工作。

3. 遥控电路

长虹 LS15 机芯的遥控接收器对接收到的遥控编码信号进行接收、放大、解调后，从连接器 J11 的④脚输入，再经 R176、R147 输入到 U11 的⑥脚，被 MCU 识别后输出控制信号，使该机进入用户需要的工作状态，实现遥控操作控制功能。

4. 操作键电路

长虹 LS15 机芯的操作键电路采用电压模拟式输入方式，所以仅占用 MCU 的 2 个引脚。按不同的操作键，产生的电压控制信号从 J10 的①、④脚输入，分别经 R169、R173 加到 U11 的⑰、⑱脚，被 MCU 识别后，输出控制信号使该机进入用户需要的工作状态，从而实现面板各按键功能的控制。按键操作命令与电压值对应关系如表 7-4 所示。

表 7-4　长虹 LS15 机芯液晶彩电按键操作命令与电压值对应关系

按键名		端口电压/V	端口允许电压范围/V
KEY0	KEY1		
待机	频道+	0.45	0.2~0.7
音量-	频道-	1.1	0.8~1.4
菜单	音量+	1.9	1.5~2.2
信号源		2.6	2.3~2.9

5. 开机/待机控制电路

长虹 LS15 机芯的开/待机控制电路由 U11 内的 MCU、三极管 Q3 为核心构成。

当 MCU 接收到开机指令时，它的⑩脚输出低电平控制信号，使 Q3 截止，+5V_1A 电压通过 R9、R11 为电源组件提供高电平开启信号，使开关电源输出 24V_INV、24V_AUDIO、5V-3 等电压，为相应的负载供电，该机进入开机状态。

当接收到待机指令时，⑩脚输出 2V 的控制电压，通过 R12 使 Q3 导通，为电源组件提供低电平的关闭控制信号，除了副电源输出 5V_Stb 电压外，确保 MCU 工作外，其他电源停止工作，相应的负载停止工作，该机进入待机状态。

▶6. 指示灯控制

长虹 LS15 机芯的指示灯控制电路由 U11㊿、㊿脚内外部电路构成。其中㊿脚为红色指示灯控制，㊿脚为绿色指示灯控制。当㊿脚输出高电平，㊿脚输出低电平电压时，仅红色指示灯发光；当㊿脚输出低电平，㊿脚输出高电平控制电压时，仅绿色指示灯发光。当㊿、㊿脚同时输出高电平，红、绿指示灯同时发光，显示的颜色为黄色；当㊿、㊿脚输出脉冲电压时，两个指示灯同时闪烁；指示灯发光颜色与工作状态对应的关系如表 7-5 所示。

表 7-5　长虹 LS15 机芯液晶彩电指示灯发光颜色与状态对照表

指示灯颜色	整机工作状态	备注
红色	处于待机状态	J11 的②脚电位为高电平
绿色	启动定时、睡眠功能	J11 的③脚电位为高电平
黄色（红色+绿色）	处于睡眠状态	J11 的②、③脚电位为高电平
无任何颜色显示	开机工作状态	J11 的②、③脚电位为低电平
红、绿交替闪烁	开机启动过程	J11 的②、③脚电位高、低交替变化

▶7. 伴音制式切换控制

伴音制式切换控制电路由超级芯片 U11 和中频特性曲线形成电路为核心构成。U11 的㊵、㊶脚输出不同的组合逻辑电平，对高、中频处理组件内的中频特性曲线电路进行控制，改变中频特性曲线的带宽，就可以实现接收 D/K 或 I、B/G、M 伴音制式的切换选择。

▶8. 液晶屏驱动电路的供电电路

长虹 LS15 机芯液晶屏驱动电路的供电电路由超级芯片 U11、晶体管（Q4、Q5）、P 沟道型场效应管 U4 等组成。

开机时，U11 从㊿脚输出的控制信号为低电平，使 Q5 截止，+5V-3A 电压通过 R14、R19 使 Q4 导通。Q4 导通后，通过 R18 将 U4 的②、④脚电位拉为低电平，其内部的 P 沟道场效应管导通，从 U4⑤～⑧脚输出的电压为液晶屏驱动电路供电，液晶屏驱动电路进入工作状态，控制液晶开关使屏幕开始显示图像。

待机时，U11㊿脚输出约为 2V 的控制电压，通过 R20 使 Q5 导通，致使 Q4 截止。Q5 截止后，+5V_3A 电压经 R15 为 U4 的②、④脚提供高电平电压，使它内部的场效应管截止，U4 无电压输出，液晶屏驱动电路停止工作，显示屏不显示图像。长虹 LS15 机芯彩电各液晶屏与主板电路的关系如表 7-6 所示。

表 7-6　长虹 LS15 机芯彩电各液晶屏与主板电路的关系

彩电型号	液晶屏	屏驱动电路供电电压/V	供电电感的状态	R18 的阻值/Ω
LTA320WT-L16	三星屏	5	断开 Fb9，安装 Fb10	0
LTA320WT-L05	三星屏			
V260B1-L01	奇美屏			
LC320WX3-SLA1	LG 屏	12	断开 Fb10，安装 Fb9	10k

> **提示**
>
> 　　维修中，确认主板电路异常，需要更换主板时，若该机本身配置的是三星屏，而错换为 LG 屏的主板，则必然会导致三星屏的驱动电路过压损坏。为防止错换主板导致屏驱动电路过压损坏，长虹 LS12、LS15 机芯中设计了"防机芯主板错插"装置。当换错主板时，Q5 的 C 极电位被"防机芯板错插装置"拉低到 0V，使 Q4 截止，致使 U4 无电压输出，以免屏驱动电路过压损坏，实现错换主板保护。因此，若更换主板后屏幕不亮，检查发现 Q5 的 B、C 极电位都为低电平时，就应该检查是否更换的主板与液晶屏不配套。

> **注意**
>
> 　　在确认 Q5 的 B、C 极电位为低电平后，绝不能采用短接 U4 输入、输出端的方法，强行为液晶屏驱动电路供电，以免屏逻辑、驱动电路过压损坏。

9. 背光灯供电控制

　　长虹 LS15 机芯的背光灯供电（背光灯开/关）控制电路由超级芯片 U11、晶体管 Q1 等构成。

　　开机时，U11 内的 MCU 从㉒脚输出低电平的背光灯供电控制信号，使 Q1 截止，+5V-3A 电压通过 R5 为高压逆变器提供高电平的开启电压，背光灯供电电路（高压逆变器）工作并为背光灯供电，背光灯点亮。

　　待机时，U11㉒脚输出 2V 控制电压，通过 R8 使 Q1 导通，为高压逆变器提供关闭信号，逆变器无电压输出，背光灯熄灭。

10. 背光灯亮度控制

　　长虹 LS15 机芯的背光灯亮度控制电路由 U11、Q2、R10、25 等构成。

　　需要降低背光灯亮度时，U11 内的 MCU 从⑪脚输出的 PWM 调宽电压的占空比增大，经 R22 限流，再经 Q2 倒相放大，利用 R10、C25 低通滤波，产生的直流控制电压减小。该电压加到高压逆变器后，使它为背光灯提供的电压减小，背光灯发光减弱，屏幕变黑。反之，若 U11 的⑪脚输出的 PWM 调宽脉冲的占空比减小，经 Q2 倒相放大，再经 R10、C25 滤波后产生的直流电压升高，使逆变器输出的电压逐渐升高，背光灯发光增强，屏幕变亮。

> **提示**
>
> 　　为了避免了开机瞬间背光灯发光最强，可能会导致逆变器不能启动或开关电源进入过流保护状态，需要⑪脚输出的 PWM 调宽电压的占空比最大，为高压逆变器提供的亮度控制电压最小，逆变器输出的电压较低，逆变器及开关电源的负载较轻，确保逆变器正常启动并开始工作。启动后，U11⑪脚输出的 PWM 脉冲的占空比逐渐减小，经 Q2 倒相放大，使逆变器输出的电压逐渐升高到正常值，背光灯进入正常而稳定的发光状态，实现了背光灯初始发光控制。

11. 静音控制

长虹 LS15 机芯的静音控制电路主要由 U11、Q12、伴音功放等组成。

当按下遥控器上"静音"键或该机无信号输入时，U11㉖脚输出 2V 左右的控制电压，通过 R112 使 Q12 导通，将伴音功放电路 TFA9843AJ⑦脚电位拉到低电平，功放电路关闭，扬声器无伴音输出，进入静音状态。当 U11 的㉖脚输出的电压为低电平后，Q12 截止，解除对 TFA9843AJ 的⑦脚电位的控制，它开始工作，伴音恢复正常。

技能 1 微控制器电路常见故障检修

1. 黑屏，指示灯不亮

黑屏，指示灯不亮，说明电源电路、微控制器电路异常。该故障的检修流程如图 7-51 所示。

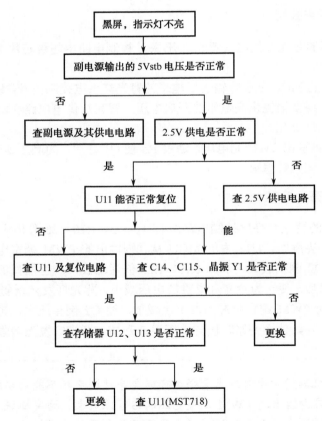

图 7-51 长虹 LS15 机芯液晶彩电黑屏、指示灯不亮的故障检修流程

2. 指示灯亮，但背光灯不亮

指示灯亮，但背光灯不亮，说明电源电路、微控制器电路、高压逆变器异常。该故障的检修流程如图 7-52 所示。

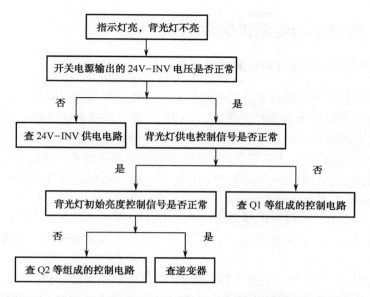

图 7-52　长虹 LS15 机芯液晶彩电黑屏、背光灯不亮的故障检修流程

3. 背光灯亮，但黑屏

黑屏，指示灯亮，说明电源电路、微控制器电路、屏驱动电路、视频处理电路等异常。该故障的检修流程如图 7-53 所示。

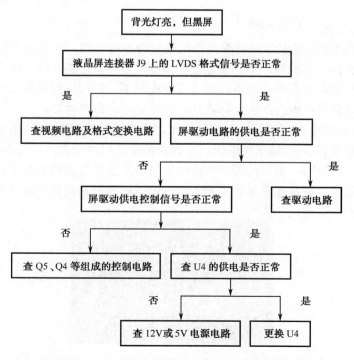

图 7-53　长虹 LS15 机芯液晶彩电背光灯亮、黑屏故障检修流程

技能 2　微控制器电路关键测量点

1. MCU 基本工作条件电路的关键测量点

当遇到整个控制功能失效，或者控制功能紊乱，要先对微处理器基本工作条件电路进行检查，然后再确定微处理器本身是否损坏。MCU 正常工作基本条件有：供电电压正常；复位信号正常；微处理器主时钟正常。这三者通常称为微处理器正常工作的三要素。实际上，MCU 正常工作除必须具备上述三要素外，还要求按键电路无短路，以及 I²C 总线输出端对地无短路，并且它的上拉电阻与抗尖峰脉冲元件正常，另外还要求软件要正常。

（1）MCU 电源端供电的检查

MCU 无工作电压，则内部电路无法工作，有时即使有工作电压，但若供电电压值偏差过大或纹波电压过大，也不能正常工作。检修遥控系统的很多故障时，都需要先确认 MCU 的供电电压是否正常。

MCU 的工作电压一般为+5V 或 3.3V。MCU 对供电电压值要求较为严格，一般要求误差不超过 5%。否则，将导致 MCU 不能正常工作，出现工作紊乱等怪异的故障现象。

（2）MCU 复位端及复位电路的检查

检查 MCU 的复位端，一般先用万用表测该脚的稳态电压是否正常。若测得稳态电压异常，多为外接元件异常；若测得电压值与图标电压相同（若采用低电平复位方式的应接近电源电压），可在开机瞬间测 MCU 的复位端有无由低到高的复位信号输入，若没有，应检查复位电路。

（3）MCU 主时钟电路的检查

MCU 内部电路与外接晶体及谐振电容组成时钟振荡电路，产生的振荡脉冲信号经内部电路分频后形成各种时种脉冲，用于控制各电路单元之间数据的传输、保存及同步动作。若无时钟信号或时钟频率不准确，会出现微处理器控制不能进行或控制紊乱的现象。对于某些机型，时钟频率偏移还可能会产生误静音故障或搜索不存台等故障。

MCU 主时钟振荡电路可用示波器进行检测，正常的波形如图 7-54 所示。无示波器时，可先测 MCU 时钟振荡输入/输出端电压，如果两脚电压相差较大，或其中一脚电压为 0V，应检查谐振电容是否短路、漏电；若测得的电压正常，这只能说明具备了振荡条件，而不能说明是否产生了振荡及振荡频率是否正确，这时可用相同的晶振代换检查晶振是否正常。

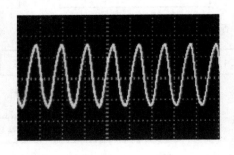

图 7-54　微控制器时钟振荡脉冲波形

> **！注意**
>
> 部分液晶彩电即使正常，在用示波器测量 MCU 的主时钟波形时也会引起振荡电路停振，出现不能开机、开机无图像、关机等现象。

2. 输出接口电路的关键测量点

（1）I^2C 总线控制

液晶彩电的 I^2C 总线系统，除了可以完成节目源选择、频段切换、音量、对比度、亮度调整等功能，还可以进行维修调整。I^2C 总线系统异常，会产生不能开机等故障。I^2C 总线系统是否正常可以采用测量电压和信号波形方法进行判断。实际维修中，测量波形更能准确判断总线系统是否正常。正常的总线波形如图 7-55 所示。

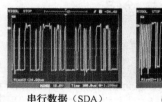

串行数据（SDA）　　　　　串行时钟（SCL）

图 7-55　I^2C 总线系统波形

（2）模拟量控制

背光灯亮度控制采用模拟量控制方式，所以该接口也称模拟量接口。在调整亮度时，背光灯亮度调整端输出的电压是线性变化的。若不能线性变化，则检查上拉电阻、MCU。

（3）状态控制

液晶彩电的状态控制接口电路主要有开/待机、指示灯控制、制式切换、背光灯使能（背光灯开/关）、伴音静噪等输出接口。判断故障在 MCU 还是接口电路的方法，可测量 MCU 对应输出脚电压。若输出脚电压能随操作而发生高、低跳变，说明故障发生在控制电路；若无变化，应检查 MCU 及其输出端的上拉电阻。

任务 7　典型低压电源电路故障检修

由于液晶彩电电源板送给主板的供电电压多为 5V、12V，而液晶彩电主板上的小信号处理电路多采用 3.3V、2.5V、1.8V 等工作电压，所以需要通过低压电源电路进行变换。

知识 1　低压电源的分类

液晶彩电主板上的低压电源主要有线性稳压电源和开关电源两种。

▶ 1. 线性稳压器

由于线性稳压器具有体积小、电路简捷、成本低、噪声小等优点，所以广泛应用在小信号处理电路供电电路中。线性稳压器又分普通线性稳压器和低压差线性稳压器 LDO（Low Dropout Regulator）两种。其中，普通线性稳压器要求输入、输出电压的压差超过 2V 才能正常工作，而 LDO 在其输入、输出电压的压差不足 1V 时仍可以正常工作，所以 LDO 的工作效率要高于普通线性稳压器。

▶ 2. 开关电源

由于开关电源具有效率高的优点，所以部分液晶彩电的低压电源采用降压型开关电源（DC-DC 变换器）获得。

知识 2　线性低压电源分析与检修

下面以图 7-56 所示的海信 TLM4277 型液晶彩电的 3.3V、1.8V 电源为例进行介绍。

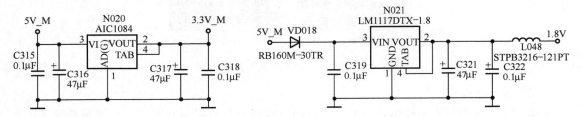

图 7-56　海信 TLM4277 型液晶彩电线性稳压电源电路

▶ 1. 稳压控制

N020（AIC1084）是低压差稳压器 LDO，5V 电压 5V-M 经 C315 和 C316 滤波后加到它的③脚，经它内部的稳压器稳压后从②脚输出 3.3V 电压。

N021（LM1117DTX-1.8）是低压差稳压器 LDO，当 5V 电压通过 VD018 降压，再通过 C319 滤波后，加到它的③脚，经它内部的稳压器对它稳压后从②脚输出 1.8V 电压。

> 💡 提 示
>
> 由于 AIC1084 和 LM117DTX-1.8 属于受控型稳压器，只有它的控制端④脚 TAB 输入高电平控制信号后，它们②脚才能输出标称电压。如果④脚电位为低电平，它们②脚则不能输出电压。因此，有的彩电通过 MCU 为稳压器④脚提供控制信号，就可以实现待机/开机控制功能。检查伴音电路时，也可以用手持金属镊子点击信号输入端，为其输入人体的干扰信号，判断故障部位。

▶ 2. 常见故障检修

（1）无电压输出

无电压输出，说明供电、负载或稳压器异常。首先，测 NE020（AIC1084）③脚有无供电，若没有，查 5V 供电电路或其负载电路；若 5V 正常，检查④脚是否脱焊，若是，补焊即可排除故障；若④脚的焊点正常，测 C317 两端阻值是否正常，若正常，更换 N020；若阻值过小，检查 C317、C318 和负载。

（2）输出电压低

输出电压低，说明供电、负载或稳压器异常。首先，断开 N020 的②、④脚与 C317 之间的铜箔，若 N020②脚电压恢复正常，说明 N020 正常，检查 C317、C318 和负载；若电压仍低，检查 N020。

 提 示

若 N020 出现内阻大的故障时，在脱开②、④脚与 C317 之间电路后，电压会升高到正常值或接近正常值，但接上负载就下降。此时，可以通过测量负载电流是否小于正常值的方法进行判断，也可以采用代换 N020 的方法进行判断。

知识 3　开关电源型低压电源分析与检修

由于开关电源具有效率高的优点，所以液晶彩电的 5V 供电多通过降压型开关电源（DC-DC 变换器）获得。下面以图 7-57 所示的海信 TLM4277 型液晶彩电的 5V 电源为例进行介绍。

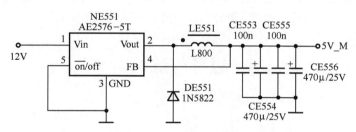

图 7-57　海信 TLM4277 型液晶彩电开关电源型低压电源电路

1. 功率变换

12V 电压加到厚膜电路 NE551（AE2576-5T）①脚，不仅为内部的开关管供电，而且为控制电路供电，控制电路获得供电后开始工作，由控制电路输出的激励脉冲使开关管导通时，导通电流通过储能电感 LF551 对滤波电容 CE553～CE556 充电，同时在 LF551 两端产生左正、右负的电动势。当控制电路输出的激励脉冲使开关管截止后，流过 LF551 的导通电流消失，所以它通过自感产生右正、左负的电动势，该电动势经负载、续流二极管 DE551 构成的回路，继续为 CE553～CE556 充电。这样，就可以在 CE553～CE556 两端产生负载所需的工作电压。

由于 CE553～CE556 在一个振荡周期都可以获得供电，所以该开关电源的效率高于并联型开关电源。

2. 稳压控制

稳压控制电路由厚膜电路 NE551 内部电路构成。当 CE553 两端电压因负载变轻而升高后，升高的电压通过④脚内的稳压电路处理后，使控制电路输出的激励脉冲的占空比减小，开关管导通时间缩短，LE551存储能量减小，CE553两端电压下降到正常值，实现稳压控制。反之，稳压控制过程相反。

> **提示**
>
> NE551⑤脚是控制信号ON/OFF输入端。只有ON/OFF信号为低电平时，NE551内部的控制电路才能工作，NE551有电压输出；若ON/OFF信号为高电平时，内部电路停止工作，NE551无电压输出。另外，NE551内部具有过流和过热保护功能，以免NE551因过流或过热损坏。

3. 常见故障检修

（1）无电压输出

该故障说明供电、负载或电源厚膜电路异常。首先，测NE551（AE2576-5T）①脚有无12V供电，若没有，查12V供电电路；若12V正常，检查⑤脚是否脱焊，若是，补焊即可排除故障；若⑤脚的焊点正常，测DE551两端阻值是否正常，若正常，更换NE551；若阻值过小，检查DE551、CE553～CE556和负载。

（2）输出电压低

该故障说明供电、负载或电源厚膜电路异常。首先，测CE553两端阻值是否正常，若正常，检查NE551；若不正常，检查DE551、CE553～CE556和负载。

思考与练习

一、填空题

1．主板是也叫_____板、_____板，它是液晶彩电内功能最多的电路板，所以结构复杂、元器件众多。该板除了_____、_____、_____、_____、_____的引脚容易脱焊或故障率高一些外，其他电路因工作电压低、电流小，故障率较低。

2．液晶彩电采用的高、中频信号处理电路主要有两种结构：一种是_____、电路采用分离结构；另一种是_____组合在一个组件内，构成一体化高频、中频处理组件。因其外形和高频头一样，所以许多维修人员俗称其为_____。

3．液晶彩电需要通过_____将_____电压变换为33V，来满足调谐电路正常工作的需要。目前，液晶彩电采用的调谐电压形成电路主要有_____、_____、_____三种。

4．长虹LS15机芯U11内的MCU电路采用3.3V供电，而U8内的数字电路采用5V供电，所以为了保证MCU与U8正常通信，设置了_____电路。

5．维修无图、无声故障时，高、中频电路的5V供电是第一个关键测量点。参见图7-3，一体化高频头（高、中频电路组件）U8的⑦、⑲脚为5V供电端，若⑦脚无供电，则高频电路不工作，无_____输出；若⑲脚无供电，则中频电路不能工作，无_____输出。

6．维修无图、无声故障时，高频、中频电路的33V供电是第二个关键测量点。参见图7-3，高、中频组件 U8 的⑨脚是 33V 供电端子。若 U8 的⑨脚无 33V 供电，则它内部的_____不能工作，导致高频电路不能输出_____。

7．随着数字技术和大规模集成电路技术的发展，可利用_____和_____将_____信号重复使用，来解决低_____扫描产生的_____的问题。

8．由于液晶彩电_____是固定的，而液晶彩电可以接收多种信号源的信号，其中_____、_____、_____、_____等接口输入信号的分辨率是可变的，所以需要通过_____将_____的信号转换为_____信号。

9．在液晶彩电中，利用_____电路将视频电路的_____电路与_____电路连接起来。

10．检修无伴音故障时，_____、_____的供电是第一关键测量点。对于采用全桥式功率放大器的_____也是重点。对于采用数字电路的伴音供电电路，还应检查_____的供电。

11．液晶彩电的微控制器电路由_____、_____（E²PROM）、_____（FLASH 存储器 ROM）、操作键电路、_____电路、检测信号输入电路、_____电路、微控制器基本工作条件电路等构成的单片机控制系统。

12．微控制器由_____、_____、_____、_____、_____、中断控制系统、_____电路等构成。

13．程序存储器采用的是_____存储器，_____也叫闪存，它是一种比 E²PROM 性能更好的_____存储器。该存储器主要用来存储_____等信息。

14．MCU 通过接收遥控器、操作键，以及检测电路检测到信号后，根据需要通过_____或_____输出控制信号，使负载进入需要的工作状态。

15．由于液晶彩电电源板送给主板的供电电压多为是_____V、_____V，而液晶彩电主板上的小信号处理电路多采用_____V、_____V、_____V 等工作电压，所以需要通过低压电源电路进行变换。

16．液晶彩电主板上的低压电源主要有_____电源和_____电源两种。线性稳压器又分_____稳压器和_____两种。其中，普通线性稳压器要求输入、输出电压的压差超过 2V 才能正常工作，而_____时仍可以正常工作，所以 LDO 的工作效率要高于普通线性稳压器。

二、判断题

1．液晶彩电的高、中频电路和 CRT 彩电的功能是一样的，也是将来自有线电视的电视信号处理为视频信号和伴音中频信号。　　　　　　　　　　　　　　　　　　　　　　　　　　（　　）

2．所有的液晶彩电的微控制器都可以直接与高频头或高、中频电路组件进行通信。　（　　）

3．液晶彩电都需要设置 33V 供电变换电路。　　　　　　　　　　　　　　　　　（　　）

4．液晶彩电不需要设置图像缩放电路。　　　　　　　　　　　　　　　　　　　　（　　）

5．视频电路异常不仅会产生黑屏故障，还会产生花屏故障。　　　　　　　　　　　（　　）

6．液晶彩电的伴音电路和 CRT 彩电的伴音电路基本相同。　　　　　　　　　　　（　　）

7．液晶彩电的 E²EPROM 异常时，仅会产生不能开机故障。　　　　　　　　　　　（　　）

8．液晶彩电的 FLASH ROM 异常，多会产生不开机的故障。损坏后，通常需要更换相同的存储器，才能排除故障。　　　　　　　　　　　　　　　　　　　　　　　　　　　　　　　（　　）

9．液晶彩电的微控制器电路的基本工作条件与 CRT 彩电基本相同。　　　　　　　（　　）

10．主板上都必须设置低压电源电路。　　　　　　　　　　　　　　　　　　　　（　　）

三、简答题

1. 简述升压型 33V 供电电路原理。
2. 如何判断一体化高频头是否正常？
3. 如何检修 USB 无图像故障。
4. 如何判断微控制器是否正常？
5. 如何检修开关电源低压电源无电压输出故障。

液晶面板、时序逻辑控制电路故障元件级维修

任务 1 **液晶屏的构成与基本原理**

知识1 液晶屏的构成

液晶显示屏是由 PANEL 面板（屏幕）、B/L 后端板、逻辑电路板、背光灯驱动电路板（背光灯供电板）、外框和金属基板等构成，如图 8-1、图 8-2 所示。

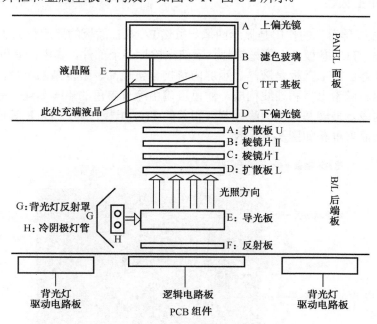

图 8-1 液晶显示屏构成示意图

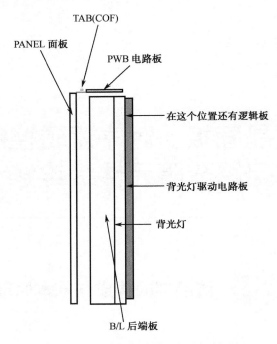

图 8-2 液晶显示屏横截面构成示意图

知识 2 液晶屏主要部件的作用

1. PANEL 面板

PANEL 面板（屏幕）的作用是显示图像。虽然 PANEL 面板的厚度仅为 1.8～1.9mm，但包括了滤色玻璃、TFT 基板、上偏光镜片、下偏光镜片多个部件。其中，滤色玻璃和 TFT 基板间充注了液晶体。TFT 基板是液晶显示屏内科技含量最高、最复杂的组件，主要由薄膜晶体管、储存电容、像素电极和连线构成。滤色玻璃由涂有黑色的矩阵和红、绿、蓝三基色颜料的聚酯薄膜构成。玻璃基板的边缘蚀刻有相关的 ITO 电极，通过 OCF 等连接方式与驱动板连接。典型液晶屏屏幕如图 8-3 所示。

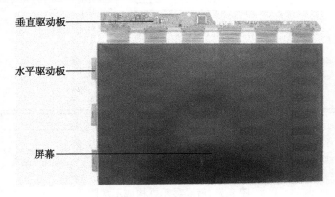

图 8-3 典型液晶屏屏幕

> **注 意**
>
> 驱动板通过小螺丝钉固定在液晶显示屏的金属框上。维修时，必须采用合适的螺丝刀拆卸，以免将螺丝刀拧坏，增加维修难度。

2. B/L 后端板

B/L 后端板的作用是为 PANEL 面板提供光源，它也是液晶显示屏内的主要部件。B/L 后端板由背光灯及其反射罩、反射板、导光板、棱镜片、扩散板构成。

（1）背光源

液晶屏不能像 CRT 显像管那样可以自身发光，要使液晶屏显示图像，就必须为它提供光源。因光源都安装在屏幕的背面，所以也叫背光源或背光灯。液晶屏常用的背光灯有 CCFL 灯管和 LED 两种。

（2）背光灯的反射罩

背光灯反射罩的作用是将背光灯发出的光包住，控制光线尽可能不外泄，而射入导光板内。目前，小屏幕液晶屏的背光灯反射罩多采用含银薄膜的 PET 软材料制成，而大屏幕液晶屏的背光灯反射罩多采用铜材料制成。典型的背光灯反射罩如图 8-4 所示。

图 8-4 典型的背光灯反射罩

（3）反射板

反射板的作用是外泄的光线反射到导光板内。目前，大部分的液晶显示屏采用的是低成本的高光纸板式反射板，只有小部分的大屏幕液晶显示屏采用特殊材料制成的反射板。因反射板的功能多由反射罩完成，所以大部分液晶屏都未设置反射板。

（4）导光板

导光板的作用是将背光灯管发出的光线导向 PANEL 面板，并且控制光线尽可能集中在需要的范围内。导光板的外形和材质决定了反射到 PANEL 面板光线的辉度和均匀性。典型的导光板如图 8-5 所示。

（5）棱镜片

棱镜片的作用是提高液晶显示屏正面的光辉度。目前，多使用 BEF 系列棱镜片。

（6）扩散板

扩散板的作用是修正光线照射的角度，避免光线向屏幕后方扩散，而集中照射到屏幕的前方，确保屏幕显示正常的画面。

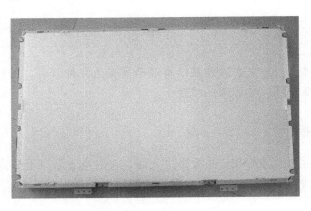

图 8-5　典型导光板

3. 时序控制电路

时序控制电路也叫逻辑电路、定时控制器或 TCON 电路。它的作用是将主板送来的 LVDS 图像数据信号、时钟信号进行处理，通过移位寄存器将图像数据信号、时钟信号转换成液晶行、列驱动电路所需要的控制信号、数据信号和辅助信号，分别送往液晶屏的列驱动电路和行驱动电路。

4. 驱动电路

驱动电路包括垂直（列）、水平（行）驱动两部分。其中，垂直的源极驱动 S-IC（Source Driver IC）负责垂直方向像素的驱动，水平的栅极驱动 G-IC（Gate Driver IC）负责水平方向像素的驱动。由它们产生的驱动信号经排线送给屏幕，就可以驱动液晶显示画面。排线通过热压方式与液晶层上的行列电极紧密贴合在一起。

任务 2　时序控制电路故障检修

知识 1　时序控制电路工作原理

时序控制电路（TCON 电路）主要由时序转换控制器即定时控制器（含 LVDS 信号接收）、帧存储器、DV-DC 电源电路组成。图 8-6 是液晶屏中的时序控制板实物图。图中的下部有一个 LVDS 信号输入接口，主板送来的 LVDS 信号经该接口送入时序控制电路板。图中的上部有两个信号输出接口，它们通过排线（俗称上屏线）与 LCD 屏的行列驱动电路相连，将时序控制电路形成的行列驱动信号（行移位起始控制信号 STHR/STHL、奇偶像素 RGB 基色信号 DATA、列位移时钟信号 CLK、数据和极性反转控制信号 POL1/POL2、行位移起始控制信号 DIO1/DIO2、行位移时钟信号 SCLK）送往行、列驱动电路，如图 8-7 所示。

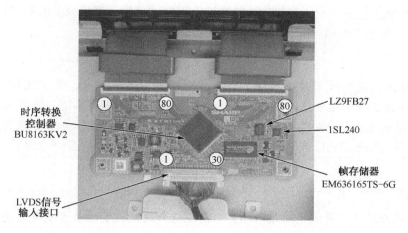

图 8-6 典型时序控制板（逻辑板）实物示意图

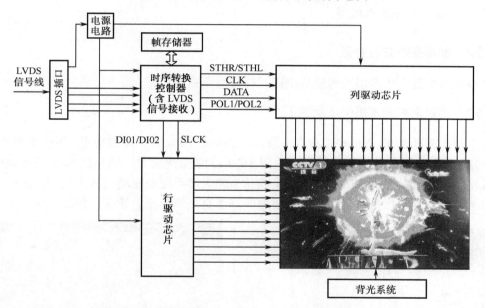

图 8-7 时序控制、屏驱动电路构成方框图

技能1 时序控制电路常见故障检修

➤ 1. 黑屏或白屏

液晶屏在背光灯正常发光的情况下，出现黑屏（常暗）或白屏（常亮）的故障，多为时序控制板的驱动电路没有工作所致。

由于常亮（NW）型液晶显示屏，在它的驱动电路不工作时，就会出现白屏的故障现象；而对于常暗（NB）型液晶显示屏，在它的驱动电路不工作时，就会出现黑屏的故障现象。

时序控制板不工作最常见的故障原因是它的供电异常，而导致没有供电的原因之一是供电回路内的保险电阻（熔断器）开路，导致 LDO 无供电，使 LDO 无电压输出；二是 LDO

自身异常不能输出电压；三是 LVDS 接口的接地不良。另外，逻辑板上的时序逻辑控制芯片（主芯片）异常也会产生黑屏或白屏的故障。

 提 示

　　LDO 输出的电压除了为逻辑板上的时序逻辑控制芯片供电，而且还输出 VDDD、VDDG、VEEG 三种供电电压。其中，VDDD 主要为驱动电路的 S-IC、G-IC 供电；VDDG 主要为显示屏的 Gate 极供电，作为液晶的开启电压；VEEG 也是为 Gate 极供电，作为液晶的关闭电压。因此，LDO 异常导致这三个电压为 0 或过低时，也会产生黑屏或白屏故障。

注 意

　　保险电阻开路多因负载电路过流所致，所以它开路后还要检查负载电路的元件是否漏电或击穿，以免更换后的保险电阻再次损坏。维修中，更不能使用导线短接保险电阻的方法来排除故障，以免扩大故障。

▶ 2. 屏幕亮暗交替变化

屏幕亮暗交替变化多因逻辑板等电路元件接触不良所致。

▶ 3. 图像上有垂直黑带（黑线）

由于源极驱动 S-IC 负责垂直方向的驱动，每个 IC 驱动若干场的像素，当一个驱动 IC 异常，不能驱动相应的场像素时，就会产生图 8-8（a）的故障现象。当 S-IC 输出信号电路中的一个或几个异常时，屏幕上所对应的这个或几个像素就不能被驱动，从而在图像上产生垂直线状的黑带，垂直状黑带可分为垂直灰色虚线，垂直亮线和垂直黑线，如图 8-8（b）所示。

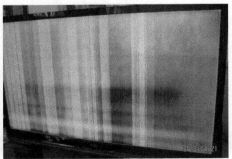

（a）垂直条状异常图像　　　　　　　　　　（b）垂直灰线

图 8-8　垂直驱动 S-IC 异常产生的故障现象

▶ 4. 图像上有水平黑带（黑线）

由于栅极驱动 G-IC 负责水平方向的驱动，每个 IC 驱动若干行的像素，当一个驱动 IC 异常，不能驱动相应行的像素时，就会产生图 8-9（a）的故障现象。当 G-IC 输出信号电路中的一个或几个异常时，屏幕上所对应的这个或几个像素就不能被驱动，从而在图像上产生水平线状的黑带，水平状黑带可分为水平灰色虚线、水平亮线和水平黑线，如图 8-9（b）所示。

（a）水平条状异常图像　　　　　　　　（b）水平灰线

图8-9　水平驱动G-IC异常产生的故障现象

 提 示

由于G-IC、S-IC驱动电路是通过TAB或COF等连接方式与面板的玻璃基板连接的，所以TAB、COF等部位异常时，也会产生图8-8、图8-9的故障现象。

▶ 5. 花屏

花屏故障的故障现象主要有三种：第一种是屏幕上显示的图像扭曲、紊乱；第二种是图像上有杂乱无章的线条；第三种是图像上有其他颜色的点状干扰线。

该故障的主要故障原因：一是逻辑板上的时序转换控制器（大规模集成电路）的引脚脱焊，二是时序转换控制器性能变差或外挂的存储器异常，三是LVDS接口座接触不良、断线。

技能2　时序控制电路关键测量点

▶ 1. 供电

检修黑屏或白屏故障，确认故障部位在时序控制板时，TCON板的供电是第一关键测量点。测供电时，可以测保险电阻（熔断器）F1对地电压即可；若F1的输入端没有电压，则检查供电线路，如图8-10（a）所示；若F1的输入端有电压，而F1的输出端无电压，说明F1熔断，应检查负载。

提 示

怀疑F1异常时，也可以使用万用表通断挡在路测量F1，进行判断，如图8-10（b）所示。

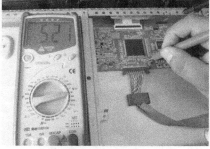 

（a）供电的检测　　　　　　　　　　（b）在路检测熔断器

图8-10　TCON板供电与熔断器的检测

2. DC-DC 电源输出电压

检修黑屏或白屏故障时，低压电源输出电压是第二个关键测量点，若无电压，说明低压电源异常。图 8-11 所示的是三星 LA32S81B 型液晶彩电逻辑板低压电源输出电压的检测。

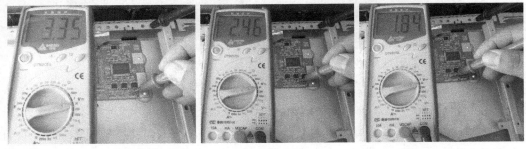

（a）3.3V 电压　　　　　　　　（b）2.5V 电压　　　　　　　　（c）1.8V 电压

图 8-11　TCON 板低压电源输出电压的检测

> 💡 **提示**
>
> 　　三星 LA32S81B 型液晶彩电逻辑板低压电源电路采用的是 LDO 型稳压器，只要找到稳压器就可以找到低压电源的位置。而部分液晶彩电逻辑板上的低压电源采用了 DC-DC 电源。此类电源主要由开关管、控制芯片和储能电感构成。开关管是该板上最大的晶体管，而储能电感也是该板上体积最大的电感。因此，通过开关管和电感就可以找到 DC-DC 电源电路。检查伴音电路时，也可以用手持金属镊子点击信号输入端，为其输入人体的干扰信号，判断故障部位。

任务3　液晶屏面板故障检修

知识1　液晶屏面板的构成和工作原理

典型的 TFT-LCD 液晶屏主要由偏光片、玻璃基板、滤色片、透明公共电极、配向膜、液晶、TFT 矩阵和透明像素电极等组成，如图 8-12 所示。

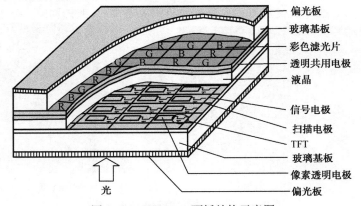

光

图 8-12　TFT-LCD 面板结构示意图

知识2 TFT–LCD 显示原理

TFT-LCD 显示器件属于有源矩阵型液晶显示器件，它是点矩阵型液晶显示器件中的一种（另一种点矩阵型是无源矩阵型）。

上面的玻璃基板的外侧是偏光板，内侧是彩色滤光片，而彩色滤光片内侧是透明共用电极位。下面的玻璃基板的内侧光刻出极细的行线（扫描线）和列线（数据线或寻址电极母线），由它们构成矩阵电路，在它们的每个交点处设置了一个场效应管和相应的子像素电极（驱动电极）。

同一行各 TFT 型场效应管的栅极（G）都接在行线上；同一列各场效应管的漏（D）都接在列线上；场效应管的源极（S）都接像素透明电极上，如图 8-13 所示。

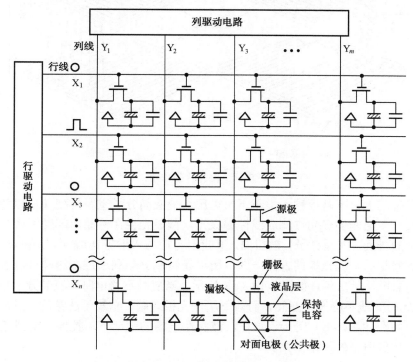

图 8-13　TFT-LCD 结构示意图和驱动原理图

显示是按行顺序扫描的。若在某时刻某一行输入正脉冲后，则该行上所有的场效应管因 G 极输入导通电压而全部导通，与此同时，并行的图像数据信号脉冲加在各条数据线上，有脉冲的数据线便通过场效应管 D-S 极对保持电容充电，无脉冲的数据线便不能通过场效应管对保持电容充电。这样，被充电的驱动电极和共用电极间的区域液晶排布发生变化，未充电区域液晶则无变化，于是入射光便被电信号所调制，从而实现这一行的显示。

行扫描过去后，场效应管因栅极电压消失而立刻截止，但保持电容上的电荷并不立刻消失，液晶仍处于电场的作用之下，只要容量选择适当，保证电荷消失时间维持一帧扫描时间，则这一行的图像信号将正好在换帧之前得以保持。

接着扫描下一行，重复以上过程，最终人们就会在屏幕上看到由红、绿、蓝三基色混合相加后得到的彩色画面。

知识3　偏光板的作用

偏光板也叫偏光片或偏振片，它是一种只允许一个方向通过光线的光学器件，在液晶面板中起着非常重要的作用。在制作时两块偏光板成 90°夹角放置，其示意图如图 8-14 所示。

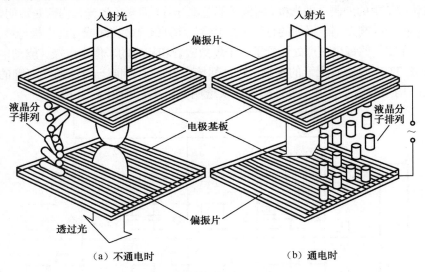

图 8-14　偏光片的作用

当液晶屏幕的上、下基板输入上正下负电压，使液晶分子重新排列（呈扭转形）时，光线穿过偏光板 1，把非偏极光过滤成线性偏极光，偏极光会在液晶内部受到液晶的折射，并随着液晶分子的排列（液晶分子）被扭曲，其折射方向与入射方向成 90°，在离开液晶层时，其偏光方向恰好与另一偏光板的方向一致，所以光线能够顺利通过，这样可以通过偏光板 2 而射出，液晶面板显示白色，如图 8-14（a）所示。当液晶不通电时，液晶分子重新排列（呈垂直排列），此时光线不会发生扭转，而被下层偏光板遮蔽，光线无法穿透，液晶面板显示黑色或深灰色，如图 8-14（b）所示。这样，液晶在电场的驱动下，控制透射或遮蔽光源，产生明暗变化，将黑白影像显示出来。

知识4　彩色滤光片的结构和作用

彩色滤光片是实现彩色显示的关键器件，它贴在上玻璃基板上，是由很多 R、G、B 微型滤色膜按一定规律组合而成，如图 8-15 所示。

液晶面板可以看成是两百多万个像素点构成的，这与分辨率大小成正比。每个像素可再分为 3 个子像素点，因此就有六百万以上的子像素点，每个子像素点都有一个场效应管，在每个场效应管的前方对应的位置安装一片相应颜色的微型滤色膜。这样，通过对 R、G、B 这 3 个滤色膜透过光的通断控制，再通过空间混色的效果控制，即可控制 R、G、B 这 3 个子像素的灰度级别（透光程度），就可以获得五颜六色的彩色图像。

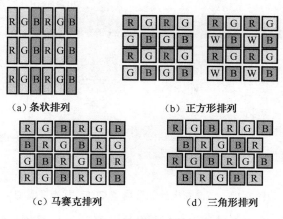

（a）条状排列　　　　　（b）正方形排列

（c）马赛克排列　　　　　（d）三角形排列

图 8-15　彩色滤光片的排列

任务 4　液晶屏背光灯故障检修与更换技巧

技能 1　背光源的安装位置与特点

1. 荧光灯管式背光源

不同尺寸液晶屏的 CCFL 光源安装方式不同。小屏幕液晶屏采用的灯管数量较少，多为4 根，在屏幕背面的上、下方各安装 2 根，如图 8-16（a）所示，因此，也将这种背光方式称为边光式或侧光式。而大、中屏幕液晶屏采用的灯管数量较多，均匀安装在屏幕的整个背面，如图 8-16（b）所示，因此通常将这种背光方式称为直照式或直下式。边光式灯管及其管座如图 8-17（a）所示，直照式灯管又分 U 形和 I 形两种，如图 8-17（b）所示。

2. LED 式背光源

LED 型背光源根据安装位置也有边光式（或侧光式）和直照式（或直下式）两种。按发光色彩主要分白光 LED 背光灯和 RGB-LED 背光灯两种。

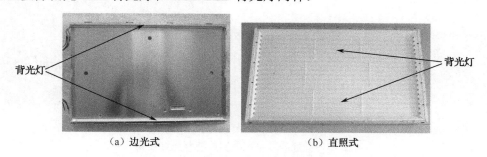

（a）边光式　　　　　　　　　（b）直照式

图 8-16　液晶彩电液晶屏背光灯的安置

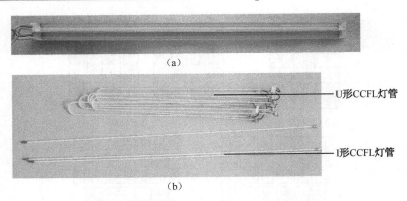

(a)

U形CCFL灯管

I形CCFL灯管

(b)

图 8-17　液晶彩电液晶屏典型 CCFL 背光灯实物

白光 LED 彩电可以看成是普通 LCD 彩电的升级版，只是将灯管式背光灯换成了 LED 背光灯。因此，这一类的 LED 彩电价格相对较为便宜，低价位的 LED 彩电多采用此类背光方式。

RGB 三基色 LED 液晶屏采用了红、绿、蓝三种颜色的 LED 背光灯，它和 CRT 彩电一样，也是利用三基色混色原理，通过控制 RGB 三色 LED 发光比例混色为不同的色彩，提高了画面质量，目前只有高档 LED 彩电才会采用此类背光方式。另外，RGB 三色 LED 电视只能采用直下背光方式，否则 RGB-LED 不能混色。LED 背光灯的安装位置如图 8-18 所示。边光式 LED 及其管座如图 8-19（a）所示，直照式 LED，如图 8-19（b）所示。

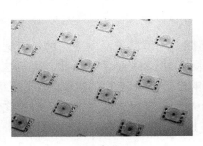

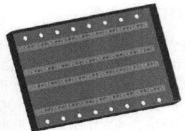

（a）白光 LED　　　　　　　　　　（b）RGB 三基色 LED

图 8-18　液晶彩电液晶屏的 LED 背光灯安装位置

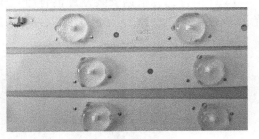

（a）边光式　　　　　　　　　　　　（b）直照式

图 8-19　液晶彩电液晶屏典型背光灯实物

技能 2　背光灯灯管的典型故障

目前液晶彩电大量应用的背光灯是 I 型冷阴极荧光灯，俗称灯管。灯管的寿命比液晶屏的工作寿命短许多，一般液晶屏的寿命超过 20 万小时，而灯管的使用寿命通常在 15000～25000h 之间。灯管老化后会使图像变暗、发黄、亮度不均匀，而灯管损坏后还会产生黑屏（保护性关机）故障。而部分机型采用的灯管存在质量问题，没有达到寿命就损坏。一根或多根背光灯异常会产生屏幕亮度不均匀的故障，如图 8-20 所示。

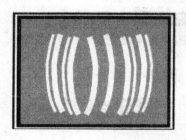

图 8-20　背光灯灯管损坏后的故障现象

技能 3　背光灯灯管的拆卸技巧

更换 CCFL 型灯管是维修液晶彩电的一项基本技能。LED 型背光灯的更换方法也可以参考更换 CCFL 灯管的方法。更换液晶面板（屏幕）也可以参照以下内容。

 提　示

由于背光灯安装在液晶屏内部，而液晶屏属于高精度电学、光学产品，所以拆卸的时候要在清洁的房间进行，确保液晶屏在拆卸、安装过程中尽可能少落入灰尘等杂物。

第一步，按照项目 2 介绍的拆解方法，拆开液晶彩电后，再用螺丝刀拆掉固定液晶屏驱动板的螺丝，并打开固定锁卡，如图 8-21 所示，再将驱动板翻过来放置在屏幕上面，如图 8-22 所示。

图 8-21　打开固定驱动板锁卡

图 8-22　放置驱动板

第二步，用自制的拆屏工具的吸盘吸住屏幕，均匀向上用力，就可以将屏幕拆出，如图 8-23 所示，再将屏幕倒过来放置在平整的地面或桌面上，如图 8-24 所示。

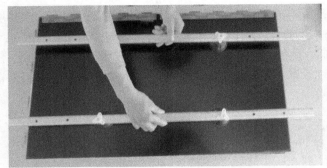
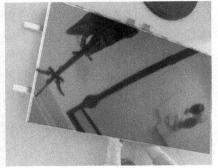

图 8-23　拆屏　　　　　　　　　　　　　　　图 8-24　放置屏幕

第三步，掰开塑料边框的卡子，如图 8-25 所示，再取下塑料边框，如图 8-26 所示。

图 8-25　打开边框的卡子　　　　　　　　　图 8-26　取下边框

第四步，取出导光板，就可以看到灯管，如图 8-27 所示。

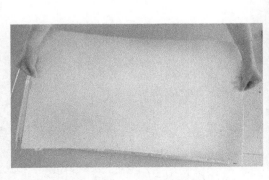

图 8-27　取出导光板　　　　　　　　　　图 8-28　拆卸灯管电极座外罩

第五步，卸掉灯管电极座外罩上的螺丝，取掉外罩，如图 8-28 所示。

第六步，轻轻掰开灯管两侧电极座的卡簧，取出灯管的电极，如图 8-29 所示，再掰开灯管固定支架的卡簧，如图 8-30 所示，就可以取出需要更换的灯管。

图 8-29　掰开电极座的卡簧　　　　　　　图 8-30　掰开灯管固定支架

> **！ 注　意**
>
> 　　将旧灯管从灯架取出时，要防止把灯架弄变形。否则，在更换完灯管后，屏幕四边很容易出现漏光现象；若发生漏光现象，维修起来不仅费时费力，而且会引起顾客反感。

技能 4　背光灯灯管故障判断技巧

▶ 1. 察看法

灯管是否正常，应先采用察看法进行初步判断。若灯管出现破损、断裂，说明灯管肯定损坏；若灯管两端出现发黑的现象，就可以说明该灯管已老化，需要更换。

▶ 2. 代换法

因为冷阴极荧光灯没有灯丝，不能仅凭察看法、电阻测量法进行判断它是否正常，最好将它接在正常的逆变电路上，通过观察它能否正常发光来确认是否正常。

技能 5　背光灯灯管的选择

给液晶彩电更换灯管时，一般要满足以下三个指标。其他的指标还有色温、光通量、光度、照度、辉度、色度、演色性等，但它们与维修关系不大，这里不再介绍。

▶ 1. 直径

液晶彩电背光灯管的直径一般在 3mm 左右，原则上可以选择比原灯管细的灯管，但不能选择比原灯管粗的更换，以免安装空间不够而无法安装。

▶ 2. 长度

选取灯管时，要确保长度一致，长度偏差太大就会导致无法安装。20 英寸就选 20 英寸的，32 英寸就选 32 英寸的。

> **提示**
>
> 测量灯管的长度时，可采用新灯管与原灯管对比测量，也可以采用用盒尺测量。采用盒尺测量时不仅要包括电极的长度，而且单位要精确到毫米。

> **注意**
>
> 测量灯管的时候，要戴橡胶薄膜手套，以免手上汗渍污染灯管，导致灯光使用一段时间后老化（局部发黄）。

3. 工作电压、电流

新灯管的启动电压、工作电压、工作电流等参数应与原灯管基本相同。否则，更换后可能会出现不易启辉、亮度低时闪烁或突然黑屏等故障。

技能 6   更换灯管的注意事项

一是，由于灯管特别的纤细脆弱，所以在更换过程中要格外小心，以免折断灯管。

二是，更换灯管时，应全部更换，确保屏幕各部位的亮度比较均匀，以免屏幕发光不均匀而导致眼睛疲劳。

三是，在拿灯管的时候，要戴橡胶薄膜手套，以免手上汗渍污染灯管，导致灯光使用时间一段时间后老化（局部发黄）。

四是，若需要焊接灯管电极连线时，焊接时间要尽可能短，并且焊点要圆润光滑，不能虚焊和有毛刺。如果虚焊，会产生液晶彩电有时正常，有时黑屏等故障；如果焊点有毛刺现象，容易引起放电，导致高压驱动电路损坏或保护电路动作，产生液晶彩电无规律黑屏的故障。

五是，更换灯管期间，在用手接触液晶屏电路板上的元件时，最好采取防静电措施，以免静电损坏元件。

技能 7   复原

第一步，安装灯管后，依次安装导光板、扩散板、边框，再将屏幕平稳的放置在边框内，如图 8-31 所示。

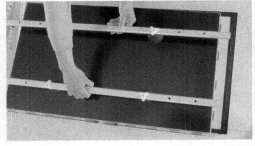

图 8-31   复原屏幕

第二步，松动吸盘，并取下工具，如图8-32所示。最后，再安装金属边框就可以完成装屏工作。

图8-32 松动吸盘，取下工具

思考与练习

一、填空题

1. 液晶显示屏是由_____（屏幕）、_____、_____、_____（背光灯供电板）、外框和金属基板等构成。

2. PANEL面板（屏幕）的作用是显示_____。虽然PANEL面板的厚度仅为_____mm，但包括了_____、_____、_____、_____多个部件。其中，_____和_____间充注了_____。TFT基板是液晶显示屏内科技含量最高、最复杂的组件，主要由_____、_____、_____和连线构成。滤色玻璃由涂有_____和_____颜料的聚酯薄膜构成。

3. 液晶屏不能像CRT显像管那样可以自身发光，要使液晶屏显示图像，就必须为它提供_____。因光源都安装在屏幕的背面，所以也叫_____。液晶屏常用的背光源有_____和_____两种。

4. 时序控制电路也叫_____、_____或_____。它的作用是将主板送来的_____信号、_____信号进行处理，通过_____将_____信号、_____信号转换成液晶_____电路所需要的控制信号、数据信号和辅助信号，分别送往液晶屏的列驱动电路和行驱动电路。

5. 驱动电路包括垂直（列）、水平（行）驱动两部分。其中，_____负责垂直方向像素的驱动，_____负责水平方向像素的驱动。由它们产生的_____经排线送给屏幕，就可以驱动液晶显示画面。排线通过热压方式与液晶层上的_____紧密贴合在一起。

6. LED型背光源根据安装位置也有_____和_____两种。按发光色彩主要分_____背光灯和_____背光灯两种。按照安装方式也分为边光式和直照式两种。

7. 白光LED彩电可以看成是普通LCD彩电的升级版，只是将_____换成了_____。因此，这一类的LED彩电价格相对较为便宜，低价位的LED彩电多采用此类背光方式。

8. RGB三基色LED彩电采用了_____背光灯，它和CRT彩电一样，也是利用三基色混色原理，通过控制_____发光比例混色为不同的色彩，提高了画面质量，目前只有_____彩电才会采用此类背光方式。

9. 灯管是否正常，应先采用察看法进行初步判断。若灯管出现_____，说明灯管肯定损坏；若灯管两端出现_____的现象，就可以说明该灯管已_____，需要更换。

二、判断题

1. 液晶屏就是由玻璃制成的。 （ ）
2. 大屏幕液晶屏背光灯都采用直射式。 （ ）
3. 液晶屏驱动电路是用来驱动液晶的。 （ ）
4. TCON 电路异常会产生黑屏、花屏灯故障。 （ ）
5. 有的 CCFL 型背光灯老化时两端会发黑。 （ ）
6. 背光灯损坏不会产生开机屏幕亮，随后黑屏的故障。 （ ）

三、简答题

1. 简述时序电路工作原理？
2. 时序控制电路的关键测量点有哪些？
3. 简述 TFT-LCD 显示原理。
4. 简述偏光板的作用。
5. 简述彩色滤光片的结构和作用。
6. 简述灯管的拆卸技巧。
7. 简述 CCFL 型背光灯的判断技巧。
8. 简述更换灯管的注意事项。

反侵权盗版声明

电子工业出版社依法对本作品享有专有出版权。任何未经权利人书面许可，复制、销售或通过信息网络传播本作品的行为，歪曲、篡改、剽窃本作品的行为，均违反《中华人民共和国著作权法》，其行为人应承担相应的民事责任和行政责任，构成犯罪的，将被依法追究刑事责任。

为了维护市场秩序，保护权利人的合法权益，我社将依法查处和打击侵权盗版的单位和个人。欢迎社会各界人士积极举报侵权盗版行为，本社将奖励举报有功人员，并保证举报人的信息不被泄露。

举报电话：（010）88254396；（010）88258888

传　　真：（010）88254397

E-mail：　dbqq@phei.com.cn

通信地址：北京市万寿路 173 信箱
　　　　　电子工业出版社总编办公室

邮　　编：100036